金榜時代
GLISTIME 明德·弘毅·惟精

金榜时代考研数学系列 | V研客及全国各大考研培训学校指定用书

数学强化通关330题·习题册

（数学二）

编著◎李永乐 王式安 刘喜波 武忠祥 宋浩 姜晓千 铁军 李正元 蔡燧林 胡金德 陈默 申亚男

中国农业出版社
CHINA AGRICULTURE PRESS
·北京·

图书在版编目(CIP)数据

数学强化通关330题. 数学二 / 李永乐等编著. —
北京:中国农业出版社,2021.3(2023.5重印)
(金榜时代考研数学系列)
ISBN 978-7-109-27949-0

Ⅰ.①数… Ⅱ.①李… Ⅲ.①高等数学—研究生—入学考试—习题集 Ⅳ.①O13-44

中国版本图书馆CIP数据核字(2021)第025912号

中国农业出版社出版
地址:北京市朝阳区麦子店街18号楼
邮编:100125
责任编辑:吕 睿
责任校对:吴丽婷
印刷:河北正德印务有限公司
版次:2021年3月第1版
印次:2023年5月河北第3次印刷
发行:新华书店北京发行所
开本:787mm×1092mm 1/16
总印张:18
总字数:274千字
总定价:69.80元(全2册)

金榜時代考研数学系列图书
内容简介及使用说明

考研数学满分150分，数学在考研成绩中的比重很大；同时又因数学学科本身的特点，考生的数学成绩历年来千差万别，数学成绩好在考研中很占优势，因此有“得数学者考研成”之说。既然数学对考研成绩如此重要，那么就有必要探讨一下影响数学成绩的主要因素。

本系列图书作者根据多年的命题经验和阅卷经验，发现考研数学命题的灵活性非常大，不仅表现在一个知识点与多个知识点的考查难度不同，更表现在对多个知识点的综合考查上，这些题目在表达上多一个字或多一句话，难度都会变得截然不同。正是这些综合型题目拉开了考试成绩的差距，而构成这些难点的主要因素，实际上是最基础的基本概念、定理和公式的综合。同时，从阅卷反映的情况来看，考生答错题目的主要原因也是对基本概念、定理和公式记忆和掌握得不够熟练。总结为一句话，那就是：要想数学拿高分，就必须熟练掌握、灵活运用基本概念、定理和公式。

基于此，李永乐考研数学辅导团队结合多年来考研辅导和研究的经验，精心编写了本系列图书，目的在于帮助考生有计划、有步骤地完成数学复习，从基本概念、定理和公式的记忆，到对其的熟练运用，循序渐进。以下介绍本系列图书的主要特点和使用说明，供考生复习时参考。

书名	本书特点	本书使用说明
《考研数学复习全书·基础篇》	**内容基础·提炼精准·易学易懂**（推荐使用时间：2022年7月—2022年12月）	
	本书根据大纲的考试范围将考研所需复习内容提炼出来，形成考研数学的基础内容和复习逻辑，实现大学数学同考研数学之间的顺利过渡，开启考研复习第一篇章。	考生复习过本校大学数学教材后，即可使用本书。如果大学没学过数学或者本校课本是自编教材，与考研大纲差别较大，也可使用本书替代大学数学教材。
《数学基础过关660题》	**题目经典·体系完备·逻辑清晰**（推荐使用时间：2022年7月—2023年4月）	
	本书是主编团队出版20多年的经典之作，一直被模仿，从未被超越。年销量达百万余册，是当之无愧的考研数学头号畅销书，拥有无数甘当“自来水”的粉丝读者，口碑爆棚，考研数学不可不入！“660”也早已成为考研数学的年度关键词。 本书重基础，重概念，重理论，一旦你拥有了《考研数学复习全书·基础篇》《数学基础过关660题》教你的思维方式、知识逻辑、做题方法，你就能基础稳固、思维灵活，对知识、定理、公式的理解提升到新的高度，避免陷入复习中后期“基础不牢，地动山摇”的窘境。	与《考研数学复习全书·基础篇》搭配使用，在完成对基础知识的学习后，有针对性地做一些练习。帮助考生熟练掌握定理、公式和解题技巧，加强知识点的前后联系，将之体系化、系统化，分清重难点，让复习周期尽量缩短。 虽说书中都是选择题和填空题，同学们不要轻视，也不要一开始就盲目做题。看到一道题，要能分辨出是考哪个知识点，考什么，然后在做题过程中看看自己是否掌握了这个知识点，应用的定理、公式的条件是否熟悉，这样才算真正做好了一道题。
《数学历年真题全精解析·基础篇》	**分类详解·注重基础·突出重点**（推荐使用时间：2022年7月—2022年12月）	
	本书精选精析1987—2008年考研数学真题，帮助考生提前了解大学水平考试与考研选拔考试的差别，不会盲目自信，也不会妄自菲薄，真正跨入考研的门槛。	与《考研数学复习全书·基础篇》《数学基础过关660题》搭配使用，复习完一章，即可做相应的章节真题。不会做的题目做好笔记，第二轮复习时继续练习。

书名	本书特点	本书使用说明
《数学复习全书·提高篇》	**系统全面·深入细致·结构科学**(推荐使用时间:2023 年 2 月—2023 年 7 月)	
	本书为作者团队扛鼎之作,常年稳居各大平台考研图书畅销榜前列,主编之一的李永乐老师更是入选 2019 年"当当 20 周年白金作家",考研界仅两位作者获此称号。 本书从基本理论、基础知识、基本方法出发,全面、深入、细致地讲解考研数学大纲要求的所有考点,不提供花拳绣腿的不实用技巧,也不提倡误人子弟的费时背书法,而是扎扎实实地带同学们深入每一个考点背后,找到它们之间的关联、逻辑,让同学们从知识点零碎、概念不清楚、期末考试过后即忘的"低级"水平,提升到考研必需的高度。	利用《考研数学复习全书·基础篇》把基本知识"捡"起来之后,再使用本书。本书有知识点的详细讲解和相应的练习题,有利于同学们建立考研知识体系和框架,打好基础。 在《数学基础过关 660 题》中若遇到不会做的题,可以放到这里来做。以章或节为单位,学习新内容前要复习前面的内容,按照一定的规律来复习。基础薄弱或中等偏下的考生,务必要利用考研当年上半年的时间,整体吃透书中的理论知识,摸清例题设置的原理和必要性,特别是对大纲中要求的基本概念、理论、方法要系统理解和掌握。
《数学历年真题全精解析·提高篇》	**真题真练·总结规律·提升技巧**(推荐使用时间:2023 年 7 月—2023 年 11 月)	
	本书完整收录 2009—2023 年考研数学的全部试题,将真题按考点分类,还精选了其他卷的试题作为练习题。力争做到考点全覆盖,题型多样,重点突出,不简单重复。书中的每道题给出的参考答案有常用、典型的解法,也有技巧性强的特殊解法。分析过程逻辑严谨、思路清晰,具有很强的可操作性,通过学习,考生可以独立完成对同类题的解答。	边做题、边总结,遇到"卡壳"的知识点、题目,回到《数学复习全书·提高篇》和之前听过的基础课、强化课中去补,争取把每个真题知识点吃透、搞懂,不留死角。 通过做真题,进一步提高解题能力和技巧,满足实际考试的要求。第一阶段,浏览每年真题,熟悉题型和常考点。第二阶段,进行专项复习。
《高等数学辅导讲义》 《线性代数辅导讲义》 《概率论与数理统计辅导讲义》	**经典讲义·专项突破·强化提高**(推荐使用时间:2023 年 7 月—2023 年 10 月)	
	三本讲义分别由作者的教学讲稿改编而成,系统阐述了考研数学的基础知识。书中例题都经过严格筛选、归纳,是多年经验的总结,对同学们的重点、难点的把握准确,有针对性。适合认真研读,做到举一反三。	哪科较薄弱,精研哪本。搭配《数学强化通关 330 题》一起使用,先复习讲义上的知识点,做章节例题、练习,再去听相关章节的强化课,做《数学强化通关 330 题》的相关习题,更有利于知识的巩固和提高。
《数学强化通关 330 题》	**综合训练·突破重点·强化提高**(推荐使用时间:2023 年 5 月—2023 年 10 月)	
	强化阶段的练习题,综合训练必备。具有典型性、针对性、技巧性、综合性等特点,可以帮助同学们突破重点、难点,熟悉解题思路和方法,增强应试能力。	与《数学基础过关 660 题》互为补充,包含选择题、填空题和解答题。搭配《高等数学辅导讲义》《线性代数辅导讲义》《概率论与数理统计辅导讲义》使用,效果更佳。
《数学临阵磨枪》	**查漏补缺·问题清零·从容应战**(推荐使用时间:2023 年 10 月—2023 年 12 月)	
	本书是常用定理公式、基础知识的清单。最后阶段,大部分考生缺乏信心,感觉没复习完,本来会做的题目,因为紧张、压力,也容易出错。本书能帮助考生在考前查漏补缺,确保基础知识不丢分。	搭配《数学决胜冲刺 6 套卷》使用。上考场前,可以再次回忆、翻看本书。
《数学决胜冲刺 6 套卷》 《考研数学最后 3 套卷》	**冲刺模拟·有的放矢·高效提分**(推荐使用时间:2023 年 11 月—2023 年 12 月)	
	通过整套题的训练,对所学知识进行系统总结和梳理。不同于重点题型的练习,需要全面的知识,要综合应用。必要时应复习基本概念、公式、定理,准确记忆。	在精研真题之后,用模拟卷练习,找漏洞,保持手感。不要掐时间、估分,遇到不会的题目,回归基础,翻看以前的学习笔记,把每道题吃透。

前言

PREFACE

为了更好地帮助考生准确理解和熟练运用考试大纲知识点的内容，使考生在完成基础阶段的复习后能进一步提高自身的解题能力和应试水平，编写团队依据多年的命题与阅卷经验，汇集20多年的考研经典题目，精心编写了本书，以期使之成为考生冲刺考研数学高分的必备题集。

对于数学这门特殊的科目，一定量的习题练习是很有必要的，特别是对于历年考试所重点考查的内容和知识点，在复习中必须要重点关注、重点练习。我们特别根据历年来重点考查的知识点题型编写了本书，希望考生能在复习后期，通过对这些重点、难点题型的练习，能有新的突破。

本书内容包括考纲所要求的全部知识点，题型设计为选择题、填空题和解答题。在题目的设置上，我们考虑将其作为《数学基础过关660题》的补充，旨在帮助考生在基本熟悉大纲知识点，有一定解题能力后，通过对一些经典题目的深入练习与理解，进一步提高考生的解题能力和应试水平。

从历年的考试结果所反映出的问题来看，部分考生对于数学的基本解题思想和方法并没有掌握，只熟悉了一些题型和解题的套路。只要是常规题型，大部分考生都能解答，而对于一些创新的、不常规的题型，很多考生就无从下手。因此，建议考生在使用本书时不仅仅要关注题目本身，更要多思考、多归纳总结，关注数学本质，把握题目背后的基础知识和基本原理，学会灵活变通地解决问题。通过本书给出的详细的解答过程，考生应归纳总结解题思路，学会举一反三。

另外，为了更好地帮助同学们进行复习，“李永乐考研数学辅导团队”特在新浪微博上开设了答疑专区，同学们在考研数学复习中，如若遇到任何问题，都可在线留言，团队老师将尽心为你解答。请访问 weibo.com@**清华李永乐考研数学**。

希望本书能对同学们的复习备考提供有意义的帮助。对书中不足和疏漏之处，恳请读者批评指正。

祝同学们复习顺利、心想事成、考研成功！

编　者

2023年5月

图书中有疏漏之处即时更新
微信扫码查看

目录

CONTENTS

高等数学

线性代数

高等数学

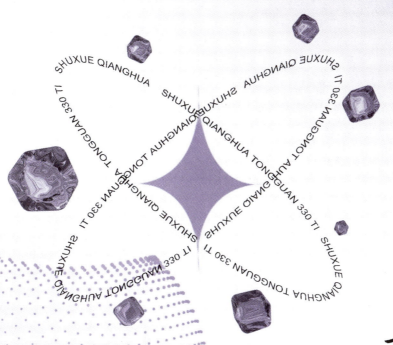

填　空　题

1 $\lim\limits_{x \to 0} \dfrac{1-(\cos x)^{\sin x}}{x^3} =$ ________.

建议答题时间 $\leqslant 3$ min　　评估　熟练　还可以　有点难　不会

答题区域

纠错笔记

2 $\lim\limits_{x \to 0} \dfrac{\cos(\sin x)-\cos x}{x^4} =$ ________.

建议答题时间 $\leqslant 3$ min　　评估　熟练　还可以　有点难　不会

答题区域

纠错笔记

3 $\lim\limits_{x\to+\infty}\left(\frac{\pi}{2}-\arctan x\right)^{\frac{1}{\ln x}}=$ ________.

建议答题时间 $\leqslant 5$ min | 评估 熟练 还可以 有点难 不会

答题区域

纠错笔记

4 $\lim\limits_{x\to+\infty}x^{\frac{3}{2}}(\sqrt{x+1}+\sqrt{x-1}-2\sqrt{x})=$ ________.

建议答题时间 $\leqslant 5$ min | 评估 熟练 还可以 有点难 不会

答题区域

纠错笔记

5 $\lim\limits_{x \to 0} \dfrac{\ln(1+x+x^2)+\ln(1-x+x^2)}{\sec x - \cos x} =$ ________.

建议答题时间 $\leqslant 5$ min　评估　熟练　还可以　有点难　不会

答题区域

纠错笔记

6 设 $f(x)$ 非负连续，且 $f(0)=0, f'(0)=\dfrac{1}{2}$，则 $\lim\limits_{x \to 0^+} \dfrac{\int_0^{\ln(1+x)} tf(t)\mathrm{d}t}{\left[\int_0^x \sqrt{f(t)}\mathrm{d}t\right]^2} =$ ________.

建议答题时间 $\leqslant 5$ min　评估　熟练　还可以　有点难　不会

答题区域

纠错笔记

7 $\lim\limits_{x \to 0} \dfrac{(1+x)^{\frac{1}{x}} - (1+2x)^{\frac{1}{2x}}}{\sin x} =$ ________.

建议答题时间 $\leqslant 4$ min　　评估　熟练　还可以　有点难　不会

答题区域

纠错笔记

8 $\lim\limits_{x \to 0} \left(\dfrac{1+\sin x \cos \alpha x}{1+\sin x \cos \beta x} \right)^{\cot^3 x} =$ ________.

建议答题时间 $\leqslant 5$ min　　评估　熟练　还可以　有点难　不会

答题区域

纠错笔记

9 已知$\lim\limits_{x\to 0}\dfrac{x-\sin x+f(x)}{x^4}=1$，则$\lim\limits_{x\to 0}\dfrac{x^3}{f(x)}=$________.

建议答题时间 ≤5 min　　评估　熟练　还可以　有点难　不会

答题区域

纠错笔记

10 $\lim\limits_{x\to 0}\dfrac{\int_0^{\sin^2 x}\ln(1+t)\mathrm{d}t}{\mathrm{e}^{2x^2}-2\mathrm{e}^{x^2}+1}=$________.

建议答题时间 ≤5 min　　评估　熟练　还可以　有点难　不会

答题区域

纠错笔记

11 $\lim\limits_{n\to\infty}\dfrac{\sqrt{1}+\sqrt{2}+\cdots+\sqrt{n}}{\sqrt{n^3+n}}=$ ________.

建议答题时间 $\leqslant 5$ min　　评估　熟练　还可以　有点难　不会

答题区域

纠错笔记

12 设当 $0<x\leqslant 1$ 时，函数 $f(x)=x^{\sin x}$，对于其他 x，$f(x)=2f(x+1)-\ln k$. 若 $f(x)$ 在 $x=0$ 处连续，则 $k=$ ________.

建议答题时间 $\leqslant 5$ min　　评估　熟练　还可以　有点难　不会

答题区域

纠错笔记

13 $\lim\limits_{n\to\infty}\left(\frac{n}{n+1}+\frac{n}{n+2}+\cdots+\frac{n}{n+n}\right)\sin\frac{\pi}{n}=$ ________.

建议答题时间 $\leqslant 5$ min　　评估　熟练　还可以　有点难　不会

答题区域

纠错笔记

14 设 $f(x)=\begin{cases}\dfrac{\arctan\frac{x}{2}}{1-e^{\sin x}}, & x>0,\\ ae^{2x}, & x\leqslant 0\end{cases}$ 在 $x=0$ 处连续，则 $a=$ ________.

建议答题时间 $\leqslant 4$ min　　评估　熟练　还可以　有点难　不会

答题区域

纠错笔记

15 当 $x \to \infty$ 时，$\left[\dfrac{e}{\left(1+\dfrac{1}{x}\right)^{x}}\right]^{x} - \sqrt{e}$ 与 x^{k} 是同阶无穷小量，则 $k =$ ________.

建议答题时间 $\leqslant 5$ min　　评估　熟练　还可以　有点难　不会

答题区域

纠错笔记

16 $\lim\limits_{x \to +\infty} \dfrac{\int_{0}^{x} \sqrt{t}\cos t\,dt}{x} =$ ________.

建议答题时间 $\leqslant 4$ min　　评估　熟练　还可以　有点难　不会

答题区域

纠错笔记

17 已知函数 $y=f(x)$ 由方程 $e^y+6xy+x^2=1$ 所确定，则 $f''(0)=$ ________.

建议答题时间 $\leqslant$ 4 min 评估 熟练 还可以 有点难 不会

答题区域

纠错笔记

18 设 $y=y(x)$ 由 $x^3+y^3-3axy=0$ 确定，则 $\dfrac{d^2y}{dx^2}=$ ________.

建议答题时间 $\leqslant$ 4 min 评估 熟练 还可以 有点难 不会

答题区域

纠错笔记

19 设函数 $y=\ln(x+3)$，则 $y^{(n)}(0)=$ ________.

建议答题时间	$\leqslant 4$ min	评估	熟练	还可以	有点难	不会

答题区域

纠错笔记

20 设 $f''(a)$ 存在，$f'(a)\neq 0$，则 $\lim\limits_{x\to a}\left[\dfrac{1}{f'(a)(x-a)}-\dfrac{1}{f(x)-f(a)}\right]=$ ________.

建议答题时间	$\leqslant 5$ min	评估	熟练	还可以	有点难	不会

答题区域

纠错笔记

21 已知曲线 $y=f(x)$ 在点 $(0,1)$ 处的切线与曲线 $y=\ln x$ 相切，则 $\lim\limits_{x\to 0}\dfrac{f(\sin x)-1}{x+\sin x}=$ ________.

建议答题时间	≤ 5 min	评估	熟练	还可以	有点难	不会

答题区域

纠错笔记

22 已知任意 $x\in(-\infty,+\infty)$，$f''(x)\geqslant 0$，且 $0\leqslant f(x)\leqslant 1-\mathrm{e}^{-x^2}$，则 $f(x)=$ ______.

建议答题时间	≤ 5 min	评估	熟练	还可以	有点难	不会

答题区域

纠错笔记

23 已知 $f(x)=x^3\int_0^x e^{-t^2}\,dt$，则 $f'''(0)=$ ________.

建议答题时间 ≤5 min　评估　熟练　还可以　有点难　不会

答题区域

纠错笔记

24 曲线 $y=x+\sqrt{x^2-x+1}$ 的斜渐近线方程为 $y=$ ________.

建议答题时间 ≤4 min　评估　熟练　还可以　有点难　不会

答题区域

纠错笔记

25 设曲线 L 的参数方程为 $\begin{cases} x(t)=\ln\tan\dfrac{t}{2}+\cos t, \\ y(t)=\sin t, \end{cases}$ 其中 $\dfrac{\pi}{2}<t<\pi$，则曲线上一点 M 处的切线与 x 轴的交点 P 与点 M 之间的距离为________.

建议答题时间 $\leqslant 5$ min　评估　熟练　还可以　有点难　不会

答题区域

纠错笔记

26 曲线 $y+xy-e^x+e^y=0$ 在点 $(0,y(0))$ 处的曲率为________.

建议答题时间 $\leqslant 4$ min　评估　熟练　还可以　有点难　不会

答题区域

纠错笔记

27 曲线$\begin{cases} x = \sin t, \\ y = t\sin t + \cos t \end{cases}$上对应于$t = \dfrac{\pi}{3}$点处的曲率$k =$ ________.

建议答题时间 ≤4 min　　评估　熟练　还可以　有点难　不会

答题区域

纠错笔记

28 设有底面半径为r,高为h的正圆柱体,记其表面积为S.当该圆柱体的底面半径r以2 cm/s,高h以3 cm/s的速度同时均匀增长,则在$r = 4$ cm,$h = 6$ cm时,圆柱体表面积S增长的速度为________.

建议答题时间 ≤5 min　　评估　熟练　还可以　有点难　不会

答题区域

纠错笔记

29 曲线 $x^3 + y^3 = y^2$ 的斜渐近线方程为________.

建议答题时间 $\leqslant$ 5 min　　评估　熟练　还可以　有点难　不会

答题区域

纠错笔记

30 数列 $\left\{\dfrac{(1+n)^3}{(1-n)^2}\right\}$ 的最小项的项数 $n =$ ________，且该项的数值为________.

建议答题时间 $\leqslant$ 5 min　　评估　熟练　还可以　有点难　不会

答题区域

纠错笔记

31 $\lim\limits_{n\to\infty}\int_0^1 \arctan n\sqrt{x}\,\mathrm{d}x=$ ________.

建议答题时间 ≤5 min　　评估 | 熟练 | 还可以 | 有点难 | 不会

答题区域

纠错笔记

32 $\int \frac{\ln(1-x^2)}{2x^2\sqrt{1-x^2}}\mathrm{d}x=$ ________.

建议答题时间 ≤5 min　　评估 | 熟练 | 还可以 | 有点难 | 不会

答题区域

纠错笔记

33 已知 $y'(x)=\cos(1-x)^2$，且 $y(0)=0$，则 $\int_0^1 y(x)\mathrm{d}x=$ ________.

建议答题时间	$\leqslant 4$ min	评估	熟练	还可以	有点难	不会

答题区域

纠错笔记

34 设函数 $f(x)$ 在 $(0,+\infty)$ 上可导，$f(1)=0$，且满足

$$x(x+1)f'(x)-(x+1)f(x)+\int_1^x f(t)\mathrm{d}t=x-1,$$

则 $\int_1^2 f(x)\mathrm{d}x-3f(2)+\lim\limits_{x\to 1}\dfrac{\int_1^x \frac{\sin(t-1)^2}{t-1}\mathrm{d}t}{f(x)}=$ ________.

建议答题时间	$\leqslant 5$ min	评估	熟练	还可以	有点难	不会

答题区域

纠错笔记

35 $\int \frac{1}{\cos^2 x \sin^4 x} dx =$ ________.

建议答题时间 ≤ 5 min　　评估　熟练　还可以　有点难　不会

答题区域

纠错笔记

36 $\lim\limits_{n \to \infty} \left(1 + \int_0^1 \frac{x^n}{1+x^2} dx\right)^{\ln n} =$ ________.

建议答题时间 ≤ 5 min　　评估　熟练　还可以　有点难　不会

答题区域

纠错笔记

37 设 $x=2\int_0^t e^{-s^2}\,ds, y=\int_0^t \sin(t-s)^2\,ds$，则 $\left.\frac{d^2y}{dx^2}\right|_{t=\sqrt{\pi}}=$ ________.

建议答题时间 ≤ 4 min　评估　熟练　还可以　有点难　不会

答题区域

纠错笔记

38 已知曲线 $y=f(x)$ 与 $y=\sin 2x$ 在原点处相切，则 $\lim\limits_{x\to 0}\frac{\int_x^0\left[\int_0^t f(t-u)\,du\right]dt}{\sin^3 x}=$ ________.

建议答题时间 ≤ 5 min　评估　熟练　还可以　有点难　不会

答题区域

纠错笔记

39 设 $f(x)$ 满足 $\int_0^x f(t-x)\mathrm{d}t=-\dfrac{x^2}{2}+\mathrm{e}^{-x}-1$，则曲线 $y=f(x)$ 的斜渐近线方程为________.

建议答题时间	≤3 min	评估	熟练	还可以	有点难	不会

答题区域

纠错笔记

40 设 $f(x)=\begin{cases}\mathrm{e}^x, & x\leqslant 0,\\ \ln x, & x>0,\end{cases}$ 则 $\int_{-1}^x tf(t)\mathrm{d}t=$________.

建议答题时间	≤4 min	评估	熟练	还可以	有点难	不会

答题区域

纠错笔记

41 $I=\int_{-1}^{1}\frac{\mathrm{d}x}{(1+\mathrm{e}^{x})(1+x^{2})}=$ ________.

建议答题时间	≤5 min	评估	熟练	还可以	有点难	不会

答题区域

纠错笔记

42 $\int_{0}^{2\pi}|\sin^{2}x-\cos^{2}x|\,\mathrm{d}x=$ ________.

建议答题时间	≤5 min	评估	熟练	还可以	有点难	不会

答题区域

纠错笔记

43 已知 $f'(x)\int_0^2 f(x)\mathrm{d}x = 8$，且 $f(0)=0$，$f(x)\geqslant 0$，则 $f(x)=$ ________.

建议答题时间	$\leqslant 5$ min	评估	熟练	还可以	有点难	不会

答题区域

纠错笔记

44 $\int_2^4 \frac{x\mathrm{d}x}{\sqrt{|x^2-9|}} =$ ________.

建议答题时间	$\leqslant 5$ min	评估	熟练	还可以	有点难	不会

答题区域

纠错笔记

45 若函数 $f(x)$ 满足微分方程 $f''(x)+af'(x)+f(x)=0$,其中 $a=2\int_0^2\sqrt{2x-x^2}\mathrm{d}x$,$f(0)=\alpha$,$f'(0)=\beta$,则$\int_0^{+\infty}f(x)\mathrm{d}x=$ ________.

建议答题时间 ≤5 min　评估 熟练 还可以 有点难 不会

答题区域

纠错笔记

46 曲线 $y=\dfrac{x^2}{1+x^2}$ 与其渐近线围成的区域绕其渐近线旋转所得旋转体体积 $V=$ ______.

建议答题时间 ≤5 min　评估 熟练 还可以 有点难 不会

答题区域

纠错笔记

47 设 $y=f(x)$ 是定义在 $[0,+\infty)$ 上的正值函数，且对于任意的 $a>0$，$x=0$，$x=a$，$y=f(x)$ 与 x 轴所围成的图形绕 x 轴旋转一周与绕 y 轴旋转一周所形成的旋转体体积相同，则 $y=f(x)$ 与 $y=x^3$ 所围成的图形面积为________.

建议答题时间	$\leqslant 5$ min	评估	熟练	还可以	有点难	不会

答题区域

纠错笔记

48 已知曲线 $y=xe^x$，直线 $x=a(a>0)$ 与 x 轴所围平面图形的面积为 1，则由上述平面图形绕 x 轴旋转一周所形成的旋转体的体积为________.

建议答题时间	$\leqslant 4$ min	评估	熟练	还可以	有点难	不会

答题区域

纠错笔记

49 曲线 $y=x^2$，x 轴与 $x=1$ 围成的曲边三角形绕 x 轴旋转一周产生的旋转体的形心 x 坐标等于________.

建议答题时间 $\leqslant 3$ min　　评估　熟练　还可以　有点难　不会

答题区域　　纠错笔记

50 有一容器，其内侧壁由过原点的曲线 $y=y(x)(x\geqslant 0)$ 绕 y 轴旋转而成，容器底部（原点处）开有一小孔，设小孔的面积为 S（单位：m^2）. 已知液体从容器底部流出的速率 $v=k\sqrt{2gh}$（单位：m/s），其中 g 为重力加速度（单位：$\mathrm{m/s^2}$），h 为小孔上方的液面高度（单位：m），k 为大于 0 的常数. 若液面高度以 l m/s 的速率匀速下降，则 $y(x)=$________.

建议答题时间 $\leqslant 5$ min　　评估　熟练　还可以　有点难　不会

答题区域　　纠错笔记

51 已知 $z=(x^2\sin y^5+x^3)(2x^3+\tan y^4)^{\frac{y^3}{x^2}+e^{x^5y^6}}$，$\left.\frac{\partial z}{\partial x}\right|_{(1,0)}=$ ________.

建议答题时间 $\leqslant 3$ min　　评估　熟练　还可以　有点难　不会

答题区域

纠错笔记

52 $\lim\limits_{\substack{x\to 0\\ y\to 0}}\frac{xy(x^2-y^2)}{x^2+y^2}=$ ________.

建议答题时间 $\leqslant 3$ min　　评估　熟练　还可以　有点难　不会

答题区域

纠错笔记

53 设 $z = f(x,y)$ 在点 (x_0,y_0) 的某邻域内有定义，且

$$\Delta z = f(x,y) - f(x_0,y_0) = a(x-x_0) + b(y-y_0) + o(\rho),$$

其中 $\rho = \sqrt{(x-x_0)^2 + (y-y_0)^2}$，则极限 $\lim\limits_{x \to 0} \dfrac{f(x_0+x,y_0) - f(x_0-x,y_0)}{x} =$ ________.

建议答题时间	≤ 4 min	评估	熟练	还可以	有点难	不会

答题区域

纠错笔记

54 二元函数 $f(x,y) = \begin{cases} (x^2+y^2)\sin \dfrac{1}{\sqrt{x^4+y^2}}, & x^2+y^2 \neq 0, \\ 0, & x^2+y^2 = 0 \end{cases}$ 在点 $(0,0)$ 处 $\mathrm{d}f(0,0) =$ ________.

建议答题时间	≤ 5 min	评估	熟练	还可以	有点难	不会

答题区域

纠错笔记

55 设 $f(x,y)$ 在 $(0,0)$ 点连续，且 $\lim\limits_{(x,y)\to(0,0)}\dfrac{f(x,y)+3x-4y}{\sqrt{x^2+y^2}}=0$，则 $2f'_x(0,0)+f'_y(0,0)=$ ________.

建议答题时间	≤ 4 min	评估	熟练	还可以	有点难	不会

答题区域

纠错笔记

56 函数 $f(x,y)$ 满足 $f(1,1)=0$，且 $f'_x(x,y)=2x-2xy^2$，$f'_y(x,y)=4y-2x^2y$，则函数 $f(x,y)$ 的极小值为________.

建议答题时间	≤ 5 min	评估	熟练	还可以	有点难	不会

答题区域

纠错笔记

57 函数 $z=x^2+y^2-xy$ 在区域 $|x|+|y|\leqslant 1$ 上的最大值为________.

建议答题时间 $\leqslant 3$ min　评估　熟练　还可以　有点难　不会

答题区域

纠错笔记

58 设 $z(x,y)=\int_0^x dt\int_t^x f(t+y)g(yu)du$，其中 f 连续，g 有连续的一阶导数，则 $\frac{\partial^2 z}{\partial x\partial y}=$________.

建议答题时间 $\leqslant 2$ min　评估　熟练　还可以　有点难　不会

答题区域

纠错笔记

59 设函数 $y=y(x)$ 由方程 $y=f(x^2+y^2)+f(x+y)$ 所确定，且 $y(0)=2$，其中 $f(u)$ 具有连续的导数，$f'(2)=\frac{1}{2}$，$f'(4)=1$，则 $\left.\frac{\mathrm{d}y}{\mathrm{d}x}\right|_{x=0}=$ ________.

建议答题时间	≤3 min	评估	熟练	还可以	有点难	不会

答题区域

纠错笔记

60 设 $f(x,y)$ 可微，且满足条件 $\frac{f'_y(0,y)}{f(0,y)}=\cot y$，$\frac{\partial f}{\partial x}=-f(x,y)$，$f\left(0,\frac{\pi}{2}\right)=1$，则 $f(x,y)=$ ________.

建议答题时间	≤3 min	评估	熟练	还可以	有点难	不会

答题区域

纠错笔记

61 设 $u=f(x,y,z)$，$z=z(x,y)$ 是由方程 $\varphi(x+y,z)=1$ 所确定的隐函数，其中 f 和 φ 有二阶连续偏导数且 $\varphi'_2\neq 0$，则 $\frac{\partial^2 u}{\partial x\partial y}=$ ________.

建议答题时间 $\leqslant 4$ min　　评估　熟练　还可以　有点难　不会

答题区域

纠错笔记

62 设 $z=z(x,y)$ 是由方程 $z=f(x+y+z)$ 所确定的隐函数，其中 f 二阶可微，$f'\neq 1$，则 $\frac{\partial^2 z}{\partial x^2}=$ ________.

建议答题时间 $\leqslant 3$ min　　评估　熟练　还可以　有点难　不会

答题区域

纠错笔记

63 D 是由直线 $y=x, y=\pi, x=0$ 所围成的平面区域，则二重积分 $\iint\limits_D \frac{\sin x}{\pi-x}\mathrm{d}x\mathrm{d}y=$ ________.

建议答题时间 $\leqslant 3$ min　　评估　熟练　还可以　有点难　不会

答题区域

纠错笔记

64 D 为 $x^2+y^2=1$ 的上半圆与 $x^2+y^2=2y$ 的下半圆所围成的区域，则二重积分 $I=\iint\limits_D(\sqrt{4-x^2-y^2}-x^7\cos^4 y)\mathrm{d}\sigma=$ ________.

建议答题时间 $\leqslant 5$ min　　评估　熟练　还可以　有点难　不会

答题区域

纠错笔记

65 设 $a>0$，$f(x)=g(x)=\begin{cases} a, & 0\leqslant x\leqslant 1, \\ 0, & 其他. \end{cases}$ D 表示全平面，则 $\iint\limits_{D} f(x)g(y-x)\mathrm{d}x\mathrm{d}y=$ ________.

建议答题时间	$\leqslant 2$ min	评估	熟练	还可以	有点难	不会

答题区域

纠错笔记

66 $\int_{-1}^{1}\mathrm{d}x\int_{|x|}^{1+\sqrt{1-x^2}}(x^3+1)\sqrt{x^2+y^2}\,\mathrm{d}y=$ ________.

建议答题时间	$\leqslant 3$ min	评估	熟练	还可以	有点难	不会

答题区域

纠错笔记

67 设 D 是由 $0\leqslant x\leqslant 1,0\leqslant y\leqslant 1$ 所确定的平面区域，则 $\iint\limits_{D}\sqrt{x^2+y^2}\,\mathrm{d}x\mathrm{d}y=$ ________.

建议答题时间 $\leqslant 3$ min　　评估　熟练　还可以　有点难　不会

答题区域

纠错笔记

68 极限 $\lim\limits_{n\to\infty}\frac{1}{n}\left(\int_{1}^{\frac{1}{n}}\mathrm{e}^{-y^2}\mathrm{d}y+\int_{1}^{\frac{2}{n}}\mathrm{e}^{-y^2}\mathrm{d}y+\cdots+\int_{1}^{\frac{n-1}{n}}\mathrm{e}^{-y^2}\mathrm{d}y\right)=$ ________.

建议答题时间 $\leqslant 3$ min　　评估　熟练　还可以　有点难　不会

答题区域

纠错笔记

69 区域 D 为 $y=x^5, y=1, x=-1$ 所围成的平面区域，f 连续，则积分 $I=\iint\limits_D x[1+\sin y^3 f(x^4+y^4)]\mathrm{d}x\mathrm{d}y=$ ________.

建议答题时间 ≤ 5 min　评估　熟练　还可以　有点难　不会

答题区域

纠错笔记

70 设函数 $f(x,y)$ 连续，交换累次积分 $I=\int_{-1}^{1}\mathrm{d}x\int_{x^2+x}^{x+1}f(x,y)\mathrm{d}y$ 的积分次序为 ________.

建议答题时间 ≤ 5 min　评估　熟练　还可以　有点难　不会

答题区域

纠错笔记

71 微分方程 $y''+y=2e^{x}+4\sin x$ 满足 $\lim\limits_{x\to 0}\dfrac{y(x)}{\ln(x+\sqrt{1+x^{2}})}=0$ 的特解为________.

建议答题时间 $\leqslant 5$ min　　评估　熟练　还可以　有点难　不会

答题区域

纠错笔记

72 $xy'=y(\ln y-\ln x)$ 的通解为________.

建议答题时间 $\leqslant 4$ min　　评估　熟练　还可以　有点难　不会

答题区域

纠错笔记

73 $\dfrac{\mathrm{d}y}{\mathrm{d}x}=\dfrac{y}{x+y^2}$ 的通解为________.

建议答题时间 $\leqslant$ 4 min 评估 熟练 还可以 有点难 不会

答题区域

纠错笔记

74 $(x+y)\dfrac{\mathrm{d}y}{\mathrm{d}x}+y+1=0$ 的通解为________.

建议答题时间 $\leqslant$ 4 min 评估 熟练 还可以 有点难 不会

答题区域

纠错笔记

75 $y''+2y'-3y=\mathrm{e}^{-3x}$ 的通解为 $y=$ ________.

建议答题时间 $\leqslant$ 4 min 评估 熟练 还可以 有点难 不会

答题区域

纠错笔记

76 设 $y=y(x)$ 满足 $y''+(x-1)y'+x^2y=e^x$ 且 $y(0)=0, y'(0)=1$，则 $\lim\limits_{x\to 0}\dfrac{y(x)-x}{x^2}=$ ________.

建议答题时间	≤3 min	评估	熟练	还可以	有点难	不会

答题区域

纠错笔记

77 设 $y=(C_1+x)e^x+C_2e^{-x}$ 是 $y''+ay'+by=ge^{cx}$ 的通解，则常数 a,b,c,g 分别是 ________，________，________，________.

建议答题时间	≤3 min	评估	熟练	还可以	有点难	不会

答题区域

纠错笔记

78 方程 $y''-y=e^x+4\cos x$ 的通解为________.

建议答题时间	≤5 min	评估	熟练	还可以	有点难	不会

答题区域

纠错笔记

79 3 阶常系数齐次线性微分方程 $y''' - y'' - y' + y = 0$ 的通解是________.

建议答题时间 $\leqslant 3$ min 评估 熟练 还可以 有点难 不会

答题区域

纠错笔记

80 某地区的人口增长速度与当前该地区的人口成正比.若两年后,人口增加一倍;三年后,人口是 20000 人,则该地区最初的人口数约为________.

建议答题时间 $\leqslant 5$ min 评估 熟练 还可以 有点难 不会

答题区域

纠错笔记

选　择　题

81 设定义在$(-\infty,+\infty)$上的连续函数$f(x)$的图形关于$x=0$与$x=1$均对称，则下列命题中，正确命题为

① 若$\int_0^1 f(x)\mathrm{d}x=0$，则$\int_0^x f(t)\mathrm{d}t$为周期函数.

② 若$\int_0^2 f(x)\mathrm{d}x=0$，则$\int_0^x f(t)\mathrm{d}t$为周期函数.

③ $\int_0^x f(t)\mathrm{d}t-x\int_0^2 f(t)\mathrm{d}t$为周期函数.

④ $\int_0^x f(t)\mathrm{d}t-\frac{x}{2}\int_0^2 f(t)\mathrm{d}t$为周期函数.

(A)②③.　　(B)②④.　　(C)①②③.　　(D)①②④.

建议答题时间 ≤5 min　评估 熟练 | 还可以 | 有点难 | 不会

答题区域

纠错笔记

82 设函数$\varphi(x)=\begin{cases}x^2\left(2+\sin\frac{1}{x}\right), & x\neq 0,\\ 0, & x=0,\end{cases}$且函数$f(x)$在$x=0$处可导，则函数$f(\varphi(x))$在$x=0$处

(A) 不连续.　　(B) 连续但不可导.

(C) 可导且导数为0.　　(D) 可导且导数不为0.

建议答题时间 ≤5 min　评估 熟练 | 还可以 | 有点难 | 不会

答题区域

纠错笔记

83 设 $\alpha_1 = \sqrt{1+\tan x} - \sqrt{1+\sin x}$，$\alpha_2 = \int_0^{x^4} \frac{1}{\sqrt{1-t^2}} \mathrm{d}t$，$\alpha_3 = \int_0^x \mathrm{d}u \int_0^{u^2} \arctan t \mathrm{d}t$. 当 $x \to 0$ 时，以上 3 个无穷小量按照从低阶到高阶的顺序是

(A) $\alpha_1, \alpha_2, \alpha_3$.　(B) $\alpha_1, \alpha_3, \alpha_2$.　(C) $\alpha_2, \alpha_1, \alpha_3$.　(D) $\alpha_3, \alpha_1, \alpha_2$.

建议答题时间 $\leqslant 5$ min　评估　熟练　还可以　有点难　不会

答题区域

纠错笔记

84 $x=0$ 是 $f(x) = \frac{2}{1+\mathrm{e}^{\frac{1}{x}}} + \frac{\sin x}{|x|}$ 的

(A) 跳跃间断点.　(B) 可去间断点.　(C) 无穷间断点.　(D) 振荡间断点.

建议答题时间 $\leqslant 4$ min　评估　熟练　还可以　有点难　不会

答题区域

纠错笔记

85 下列命题

① 设 $|f(x)|$ 在 $x=x_0$ 处连续，则 $f(x)$ 在 $x=x_0$ 处必连续.

② 设 $\lim\limits_{h\to 0}[f(x_0+h)-f(x_0-h)]=0$，则 $f(x)$ 在 $x=x_0$ 处必连续.

③ 设 $f(x)$ 在 $x=x_0$ 处连续，$g(x)$ 在 $x=x_0$ 处不连续，则 $f(x)g(x)$ 在 $x=x_0$ 处必不连续.

④ 设 $f(x)$ 与 $g(x)$ 在 $x=x_0$ 处都不连续，则 $f(x)+g(x)$ 在 $x=x_0$ 处必不连续.

其中正确的命题个数为

(A)0. (B)1. (C)2. (D) 大于等于 3.

建议答题时间	≤ 3 min	评估	熟练	还可以	有点难	不会

答题区域

纠错笔记

86 在下列函数中，导数 $f'(x)$ 在点 $x=0$ 处不连续的是

(A) $f(x)=\begin{cases} x^{\frac{4}{3}}\sin\dfrac{1}{x}, & x\neq 0, \\ 0, & x=0. \end{cases}$ (B) $f(x)=\begin{cases} \dfrac{\sin x}{x}, & x\neq 0, \\ 1, & x=0. \end{cases}$

(C) $f(x)=\begin{cases} \dfrac{e^x-1}{x}, & x\neq 0, \\ 1, & x=0. \end{cases}$ (D) $f(x)=\begin{cases} \dfrac{\ln(1+x)}{x}, & x\neq 0, \\ 1, & x=0. \end{cases}$

建议答题时间	≤ 5 min	评估	熟练	还可以	有点难	不会

答题区域

纠错笔记

87 已知 $x=0$ 是函数 $f(x)=\dfrac{ax-\ln(1+x)}{x+b\sin x}$ 的可去间断点，则常数 a,b 的取值范围是

(A) $a=1$，b 为任意实数.　　(B) $a\neq 1$，b 为任意实数.

(C) $b=-1$，a 为任意实数.　　(D) $b\neq -1$，a 为任意实数.

建议答题时间 $\leqslant 4$ min　　评估　熟练　还可以　有点难　不会

答题区域

纠错笔记

88 设 $f(x)$ 连续，且 $f(1)=1$，则 $\lim\limits_{x\to 1}\dfrac{\int_1^{\frac{1}{x}} f(tx)\mathrm{d}t}{x^2-1}=$

(A) 1.　　(B) -1.　　(C) $\dfrac{1}{2}$.　　(D) $-\dfrac{1}{2}$.

建议答题时间 $\leqslant 5$ min　　评估　熟练　还可以　有点难　不会

答题区域

纠错笔记

89 设 $f(x)$ 是以 4 为周期的连续函数，且 $f'(1)=-1$，$F(x)=\int_0^x f(t)\mathrm{d}t$，则 $\lim\limits_{x\to 0}\dfrac{F'(5-x)-F'(5)}{x}=$

(A) $\dfrac{1}{2}$.　　(B) 0.　　(C) -1.　　(D) 1.

建议答题时间	≤ 5 min	评估	熟练	还可以	有点难	不会

答题区域

纠错笔记

90 设 $f(x)$ 有连续导数，$f(0)=0$，当 $x\to 0$ 时，$\int_0^{f(x)} f(t)\mathrm{d}t$ 与 x^2 是等价无穷小，则 $f'(0)$ 等于

(A) 0.　　(B) 2.　　(C) $\sqrt{2}$.　　(D) $\sqrt[3]{2}$.

建议答题时间	≤ 3 min	评估	熟练	还可以	有点难	不会

答题区域

纠错笔记

91 设 $f(x)=\begin{cases}\dfrac{1}{x}g(x), & x\neq 0,\\ 0, & x=0,\end{cases}$ 其中 $g(x)$ 在 $x=0$ 的一个邻域内二阶导数存在，且 $g(0)=0,g'(0)=0$，则

(A) $f(x)$ 在 $x=0$ 处不连续.

(B) $f(x)$ 在 $x=0$ 处连续但不可导.

(C) $f(x)$ 在 $x=0$ 处可导，但其导函数不连续.

(D) $f(x)$ 在 $x=0$ 处导函数连续.

建议答题时间	$\leqslant 5$ min	评估	熟练	还可以	有点难	不会

答题区域

纠错笔记

92 设 $x=\int_0^y \frac{\mathrm{d}t}{\sqrt{1+4t^2}}$，则 $\frac{\mathrm{d}^3 y}{\mathrm{d}x^3}-4\frac{\mathrm{d}y}{\mathrm{d}x}$ 等于

(A) 0.

(B) 1.

(C) $\frac{4}{1+4y^2}-4\sqrt{1+4y^2}$.

(D) -1.

建议答题时间	$\leqslant 5$ min	评估	熟练	还可以	有点难	不会

答题区域

纠错笔记

93 设有命题

① 若 $f(x)$ 在 x_0 处可导，则 $|f(x)|$ 在 x_0 处可导.

② 若 $|f(x)|$ 在 x_0 处可导，则 $f(x)$ 在 x_0 处可导.

③ 若 $f(x)$ 在 x_0 处可导，且 $f(x_0)=0, f'(x_0)\neq 0$，则 $|f(x)|$ 在 x_0 处不可导.

④ 若 $f(x)$ 在 x_0 处连续，且 $|f(x)|$ 在 x_0 处可导，则 $f(x)$ 在 x_0 处可导.

则上述命题中正确的个数为

(A)0.　　(B)1.　　(C)2.　　(D)3.

建议答题时间 $\leqslant 5$ min　　评估　熟练　还可以　有点难　不会

答题区域

纠错笔记

94 设 $f(x)$，$g(x)$ 定义在 $(-1,1)$ 上，且都在 $x=0$ 处连续，若 $f(x)=\begin{cases}\dfrac{g(x)}{x}, & x\neq 0,\\ 2, & x=0,\end{cases}$ 则

(A) $g(0)=0$ 且 $g'(0)=0$.　　(B) $g(0)=0$ 且 $g'(0)=1$.

(C) $g(0)=0$ 且 $g'(0)=2$.　　(D) $g(0)=1$ 且 $g'(0)=0$.

建议答题时间 $\leqslant 5$ min　　评估　熟练　还可以　有点难　不会

答题区域

纠错笔记

95 设严格单调函数 $y = f(x)$ 有二阶连续导数，其反函数为 $x = \varphi(y)$，且 $f(1) = 2$，$f'(1) = 2$，$f''(1) = 3$，则 $\varphi''(2)$ 等于

(A) $\frac{1}{3}$.　(B) -3.　(C) $\frac{3}{8}$.　(D) $-\frac{3}{8}$.

建议答题时间 ≤ 5 min　评估　熟练　还可以　有点难　不会

答题区域

纠错笔记

96 若曲线 $y = x^2 + ax + b$ 与 $2y = -1 + xy^3$ 在点 $(1, -1)$ 处相切，则常数 a, b 分别为

(A) $a = 0, b = -2$.　(B) $a = 1, b = -3$.

(C) $a = -1, b = -1$.　(D) $a = -3, b = 1$.

建议答题时间 ≤ 4 min　评估　熟练　还可以　有点难　不会

答题区域

纠错笔记

97 设奇函数 $f(x)$ 在 $x=0$ 的某邻域上连续,且 $\lim\limits_{x \to 0} \dfrac{f(x)}{x} = 0$,则

(A) $x=0$ 是 $f(x)$ 的极小值点.

(B) $x=0$ 是 $f(x)$ 的极大值点.

(C) $y=f(x)$ 在 $x=0$ 处的切线平行于 x 轴.

(D) $y=f(x)$ 在 $x=0$ 处的切线不平行于 x 轴.

建议答题时间 $\leqslant 5$ min　　评估　熟练　还可以　有点难　不会

答题区域

纠错笔记

98 奇函数 $f(x)$ 在闭区间 $[-1,1]$ 上可导,且 $|f'(x)| \leqslant M$(M 为正常数),则必有

(A) $|f(x)| \geqslant M$.　　(B) $|f(x)| > M$.

(C) $|f(x)| \leqslant M$.　　(D) $|f(x)| < M$.

建议答题时间 $\leqslant 4$ min　　评估　熟练　还可以　有点难　不会

答题区域

纠错笔记

99 设非零函数 $f(x)$ 可导，且 $\dfrac{f(x)}{f'(x)}>0$，则

(A) $f(1)>f(0)$. (B) $f(1)<f(0)$. (C) $\left|\dfrac{f(1)}{f(0)}\right|<1$. (D) $\left|\dfrac{f(1)}{f(0)}\right|>1$.

建议答题时间 $\leqslant 4$ min　　评估　熟练　还可以　有点难　不会

答题区域

纠错笔记

100 设 $0<x<\dfrac{\pi}{4}$，$f(x)=\dfrac{\tan x}{x}$，$g(x)=\left(\dfrac{\tan x}{x}\right)^2$，$h(x)=\dfrac{\tan x^2}{x^2}$，以下结论正确的是

(A) $f(x)>g(x)>h(x)$. (B) $h(x)>g(x)>f(x)$.

(C) $g(x)>f(x)>h(x)$. (D) $f(x)>h(x)>g(x)$.

建议答题时间 $\leqslant 5$ min　　评估　熟练　还可以　有点难　不会

答题区域

纠错笔记

101 下述论断正确的是

(A) 设 $f(x)$ 在 $(-\infty,+\infty)$ 上有定义，除 $x=0$ 外均可导，且 $f'(x)>0$，则 $f(x)$ 在 $(-\infty,+\infty)$ 上是严格单调增加的.

(B) 设 $f(x)$ 为偶函数且 $x=0$ 是 $f(x)$ 的极值点，则 $f'(0)=0$.

(C) 设 $f(x)$ 在 $x=x_0$ 处二阶导数存在，且 $f''(x_0)>0$，则 $x=x_0$ 是 $f(x)$ 的极小值点.

(D) 设 $f(x)$ 在 $x=x_0$ 处三阶导数存在，且 $f'(x_0)=0$，$f''(x_0)=0$，$f'''(x_0)\neq 0$，则 $x=x_0$ 一定不是 $f(x)$ 的极值点.

建议答题时间	$\leqslant 4$ min	评估	熟练	还可以	有点难	不会

答题区域

纠错笔记

102 设函数 $f(x)$ 在 $x=2$ 处连续，且 $\lim\limits_{x\to 0}\dfrac{\ln[f(x+2)+e^{x^2}]}{1-\cos x}=4$，则 $x=2$ 是 $f(x)$ 的

(A) 不可导点.

(B) 驻点且是极大值点.

(C) 驻点且是极小值点.

(D) 可导的点但不是驻点.

建议答题时间	$\leqslant 4$ min	评估	熟练	还可以	有点难	不会

答题区域

纠错笔记

103 若 $f''(x)$ 不变号，且曲线 $y=f(x)$ 在点 $(1,1)$ 上的曲率圆为 $x^2+y^2=2$，则 $f(x)$ 在区间 $(1,2)$ 内

(A) 有极值点，无零点.　　(B) 无极值点，有零点.

(C) 有极值点，有零点.　　(D) 无极值点，无零点.

建议答题时间 $\leqslant 5$ min　评估 熟练 还可以 有点难 不会

答题区域

纠错笔记

104 设函数 $y=f(x)$ 对一切 x 满足 $xf''(x)+3x[f'(x)]^2=1-e^{-x}$，若 $f'(x_0)=0(x_0\neq 0)$，则

(A) x_0 是 $f(x)$ 的极小值点.

(B) x_0 是 $f(x)$ 的极大值点.

(C) $(x_0,f(x_0))$ 是曲线 $y=f(x)$ 的拐点.

(D) x_0 不是 $f(x)$ 的极值点，$(x_0,f(x_0))$ 也不是曲线 $y=f(x)$ 的拐点.

建议答题时间 $\leqslant 5$ min　评估 熟练 还可以 有点难 不会

答题区域

纠错笔记

105 设函数 $f(x)=2x^3-9x^2+12x-a$ 恰有两个不同的零点，则 a 可能为

(A)8. (B)6. (C)4. (D)2.

建议答题时间	≤ 4 min	评估	熟练	还可以	有点难	不会

答题区域

纠错笔记

106 $f(x)=-\cos \pi x+(2x-3)^3+\dfrac{1}{2}(x-1)$ 在区间 $(-\infty,+\infty)$ 上的零点个数

(A) 正好有 1 个. (B) 正好有 2 个. (C) 正好有 3 个. (D) 至少有 4 个.

建议答题时间	≤ 5 min	评估	熟练	还可以	有点难	不会

答题区域

纠错笔记

107 设函数 $f(x)$ 在 $x=x_0$ 处二阶导数存在，且 $f''(x_0)<0$，$f'(x_0)=0$，则必存在 $\delta>0$，使得

(A) 曲线 $y=f(x)$ 在区间 $(x_0-\delta,x_0+\delta)$ 上是凸的.

(B) 曲线 $y=f(x)$ 在区间 $(x_0-\delta,x_0+\delta)$ 上是凹的.

(C) 函数 $f(x)$ 在区间 $(x_0-\delta,x_0)$ 严格单调增，在区间 $(x_0,x_0+\delta)$ 严格单调减.

(D) 函数 $f(x)$ 在区间 $(x_0-\delta,x_0)$ 严格单调减，在区间 $(x_0,x_0+\delta)$ 严格单调增.

建议答题时间	$\leqslant 5$ min	评估	熟练	还可以	有点难	不会

答题区域

纠错笔记

108 函数 $f(x)=\dfrac{x^2+2x-3}{(x^3-x)(x^2+1)}$ 的铅直渐近线个数为

(A)0.　　(B)1.　　(C)2.　　(D)3.

建议答题时间	$\leqslant 5$ min	评估	熟练	还可以	有点难	不会

答题区域

纠错笔记

109 曲线 $y = e^{1/x^2}\arctan\dfrac{x^2+x+1}{(x-1)(x+2)}$ 的渐近线条数为

(A)1.　　(B)2.　　(C)3.　　(D)4.

建议答题时间	$\leqslant 5$ min	评估	熟练	还可以	有点难	不会

答题区域

纠错笔记

110 曲线 $y = \dfrac{1+x}{1-e^{-x}}$ 的渐近线的条数为

(A)0.　　(B)1.　　(C)2.　　(D)3.

建议答题时间	$\leqslant 4$ min	评估	熟练	还可以	有点难	不会

答题区域

纠错笔记

111 若 $f(x)$ 的一个原函数为 $\arctan x$，则 $\int xf(1-x^2)\mathrm{d}x =$

(A) $\arctan(1-x^2)+C$.　　(B) $x\arctan(1-x^2)+C$.

(C) $-\dfrac{1}{2}\arctan(1-x^2)+C$.　　(D) $-\dfrac{1}{2}x\arctan(1-x^2)+C$.

建议答题时间 $\leqslant 4$ min　评估 熟练 还可以 有点难 不会

答题区域

纠错笔记

112 若 $f'(\sin^2 x)=\cos^2 x$，则 $f(x)=$

(A) $\sin x-\dfrac{1}{2}\sin^2 x+C$.　　(B) $x-\dfrac{1}{2}x^2+C$.

(C) $\cos x-\sin x+C$.　　(D) $\dfrac{1}{2}x^2-x+C$.

建议答题时间 $\leqslant 4$ min　评估 熟练 还可以 有点难 不会

答题区域

纠错笔记

113 设$\dfrac{\sin x}{x}$为$f(x)$的一个原函数，且$a \neq 0$，则$\displaystyle\int \dfrac{f(ax)}{a}\mathrm{d}x =$

(A) $\dfrac{\sin ax}{a^3 x} + C$.　(B) $\dfrac{\sin ax}{a^2 x} + C$.　(C) $\dfrac{\sin ax}{ax} + C$.　(D) $\dfrac{\sin ax}{x} + C$.

建议答题时间 $\leqslant 4$ min　评估　熟练　还可以　有点难　不会

答题区域

纠错笔记

114 设$F(x)$是函数$f(x) = \max\{x, x^2\}$的一个原函数，则

(A) $x = 0$和$x = 1$都是$F(x)$的间断点.　(B) $x = 0$是$F'(x)$的间断点.

(C) $x = 1$是$F'(x)$的间断点.　(D) $F'(x)$处处连续.

建议答题时间 $\leqslant 5$ min　评估　熟练　还可以　有点难　不会

答题区域

纠错笔记

115 下列函数中必为奇函数的是

(A) $\int_a^x \sin t^2 \mathrm{d}t$.　　(B) $\int_0^x \sin t^3 \mathrm{d}t$.

(C) $\int_0^x t\ln(t+\sqrt{1+t^2})\mathrm{d}t$.　　(D) $\int_0^x \left[\int_0^y \sin t^2 \mathrm{d}t\right]\mathrm{d}y$.

建议答题时间 ≤ 3 min　评估 熟练 还可以 有点难 不会

答题区域

纠错笔记

116 设函数 $f(x)$ 连续且以 T 为周期，则下列函数中以 T 为周期的函数为

(A) $\int_0^x f(t)\mathrm{d}t$.　　(B) $\int_{-x}^0 f(t)\mathrm{d}t$.

(C) $\int_0^x f(t)\mathrm{d}t-\int_{-x}^0 f(t)\mathrm{d}t$.　　(D) $\int_0^x f(t)\mathrm{d}t+\int_{-x}^0 f(t)\mathrm{d}t$.

建议答题时间 ≤ 4 min　评估 熟练 还可以 有点难 不会

答题区域

纠错笔记

117 设 $f(x)$ 是以 T 为周期的连续函数(若下式中用到 $f'(x)$，则设 $f'(x)$ 存在)，则以下结论中不正确的是

(A) $f'(x)$ 必以 T 为周期.

(B) $\int_0^x f(t)\mathrm{d}t$ 必以 T 为周期.

(C) $\int_0^x [f(t)-f(-t)]\mathrm{d}t$ 必以 T 为周期.

(D) $\int_0^x f(t)\mathrm{d}t-\frac{x}{T}\int_0^T f(t)\mathrm{d}t$ 必以 T 为周期.

建议答题时间	≤5 min	评估	熟练	还可以	有点难	不会

答题区域

纠错笔记

118 设 $f(x)$ 有连续导数，$f(0)=0, f'(0)\neq 0$. $F(x)=\int_0^x (x^2-t^2)f(t)\mathrm{d}t$，且当 $x\to 0$ 时，$F'(x)$ 与 x^k 为同阶无穷小，则 k 等于

(A) 1.　　(B) 2.　　(C) 3.　　(D) 4.

建议答题时间	≤5 min	评估	熟练	还可以	有点难	不会

答题区域

纠错笔记

119 设 $f(x)$ 连续，$f(0)=0$，$f'(0)=0$，$f''(0)\neq 0$，则 $\lim\limits_{x\to 0}\dfrac{\int_0^x tf(x-t)\mathrm{d}t}{x\int_0^x f(x-t)\mathrm{d}t}=$

(A) $\frac{1}{2}$.　(B) $\frac{1}{3}$.　(C) $\frac{1}{4}$.　(D) $\frac{1}{5}$.

建议答题时间 $\leqslant 5$ min　评估　熟练　还可以　有点难　不会

答题区域

纠错笔记

120 设 $f(x)=\begin{cases} e^x, & x\leqslant 0, \\ x^2+a, & x>0, \end{cases}$ 则 $F(x)=\int_{-1}^x f(t)\mathrm{d}t$ 在 $x=0$ 处

(A) 极限存在但不连续.　(B) 连续但不可导.

(C) 可导.　(D) 是否可导与 a 的取值有关.

建议答题时间 $\leqslant 5$ min　评估　熟练　还可以　有点难　不会

答题区域

纠错笔记

121 设 $g(x)=\int_0^x f(t)\mathrm{d}t$，其中函数 $f(x)=\begin{cases}\dfrac{1}{2}(x^2-1), & 0\leqslant x<1,\\ \dfrac{1}{3}(x+1), & 1\leqslant x\leqslant 2,\end{cases}$ 则 $g(x)$ 在区间 $(0,2)$ 内

(A) 单调增加.　　　　(B) 有跳跃间断点 $x=1$.

(C) 有可去间断点 $x=1$.　　　　(D) 连续.

建议答题时间 $\leqslant 5$ min　评估　熟练　还可以　有点难　不会

答题区域

纠错笔记

122 设 $f(x)$ 在 $(-\infty,+\infty)$ 内连续，下述 4 个命题

① 对任意正常数 a，$\int_{-a}^{a} f(x)\mathrm{d}x=0 \Leftrightarrow f(x)$ 为奇函数.

② 对任意正常数 a，$\int_{-a}^{a} f(x)\mathrm{d}x=2\int_0^a f(x)\mathrm{d}x \Leftrightarrow f(x)$ 为偶函数.

③ 对任意正常数 a 及常数 $\omega>0$，$\int_a^{a+\omega} f(x)\mathrm{d}x$ 与 a 无关 $\Leftrightarrow f(x)$ 有周期 ω.

④ $\int_0^x f(t)\mathrm{d}t$ 对 x 有周期 $\omega \Leftrightarrow \int_0^{\omega} f(t)\mathrm{d}t=0$.

正确的命题个数为

(A) 4.　　(B) 3.　　(C) 2.　　(D) 1.

建议答题时间 $\leqslant 5$ min　评估　熟练　还可以　有点难　不会

答题区域

纠错笔记

123 设在区间$[-1,1]$上，$|f(x)|\leqslant x^2, f''(x)>0$，记$I=\int_{-1}^{1}f(x)\mathrm{d}x$，则

(A)$I=0$.　　(B)$I>0$.

(C)$I<0$.　　(D)I的正负不确定.

建议答题时间 $\leqslant$ 5 min　评估　熟练　还可以　有点难　不会

答题区域

纠错笔记

124 设$M=\int_{-\frac{\pi}{4}}^{\frac{\pi}{4}}\left(\frac{\tan x}{1+x^4}+x^8\right)\mathrm{d}x$，$N=\int_{-\frac{\pi}{4}}^{\frac{\pi}{4}}[\sin^8 x+\ln(x+\sqrt{x^2+1})]\mathrm{d}x$，$P=\int_{-\frac{\pi}{4}}^{\frac{\pi}{4}}(\tan^4 x+e^x\cos x-e^{-x}\cos x)\mathrm{d}x$，则有

(A)$P>N>M$.　(B)$N>P>M$.　(C)$N>M>P$.　(D)$P>M>N$.

建议答题时间 $\leqslant$ 4 min　评估　熟练　还可以　有点难　不会

答题区域

纠错笔记

125 设 $f(x)=\int_1^x \frac{\ln(1+t)}{t}dt(x>0)$，则 $f(x)+f\left(\frac{1}{x}\right)$ 在 $x=2$ 时的函数值为

(A) $\frac{1}{2}\ln 2$.　(B) $\frac{1}{2}\ln^2 2$.　(C) $\frac{1}{2}\ln 3$.　(D) $\frac{1}{2}\ln^2 3$.

建议答题时间 ≤5 min　评估　熟练　还可以　有点难　不会

答题区域

纠错笔记

126 $f(x)$ 在 $[a,b]$ 上连续且 $\int_a^b f(x)dx=0$，则

(A) $\int_a^b [f(x)]^2 dx=0$ 一定成立.

(B) $\int_a^b [f(x)]^2 dx=0$ 不可能成立.

(C) $\int_a^b [f(x)]^2 dx=0$ 仅当 $f(x)$ 是单调函数时成立.

(D) $\int_a^b [f(x)]^2 dx=0$ 仅当 $f(x)=0$ 时成立.

建议答题时间 ≤5 min　评估　熟练　还可以　有点难　不会

答题区域

纠错笔记

127 设 $I_1 = \int_0^a x^3 f(x^2)\mathrm{d}x, I_2 = \int_0^{a^2} xf(x)\mathrm{d}x, a > 0$,则

(A) $2I_1 = I_2$. (B) $I_1 < I_2$. (C) $I_1 > I_2$. (D) $I_1 = I_2$.

建议答题时间 ≤ 4 min 评估 熟练 还可以 有点难 不会

答题区域

纠错笔记

128 设函数 $f(x)$ 在 $[0,1]$ 上连续,且 $f(x) > 0$,记 $I_1 = \int_0^1 f(x)\mathrm{d}x, I_2 = \int_0^{\frac{\pi}{2}} f(\sin x)\mathrm{d}x, I_3 = \int_0^{\frac{\pi}{4}} f(\tan x)\mathrm{d}x$,则

(A) $I_1 < I_2 < I_3$. (B) $I_3 < I_1 < I_2$.

(C) $I_2 < I_3 < I_1$. (D) $I_1 < I_3 < I_2$.

建议答题时间 ≤ 3 min 评估 熟练 还可以 有点难 不会

答题区域

纠错笔记

129 设 $f''(u)$ 连续，已知 $n\int_0^1 xf''(2x)\mathrm{d}x = \int_0^2 xf''(x)\mathrm{d}x$，则 n 应是

(A) 2.　　(B) 1.　　(C) 4.　　(D) $\frac{1}{4}$.

建议答题时间 ≤ 5 min　　评估　熟练　还可以　有点难　不会

答题区域

纠错笔记

130 下列关于反常积分 $\int_0^{+\infty} \frac{1}{(1+x^2)(1+x^\alpha)}\mathrm{d}x$ 的结论正确的是

(A) 对任意的实数 α，该反常积分都发散.

(B) 对任意的实数 α，该反常积分都收敛.

(C) 当且仅当 $\alpha = 0$ 时，该反常积分收敛.

(D) 当且仅当 $\alpha \neq 0$ 时，该反常积分收敛.

建议答题时间 ≤ 5 min　　评估　熟练　还可以　有点难　不会

答题区域

纠错笔记

131 设 $f(x)$ 在 $[1,+\infty)$ 上连续可导，且广义积分 $\int_1^{+\infty} f(x)\mathrm{d}x$，$\int_1^{+\infty} f'(x)\mathrm{d}x$ 均收敛，则 $\lim\limits_{x\to+\infty} f(x) =$

(A) 1.　　(B) 0.　　(C) $+\infty$.　　(D) -1.

建议答题时间 ≤ 5 min　评估　熟练　还可以　有点难　不会

答题区域

纠错笔记

132 下列结论中正确的是

(A) $\int_0^1 \frac{\mathrm{d}x}{\sqrt{x}(1+x)}$ 与 $\int_1^{+\infty} \frac{\mathrm{d}x}{\sqrt{x}(1+x)}$ 都收敛.

(B) $\int_0^1 \frac{\mathrm{d}x}{\sqrt{x}(1+x)}$ 与 $\int_1^{+\infty} \frac{\mathrm{d}x}{\sqrt{x}(1+x)}$ 都发散.

(C) $\int_0^1 \frac{\mathrm{d}x}{\sqrt{x}(1+x)}$ 收敛，$\int_1^{+\infty} \frac{\mathrm{d}x}{\sqrt{x}(1+x)}$ 发散.

(D) $\int_0^1 \frac{\mathrm{d}x}{\sqrt{x}(1+x)}$ 发散，$\int_1^{+\infty} \frac{\mathrm{d}x}{\sqrt{x}(1+x)}$ 收敛.

建议答题时间 ≤ 5 min　评估　熟练　还可以　有点难　不会

答题区域

纠错笔记

133 曲线 $y=2\sqrt{x-1}(1\leqslant x\leqslant 2)$ 绕 x 轴旋转一周所得旋转曲面的面积为

(A) $\frac{4}{3}\pi$.　　(B) $\frac{8\pi}{3}(2\sqrt{2}-1)$.　　(C) $\frac{8\pi}{3}$.　　(D) $\frac{4\pi}{3}(2\sqrt{2}-1)$.

建议答题时间 $\leqslant 5$ min　评估　熟练　还可以　有点难　不会

答题区域

纠错笔记

134 关于 $\int_{-\infty}^{+\infty}e^{|x|}\sin 2x\,dx$，下列结论正确的是

(A) 取值为零.　　(B) 取正值.　　(C) 发散.　　(D) 取负值.

建议答题时间 $\leqslant 5$ min　评估　熟练　还可以　有点难　不会

答题区域

纠错笔记

135 如图所示，函数 $f(x)$ 是以 2 为周期的连续周期函数，它在 $[0,2]$ 上的图形为分段直线，$g(x)$ 是线性函数，则 $\int_0^2 f(g(x))\mathrm{d}x=$

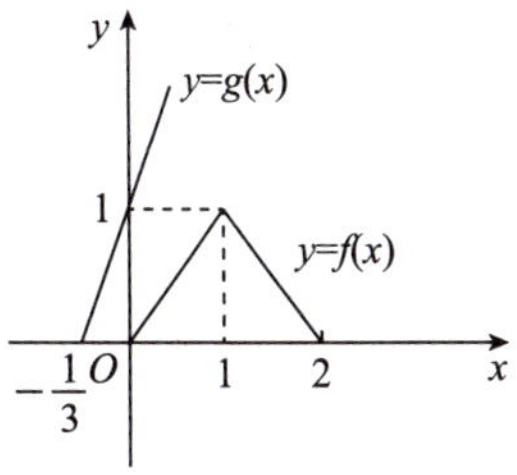

(A) $\frac{1}{2}$.　　(B) 1.

(C) $\frac{2}{3}$.　　(D) $\frac{3}{2}$.

建议答题时间 ≤5 min　评估 熟练 还可以 有点难 不会

答题区域

纠错笔记

136 已知 $f\left(\frac{1}{y},\frac{1}{x}\right)=\frac{xy-x^2}{x-2y}$，则 $f(x,y)=$

(A) $\frac{x-y}{xy-2x^2}$.　(B) $\frac{x-y}{xy-2y^2}$.　(C) $\frac{y-x}{xy-2x^2}$.　(D) $\frac{y-x}{xy-2y^2}$.

建议答题时间 ≤4 min　评估 熟练 还可以 有点难 不会

答题区域

纠错笔记

137 设 $f'_x(x_0,y_0)$，$f'_y(x_0,y_0)$ 都存在，则

(A) $f(x,y)$ 在点 (x_0,y_0) 处连续.　　(B) $f(x,y)$ 在点 (x_0,y_0) 处可微.

(C) $\lim\limits_{x\to x_0} f(x,y_0)$ 存在.　　(D) $\lim\limits_{\substack{x\to x_0\\ y\to y_0}} f(x,y)$ 存在.

建议答题时间 $\leqslant 4$ min　　评估　熟练　还可以　有点难　不会

答题区域

纠错笔记

138 设函数 $f(x,y)$ 在点 (x_0,y_0) 处可微，其微分为 $\mathrm{d}z$，全增量为 Δz，则

(A) $\mathrm{d}z=\Delta z$.

(B) $\Delta z=f'_x(x_0,y_0)\Delta x+f'_y(x_0,y_0)\Delta y$.

(C) $\mathrm{d}z=f'_x(x_0,y_0)\Delta x+f'_y(x_0,y_0)\Delta y+\alpha$（$\alpha$ 是 $\sqrt{(\Delta x)^2+(\Delta y)^2}$ 的高阶无穷小）.

(D) $\Delta z=\mathrm{d}z+\alpha$（$\alpha$ 是 $\sqrt{(\Delta x)^2+(\Delta y)^2}$ 的高阶无穷小）.

建议答题时间 $\leqslant 4$ min　　评估　熟练　还可以　有点难　不会

答题区域

纠错笔记

139 二元函数 $f(x,y)=\begin{cases}(x^2+y^2)^{\frac{3}{2}}\sin\dfrac{1}{\sqrt{x^4+y^4}}, & x^2+y^2\neq 0,\\ 0, & x^2+y^2=0\end{cases}$ 在点(0,0)处

(A) 极限存在但不连续.　　(B) 连续但偏导数不存在.

(C) 偏导数存在但不可微.　　(D) 可微.

建议答题时间 $\leqslant 5$ min　评估　熟练　还可以　有点难　不会

答题区域

纠错笔记

140 设 $f(x,y)$ 在(0,0)点连续，且 $\lim\limits_{\substack{x\to 0\\ y\to 0}}\dfrac{f(x,y)+3x-4y}{(x^2+y^2)^{\alpha}}=2(\alpha>0)$，则 $f(x,y)$ 在(0,0)点可微的充要条件是

(A) $\alpha<1$.　　(B) $\alpha<\dfrac{1}{2}$.　　(C) $\alpha\geqslant\dfrac{1}{2}$.　　(D) $\alpha>\dfrac{1}{2}$.

建议答题时间 $\leqslant 2$ min　评估　熟练　还可以　有点难　不会

答题区域

纠错笔记

141 $\dfrac{\partial^2 z}{\partial x \partial y}=0$，且当 $x=0$ 时，$z=\sin y$；$y=0$ 时，$z=\sin x$，则 $z(x,y)=$

(A) $\sin x$.　　(B) $\sin y$.　　(C) $\sin x+\sin y$.　　(D) $\sin x+\sin y+C$.

建议答题时间 $\leqslant 4$ min　　评估　熟练　还可以　有点难　不会

答题区域

纠错笔记

142 设函数 $f(x,y)$ 在 $M_0(x_0,y_0)$ 处取极大值，且 $\left.\dfrac{\partial^2 f}{\partial x^2}\right|_{M_0}$ 与 $\left.\dfrac{\partial^2 f}{\partial y^2}\right|_{M_0}$ 存在，则

(A) $\left.\dfrac{\partial^2 f}{\partial x^2}\right|_{M_0}\geqslant 0,\left.\dfrac{\partial^2 f}{\partial y^2}\right|_{M_0}\geqslant 0$.　　(B) $\left.\dfrac{\partial^2 f}{\partial x^2}\right|_{M_0}\leqslant 0,\left.\dfrac{\partial^2 f}{\partial y^2}\right|_{M_0}\leqslant 0$.

(C) $\left.\dfrac{\partial^2 f}{\partial x^2}\right|_{M_0}\geqslant 0,\left.\dfrac{\partial^2 f}{\partial y^2}\right|_{M_0}\leqslant 0$.　　(D) $\left.\dfrac{\partial^2 f}{\partial x^2}\right|_{M_0}\leqslant 0,\left.\dfrac{\partial^2 f}{\partial y^2}\right|_{M_0}\geqslant 0$.

建议答题时间 $\leqslant 5$ min　　评估　熟练　还可以　有点难　不会

答题区域

纠错笔记

143 设二元函数 $z=z(x,y)$ 是由方程 $xe^{xy}+yz^2=yz\sin x+z$ 所确定，则二阶偏导数 $\left.\dfrac{\partial^2 z}{\partial x^2}\right|_{(x,y)=(0,0)}=$

(A) -1.　　(B) 0.　　(C) 1.　　(D) 2.

建议答题时间 $\leqslant 4$ min　　评估　熟练　还可以　有点难　不会

答题区域

纠错笔记

144 已知函数 $f(x,y)$ 在点 $(0,0)$ 的某邻域内连续，且 $\lim\limits_{\substack{x\to 0\\ y\to 0}}\dfrac{f(x,y)}{e^{(x+y)^2}-1}=3$，则

(A) 点 $(0,0)$ 不是 $f(x,y)$ 的驻点.

(B) 点 $(0,0)$ 是 $f(x,y)$ 的驻点，但不是极值点.

(C) 点 $(0,0)$ 是 $f(x,y)$ 的驻点，且是极小值点.

(D) 点 $(0,0)$ 是 $f(x,y)$ 的驻点，且是极大值点.

建议答题时间 $\leqslant 5$ min　　评估　熟练　还可以　有点难　不会

答题区域

纠错笔记

145 设有三元方程 $xy - z\ln y + e^{xz} = 1$，根据隐函数存在定理，存在点 $(0,1,1)$ 的一个邻域，在此邻域内该方程

(A) 只能确定一个具有连续偏导数的隐函数 $z = z(x,y)$.

(B) 可确定两个具有连续偏导数的隐函数 $x = x(y,z)$ 和 $z = z(x,y)$.

(C) 可确定两个具有连续偏导数的隐函数 $y = y(x,z)$ 和 $z = z(x,y)$.

(D) 可确定两个具有连续偏导数的隐函数 $x = x(y,z)$ 和 $y = y(x,z)$.

建议答题时间	$\leqslant$ 4 min	评估	熟练	还可以	有点难	不会

答题区域

纠错笔记

146 已知函数 $z = f(x,y)$ 满足 $\lim\limits_{\substack{\Delta x \to 0 \\ \Delta y \to 0}} \dfrac{f(x+\Delta x, y+\Delta y) - f(x,y) - 2x\Delta x + 2y\Delta y}{\sqrt{(\Delta x)^2 + (\Delta y)^2}} = 0$，且 $f(0,0) = 2$. 则 $f(x,y)$ 在圆域 $D = \{(x,y) \mid x^2 + y^2 \leqslant 1\}$ 上的最大值和最小值分别为

(A) $-1,0$.　　(B) $0,1$.　　(C) $3,2$.　　(D) $3,1$.

建议答题时间	$\leqslant$ 5 min	评估	熟练	还可以	有点难	不会

答题区域

纠错笔记

147 设积分区域 $D: x^2+2y^2\leqslant 1$，其中 $x\geqslant 0$. D_1 是积分区域 D 在 $y\geqslant 0$ 的部分区域，则

(A) $\iint\limits_D \sin^3 y\mathrm{d}x\mathrm{d}y = 2\iint\limits_{D_1} \sin^3 y\mathrm{d}x\mathrm{d}y$.　　(B) $\iint\limits_D x\mathrm{d}x\mathrm{d}y = 2\iint\limits_{D_1} x\mathrm{d}x\mathrm{d}y$.

(C) $\iint\limits_D \sin^3 y\mathrm{d}x\mathrm{d}y = 2\iint\limits_{D_1} \sin^3 x\mathrm{d}x\mathrm{d}y$.　　(D) $\iint\limits_D xy^3\mathrm{d}x\mathrm{d}y = 2\iint\limits_{D_1} xy^3\mathrm{d}x\mathrm{d}y$.

建议答题时间 $\leqslant 3$ min　　评估　熟练　还可以　有点难　不会

答题区域

纠错笔记

148 D 是由 $y=\ln x, y=0, x=2$ 所围成的区域，则二重积分 $I=\iint\limits_D \frac{\mathrm{e}^{xy}}{x^x-1}\mathrm{d}x\mathrm{d}y=$

(A) $-\ln 2$.　　(B) $\frac{1}{\ln 2}$.　　(C) $\ln 2$.　　(D) 无法计算.

建议答题时间 $\leqslant 3$ min　　评估　熟练　还可以　有点难　不会

答题区域

纠错笔记

149 设 D 是由直线 $x=0,y=0,x+y=\frac{1}{2}$ 和 $x+y=1$ 所围成，记 $I_1=\iint\limits_D \ln(x+y)\mathrm{d}\sigma$，$I_2=\iint\limits_D (x+y)^2\mathrm{d}\sigma$，$I_3=\iint\limits_D (x+y)\mathrm{d}\sigma$，则 I_1,I_2,I_3 的大小关系为

(A) $I_1<I_2<I_3$.　(B) $I_2<I_1<I_3$.　(C) $I_2<I_3<I_1$.　(D) $I_3<I_2<I_1$.

建议答题时间	$\leqslant$ 3 min	评估	熟练	还可以	有点难	不会

答题区域

纠错笔记

150 $D:x^2+y^2\leqslant 2x$，则二重积分 $I=\iint\limits_D (xy^2+5\mathrm{e}^x\sin^3 y)\mathrm{d}x\mathrm{d}y=$

(A) $\frac{\pi}{2}$.　(B) $\frac{\pi}{3}$.　(C) $\frac{\pi}{4}$.　(D) $\frac{\pi}{5}$.

建议答题时间	$\leqslant$ 4 min	评估	熟练	还可以	有点难	不会

答题区域

纠错笔记

151 累次积分$\int_{\frac{\pi}{4}}^{\frac{\pi}{2}} d\theta \int_{0}^{2\sin\theta} f(r\cos\theta, r\sin\theta) r dr$ 等于

(A) $\int_{0}^{2} dy \int_{0}^{\sqrt{2y-y^2}} f(x,y) dx$.

(B) $\int_{0}^{1} dy \int_{y}^{\sqrt{2y-y^2}} f(x,y) dx$.

(C) $\int_{0}^{1} dx \int_{x}^{2} f(x,y) dy$.

(D) $\int_{0}^{1} dx \int_{x}^{1+\sqrt{1-x^2}} f(x,y) dy$.

建议答题时间 $\leqslant$ 2 min | 评估 | 熟练 | 还可以 | 有点难 | 不会

答题区域

纠错笔记

152 设函数 $f(x,y)$ 连续,则二次积分$\int_{\frac{\pi}{2}}^{\pi} dx \int_{\sin x}^{1} f(x,y) dy =$

(A) $\int_{0}^{1} dy \int_{\pi+\arcsin y}^{\pi} f(x,y) dx$.

(B) $\int_{0}^{1} dy \int_{\pi-\arcsin y}^{\pi} f(x,y) dx$.

(C) $\int_{0}^{1} dy \int_{\frac{\pi}{2}}^{\pi+\arcsin y} f(x,y) dx$.

(D) $\int_{0}^{1} dy \int_{\frac{\pi}{2}}^{\pi-\arcsin y} f(x,y) dx$.

建议答题时间 $\leqslant$ 3 min | 评估 | 熟练 | 还可以 | 有点难 | 不会

答题区域

纠错笔记

153 设 $f(x,y)$ 连续，且 $f(x,y)=xy+\iint\limits_D f(u,v)\mathrm{d}u\mathrm{d}v$，其中 D 是由 $y=0,y=x^2,x=1$ 所围区域，则 $f(x,y)$ 等于

(A) xy. (B) $2xy$. (C) $xy+\frac{1}{8}$. (D) $xy+1$.

建议答题时间 ≤ 3 min | 评估 熟练 还可以 有点难 不会

答题区域

纠错笔记

154 设 $0<a<1$，区域 D 由 x 轴、y 轴、直线 $x+y=a$ 及 $x+y=1$ 所围成，且 $I=\iint\limits_D \sin^2(x+y)\mathrm{d}\sigma, J=\iint\limits_D \ln^3(x+y)\mathrm{d}\sigma, K=\iint\limits_D (x+y)\mathrm{d}\sigma$，则

(A) $I<K<J$. (B) $K<J<I$.

(C) $I<J<K$. (D) $J<I<K$.

建议答题时间 ≤ 3 min | 评估 熟练 还可以 有点难 不会

答题区域

纠错笔记

155 若已知$\int_0^{\frac{2}{\pi}}dx\int_0^{\pi}xf(\sin y)dy=1$,则$\int_0^{\frac{\pi}{2}}f(\cos x)dx=$

(A) $\frac{\pi}{2}$. (B) $\frac{2}{\pi}$. (C) $\frac{4}{\pi^2}$. (D) $\frac{\pi^2}{4}$.

建议答题时间 $\leqslant 4$ min　评估　熟练　还可以　有点难　不会

答题区域

纠错笔记

156 设 $f(x,y)$ 连续,则$\int_0^2 dx\int_{-\sqrt{4-x^2}}^{\sqrt{4-x^2}}f(x,y)dy=$

(A) $\int_0^2 dx\int_{-2}^{2}f(x,y)dy$.

(B) $\int_{-2}^2 dy\int_0^{\sqrt{4-y^2}}f(x,y)dx$.

(C) $2\int_0^2 dx\int_0^{\sqrt{4-x^2}}f(x,y)dy$.

(D) $\int_{-\frac{\pi}{2}}^{\frac{\pi}{2}}d\theta\int_0^2 f(r,\theta)rdr$.

建议答题时间 $\leqslant 3$ min　评估　熟练　还可以　有点难　不会

答题区域

纠错笔记

157 $\int_0^2 dy\int_{\frac{y}{2}}^{\sqrt{y}} f(x,y)dx + \int_2^{2\sqrt{2}} dy\int_{\frac{y}{2}}^{\sqrt{2}} f(x,y)dx =$

(A) $\int_0^1 dx\int_{x^2}^{2x} f(x,y)dy$.　　(B) $\int_0^{\sqrt{2}} dx\int_{x^2}^{2} f(x,y)dy$.

(C) $\int_0^{\sqrt{2}} dx\int_{x^2}^{2x} f(x,y)dy$.　　(D) $\int_0^{\sqrt{2}} dx\int_0^{2\sqrt{2}} f(x,y)dy$.

建议答题时间 ≤ 5 min　　评估　熟练　还可以　有点难　不会

答题区域

纠错笔记

158 微分方程 $y''+4y=\cos^2 x$ 的特解形式为(其中 a,b,c 为任意常数)

(A) $a\cos^2 x$.　　(B) $a\sin^2 x$.

(C) $x(a+b\cos 2x+c\sin 2x)$.　　(D) $a+x(b\cos 2x+c\sin 2x)$.

建议答题时间 ≤ 3 min　　评估　熟练　还可以　有点难　不会

答题区域

纠错笔记

159 设 $p(x)$，$q(x)$，$f(x)$ 均是已知的连续函数，$y_1(x)$，$y_2(x)$，$y_3(x)$ 是 $y''+p(x)y'+q(x)y=f(x)$ 的 3 个线性无关的解，C_1 与 C_2 为任意常数，则方程的通解为

(A) $(C_1-C_2)y_1+(C_2+C_1)y_2+(1-C_2)y_3$.

(B) $(C_1-C_2)y_1+(C_2-C_1)y_2+(C_1+C_2)y_3$.

(C) $2C_1y_1+(C_2-C_1)y_2+(1-C_1-C_2)y_3$.

(D) $C_1y_1+(C_2-C_1)y_2+(1+C_1-C_2)y_3$.

建议答题时间	≤3 min	评估	熟练	还可以	有点难	不会

答题区域

纠错笔记

160 设 $f(x)\neq 0$，$y_1(x)$ 是 $y'+p(x)y=f(x)$ 的一个解，$y_2(x)\neq 0$ 是对应的齐次方程的一个解，C 是任意常数，则 $y'+p(x)y=f(x)$ 的通解为

(A) $Cy_1(x)+y_2(x)$.

(B) $Cy_1(x)-y_2(x)$.

(C) $y_1(x)-Cy_2(x)$.

(D) $y_1(x)+y_2(x)+C$.

建议答题时间	≤3 min	评估	熟练	还可以	有点难	不会

答题区域

纠错笔记

161 设二阶常系数齐次线性微分方程 $y''+by'+y=0$ 的每一个解 $y(x)$ 都在区间 $(0,+\infty)$ 上有界，则实数 b 的取值范围是

(A) $[0,+\infty)$. (B) $(-\infty,0)$. (C) $(-\infty,2)$. (D) $(-\infty,+\infty)$.

建议答题时间 $\leqslant 5$ min　评估　熟练　还可以　有点难　不会

答题区域

纠错笔记

162 设 $y(x)$ 是方程 $y''+a_1y'+a_2y=e^x$ 满足初始条件 $y(0)=1,y'(0)=0$ 的特解（a_1，a_2 均为常数），则

(A) 当 $a_2<1$ 时，$x=0$ 是 $y(x)$ 的极大值点.

(B) 当 $a_2<1$ 时，$x=0$ 是 $y(x)$ 的极小值点.

(C) 当 $a_2>1$ 时，$x=0$ 不是 $y(x)$ 的极大值点.

(D) 当 $a_2>1$ 时，$x=0$ 是 $y(x)$ 的极小值点.

建议答题时间 $\leqslant 5$ min　评估　熟练　还可以　有点难　不会

答题区域

纠错笔记

163 如果二阶常系数非齐次线性微分方程 $y''+ay'+by=e^{-x}\cos x$ 有一个特解 $y^*=e^{-x}(x\cos x+x\sin x)$，则

(A) $a=-1,b=1$.　　(B) $a=1,b=-1$.

(C) $a=2,b=1$.　　(D) $a=2,b=2$.

建议答题时间 ≤3 min　评估 熟练 还可以 有点难 不会

答题区域

纠错笔记

164 已知曲线 $y=y(x)$ 经过原点，且在原点的切线平行于直线 $2x-y-5=0$，而 $y(x)$ 满足 $y''-6y'+9y=e^{3x}$，则 $y(x)$ 等于

(A) $\sin 2x$.　　(B) $\frac{1}{2}x^2e^{2x}+\sin 2x$.

(C) $\frac{x}{2}(x+4)e^{3x}$.　　(D) $(x^2\cos x+\sin 2x)e^{3x}$.

建议答题时间 ≤5 min　评估 熟练 还可以 有点难 不会

答题区域

纠错笔记

165 方程 $yy''-y'^2=y^2\ln y(y>0)$，满足 $y\Big|_{x=0}=\mathrm{e}$，$y'\Big|_{x=0}=\mathrm{e}$ 的解为

(A) e^{x+1}. (B) $\mathrm{e}^{\mathrm{e}^x}$. (C) e^x. (D) $2\mathrm{e}^x$.

建议答题时间	$\leqslant$ 5 min	评估	熟练	还可以	有点难	不会

答题区域

纠错笔记

166 微分方程 $xy''+y'=4x$ 的通解为

(A) $y=x+C_1\ln|x|+C_2$. (B) $y=x^3+C_1\ln|x|+C_2$.

(C) $y=x^4+C_1\ln|x|+C_2$. (D) $y=x^2+C_1\ln|x|+C_2$.

建议答题时间	$\leqslant$ 4 min	评估	熟练	还可以	有点难	不会

答题区域

纠错笔记

167 已知 $y_1 = x^2 e^x$，$y_2 = e^{2x}(3\cos 3x - 2\sin 3x)$ 是某 n 阶常系数齐次线性微分方程的两个特解，则最小的 n 为

(A)3. (B)4. (C)5. (D)6.

建议答题时间	≤ 3 min	评估	熟练	还可以	有点难	不会

答题区域

纠错笔记

168 具有特解 $y_1 = e^x$，$y_2 = e^{-x}$，$y_3 = 5\cos x$ 的 4 阶常系数齐次线性微分方程是

(A) $y^{(4)} + y''' - y'' - y' + y = 0$. (B) $y^{(4)} + y''' + y'' - y' + y = 0$.

(C) $y^{(4)} + y = 0$. (D) $y^{(4)} - y = 0$.

建议答题时间	≤ 3 min	评估	熟练	还可以	有点难	不会

答题区域

纠错笔记

169 设连接两点 $A(0,1)$ 与 $B(1,0)$ 的一条凸弧，点 $P(x,y)$ 为凸弧 AB 上的任意一点. 已知凸弧与弦 AP 之间的面积为 x^3，则此凸弧的方程为

(A) $y = 6x - 5x^2 + 1$.　　(B) $y = 4x - 5x^2 + 1$.

(C) $y = 5x - 6x^2 + 1$.　　(D) $y = 5x - 4x^2 + 1$.

建议答题时间 $\leqslant$ 5 min　　评估　熟练　还可以　有点难　不会

答题区域

纠错笔记

170 设质量为 m 的物体在空气中降落，空气阻力与物体的速度平方成正比，阻尼系数 $k>0$，沿垂直地面向下方向取定坐标轴 x，物体在任意时刻 t 的位置坐标为 $x=x(t)$，则物体的速度 $v(t)$ 所满足的微分方程为

(A) $\frac{\mathrm{d}v}{\mathrm{d}t} = mg - kv^2$.　　(B) $m\frac{\mathrm{d}v}{\mathrm{d}t} = mg - kv^2$.

(C) $m\frac{\mathrm{d}v}{\mathrm{d}t} = m - kv^2$.　　(D) $m\frac{\mathrm{d}v}{\mathrm{d}t} = mg - kv$.

建议答题时间 $\leqslant$ 4 min　　评估　熟练　还可以　有点难　不会

答题区域

纠错笔记

解答题

171 (1) 证明：当 $x>0$ 时，$\dfrac{x}{1+x}<\ln(1+x)<x$.

(2) 设 $x_n=\left(1+\dfrac{n^2-n+1}{n^3}\right)\left(1+\dfrac{n^2-n+3}{n^3}\right)\cdots\left(1+\dfrac{n^2+n-1}{n^3}\right)$，求 $\lim\limits_{n\to\infty}x_n$.

建议答题时间 $\leqslant$ 12 min　评估　熟练　还可以　有点难　不会

答题区域

纠错笔记

172 (1) 已知 Stolz 定理：若 $\lim\limits_{n\to\infty}x_n=L$，则 $\lim\limits_{n\to\infty}\dfrac{x_1+x_2+\cdots+x_n}{n}=L$.

证明：若 $x_n>0, n=1,2,\cdots$，且 $x_1=1, \lim\limits_{n\to\infty}\dfrac{x_{n+1}}{x_n}=L(L>0)$，则 $\lim\limits_{n\to\infty}\sqrt[n]{x_n}=L$.

(2) 设数列 $\{x_n\}$ 满足：

$$x_1=1, x_2=1, x_{n+2}=x_{n+1}+x_n, n=1,2,\cdots,$$

证明：$x_n=\dfrac{a^n-b^n}{\sqrt{5}}$，其中 $a=\dfrac{1+\sqrt{5}}{2}, b=\dfrac{1-\sqrt{5}}{2}$.

(3) 对(2)中的 x_n，求极限 $\lim\limits_{n\to\infty}\sqrt[n]{x_n}$.

建议答题时间 $\leqslant$ 12 min　评估　熟练　还可以　有点难　不会

答题区域

纠错笔记

173 设 $a_0\in(-1,1)$，$a_n=\sqrt{\dfrac{1+a_{n-1}}{2}}$，$n=1,2,\cdots$，求：

(1) $\lim\limits_{n\to\infty}4^n(1-a_n)$.

(2) $\lim\limits_{n\to\infty}(a_1a_2\cdots a_n)$.

建议答题时间 ≤12 min　评估 熟练 | 还可以 | 有点难 | 不会

答题区域

纠错笔记

174 设数列 $\{x_n\}$ 满足 $x_{n+1}=\sqrt{\dfrac{\pi}{2}x_n\sin x_n}$，且 $0<x_1<\dfrac{\pi}{2}$. 求 $\lim\limits_{n\to\infty}\dfrac{\sec x_n-\tan x_n}{\dfrac{\pi}{2}-x_n}$.

建议答题时间 ≤8 min　评估 熟练 | 还可以 | 有点难 | 不会

答题区域

纠错笔记

175 设 $a_n = 1 + \frac{1}{\sqrt{2}} + \cdots + \frac{1}{\sqrt{n}} - 2\sqrt{n}$,证明数列$\{a_n\}$收敛.

建议答题时间	≤7 min	评估	熟练	还可以	有点难	不会

答题区域

纠错笔记

176 (1) 求 $\lim\limits_{x\to+\infty} \dfrac{\arctan 2x - \arctan x}{\frac{\pi}{2} - \arctan x}$.

(2) 若 $\lim\limits_{x\to+\infty} x[1-f(x)]$不存在,而 $I = \lim\limits_{x\to+\infty} \dfrac{\arctan 2x + [b-1-bf(x)]\arctan x}{\frac{\pi}{2} - \arctan x}$ 存在,试确定 b 的值,并求 I.

建议答题时间	≤12 min	评估	熟练	还可以	有点难	不会

答题区域

纠错笔记

177 设$\lim\limits_{x\to 0}\dfrac{e^x(1+bx+cx^2)-1-ax}{x^4}$存在，求常数$a,b,c$的值并求此极限值.

建议答题时间	$\leqslant 8$ min	评估	熟练	还可以	有点难	不会

答题区域

纠错笔记

178 设$f(x)$在$x=0$的某邻域内二阶可导，且$f''(0)\neq 0$，$\lim\limits_{x\to 0}\dfrac{f(x)}{x}=0$，

$\lim\limits_{x\to 0^+}\dfrac{\int_0^x f(t)\mathrm{d}t}{x^\alpha-\sin x}=\beta\neq 0$，求$\alpha$与$\beta$.

建议答题时间	$\leqslant 8$ min	评估	熟练	还可以	有点难	不会

答题区域

纠错笔记

179 讨论函数 $f(x)=\begin{cases}\dfrac{x(x^2-4)}{\sin \pi x}, & x>0,\\ \dfrac{x(x+1)}{x^2-1}, & x\leqslant 0\end{cases}$ 的连续性并指出间断点的类型.

建议答题时间	$\leqslant$ 7 min	评估	熟练	还可以	有点难	不会

答题区域

纠错笔记

180 设 $f(x)$ 在 $[a,b]$ 上连续，且 $f(a)=f(b)$，试证至少存在一个 $[\alpha,\beta]\subset[a,b]$，且 $\beta-\alpha=\dfrac{b-a}{2}$，使 $f(\alpha)=f(\beta)$.

建议答题时间	$\leqslant$ 8 min	评估	熟练	还可以	有点难	不会

答题区域

纠错笔记

181 设 $f(x)$ 在 $x=0$ 的某邻域内有连续的一阶导数，且 $f'(0)=0$，$f''(0)$ 存在，求证

$$\lim_{x\to 0}\frac{f(x)-f[\ln(1+x)]}{x^3}=\frac{1}{2}f''(0).$$

建议答题时间 ≤7 min　　评估　熟练　还可以　有点难　不会

答题区域

纠错笔记

182 设 $f(x)$ 具有一阶连续导数，且 $f(0)=1$，$f(1)=a$.

(1) 求使得 $1+\frac{a}{\sqrt{2}}-\int_0^1\sqrt{1+[f'(x)]^2}\,dx$ 取得最大值的 $f(x)$ 的表达式.

(2) 将 $1+\frac{a}{\sqrt{2}}-\int_0^1\sqrt{1+[f'(x)]^2}\,dx$ 取得的最大值记为 $g(a)$，当 a 为何值时，$g(a)$ 取得最大值？并求出该最大值.

建议答题时间 ≤12 min　　评估　熟练　还可以　有点难　不会

答题区域

纠错笔记

183 (1) 证明：对 $x>0$, $x-\frac{1}{3}x^3<\arctan x<x$.

(2) 求 $\lim\limits_{n\to\infty}\sum\limits_{k=1}^{n}\arctan\frac{n}{n^2+k^2}$.

建议答题时间	≤ 12 min	评估	熟练	还可以	有点难	不会

答题区域

纠错笔记

184 证明：在区间 $\left[0,\frac{\pi}{2}\right]$ 上存在三个不同的点 x_1,x_2,x_3，使得

$$[e^{-x_1}(\cos x_1-\sin x_1)]x_3=[e^{-x_2}(\cos x_2-\sin x_2)]\left(\frac{\pi}{2}-x_3\right).$$

建议答题时间	≤ 10 min	评估	熟练	还可以	有点难	不会

答题区域

纠错笔记

185 设函数 $f(x)$ 在 $(-\infty,+\infty)$ 上二阶连续可导，且对任意的 x 与 h 满足 $f(x+h)-f(x)=hf'\left(x+\dfrac{h}{2}\right)$.

求证：$f(x)=ax^2+bx+c$，其中 a,b,c 为常数.

建议答题时间	$\leqslant 8$ min	评估	熟练	还可以	有点难	不会

答题区域

纠错笔记

186 已知曲线 $y=f(x)$ 和 $\int_{a}^{y+x}\mathrm{e}^{-t^2}\,\mathrm{d}t=2y-\sin x$ 在原点处相切，试求 $\lim\limits_{x\to 0}\left[\dfrac{\ln(1+x)}{x^{1+a}}\right]^{\frac{1}{f(x)}}$.

建议答题时间	$\leqslant 10$ min	评估	熟练	还可以	有点难	不会

答题区域

纠错笔记

187 证明:当 $0 < x < 1$ 时,$\sqrt{\dfrac{1-x}{1+x}} < \dfrac{\ln(1+x)}{\arcsin x}$.

建议答题时间 $\leqslant 15$ min | 评估 熟练 还可以 有点难 不会

答题区域

纠错笔记

188 设 $x > 0$,证明 $(x-4)e^{\frac{x}{2}} - (x-2)e^{x} + 2 < 0$.

建议答题时间 $\leqslant 10$ min | 评估 熟练 还可以 有点难 不会

答题区域

纠错笔记

189 设 $f(x)$ 在区间 $(-\infty,+\infty)$ 上存在二阶导数，$f(0)<0$，$f''(x)>0$. 试证明：

(1) 在 $(-\infty,+\infty)$ 上 $f(x)$ 至多有两个零点，至少有一个零点.

(2) 若的确有两个零点 x_1 与 x_2，则 $x_1x_2<0$.

建议答题时间	$\leqslant$ 12 min	评估	熟练	还可以	有点难	不会

答题区域

纠错笔记

190 设 $f(x)=\int_0^x (t-2t^3)e^{-t^2}dt$，试确定方程 $f(x)=0$ 的实根个数.

建议答题时间	$\leqslant$ 10 min	评估	熟练	还可以	有点难	不会

答题区域

纠错笔记

191 设 $f(x)$ 在 $[a,b]$ 上连续，在 (a,b) 内可导，$f(a)=f(b)=0$. 试证存在 $\xi\in(a,b)$，使 $f'(\xi)+f^2(\xi)=0$.

建议答题时间 $\leqslant 8$ min　　评估　熟练　还可以　有点难　不会

答题区域

纠错笔记

192 设函数 $f(x)$ 在闭区间 $[0,4]$ 上具有二阶导数，且 $f(0)=0$，$f(1)=1$，$f(4)=2$. 证明存在 $\xi\in(0,4)$，使 $f''(\xi)=-\frac{1}{3}$.

建议答题时间 $\leqslant 10$ min　　评估　熟练　还可以　有点难　不会

答题区域

纠错笔记

193 设 $f(x)$ 在$[0,1]$上存在二阶导数，且 $f(0)=f(1)=0$. 试证明至少存在一点 $\xi\in(0,1)$，使

$$|f''(\xi)|\geqslant 8\max_{0\leqslant x\leqslant 1}|f(x)|.$$

建议答题时间	$\leqslant$ 10 min	评估	熟练	还可以	有点难	不会

答题区域

纠错笔记

194 设函数 $f(x)$ 在$[0,1]$上二阶连续可导，$f(0)=f(1)=0$，且 $f(x)\neq 0$，$x\in(0,1)$，证明：$\int_0^1\left|\dfrac{f''(x)}{f(x)}\right|\mathrm{d}x>4$.

建议答题时间	$\leqslant$ 8 min	评估	熟练	还可以	有点难	不会

答题区域

纠错笔记

195 设 $f(x)$ 在 $[a,b]$ 上连续，$g(x)$ 在 $[a,b]$ 上有连续导数，且 $g'(x) \neq 0$. 若 $\int_a^b f(x)\mathrm{d}x = 0$，$\int_a^b f(x)g(x)\mathrm{d}x = 0$，证明：至少存在两个不同的点 $\xi_1, \xi_2 \in (a,b)$，使得 $f(\xi_1) = f(\xi_2) = 0$.

建议答题时间	$\leqslant$ 8 min	评估	熟练	还可以	有点难	不会

答题区域

纠错笔记

196 (1) 记 $I_n = \int_0^{\frac{\pi}{2}} \frac{\cos(2n+1)x}{\cos x}\mathrm{d}x$，求证：$I_n = \frac{(-1)^n}{2}\pi$.

(2) 计算极限 $\lim\limits_{n\to\infty} n\int_0^{\frac{\pi}{2}} \cos 2nx \cdot \ln\cos x\mathrm{d}x$.

建议答题时间	$\leqslant$ 12 min	评估	熟练	还可以	有点难	不会

答题区域

纠错笔记

197 设 $f(x)$ 为 $[0,1]$ 上单调减少的连续函数，且 $\int_0^1 f(x)\mathrm{d}x=1$. 记 $[x]$ 为不超过 x 的最大整数.

(1) 设 k 为整数，求 $\int_{k-1}^{k}(x-[x])\mathrm{d}x$.

(2) 求 $\lim\limits_{n\to\infty}\int_0^1 (nx-[nx])f(x)\mathrm{d}x$.

建议答题时间	≤12 min	评估	熟练	还可以	有点难	不会

答题区域

纠错笔记

198 计算 $\int_0^{\sqrt{3}} \frac{x^4\arctan x}{x^2+1}\mathrm{d}x$.

建议答题时间	≤8 min	评估	熟练	还可以	有点难	不会

答题区域

纠错笔记

199 （1）证明：对任意实数 x，均有 $e^{-x^2} \leqslant \frac{1}{1+x^2}$.

（2）证明：$\int_0^{+\infty} e^{-x^2} dx$ 收敛，且对任意正整数 $n(n \geqslant 2)$，均有 $\int_0^{+\infty} e^{-x^2} dx \leqslant \frac{\pi\sqrt{n}}{2} \cdot \frac{(2n-3)!!}{(2n-2)!!}$.

建议答题时间	$\leqslant$ 12 min	评估	熟练	还可以	有点难	不会

答题区域

纠错笔记

200 求函数 $f(x) = \int_0^{x^2} (2-t)e^{-t} dt$ 的最大值与最小值.

建议答题时间	$\leqslant$ 10 min	评估	熟练	还可以	有点难	不会

答题区域

纠错笔记

201 设 $G'(x)=e^{-x^2}$，且 $\lim\limits_{x\to+\infty}G(x)=0$，求 $\lim\limits_{x\to+\infty}\int_0^x t^2G(t)\mathrm{d}t$.

建议答题时间	≤ 8 min	评估	熟练	还可以	有点难	不会

答题区域

纠错笔记

202 设函数 $f(x)$ 在闭区间 $[0,1]$ 上连续. 证明：存在 $\xi\in(0,1)$，使

$$\int_0^{\xi}f(t)\mathrm{d}t=(1-\xi)f(\xi),$$

又若设 $f(x)>0$，且单调减少，则满足等式的 ξ 是唯一的.

建议答题时间	≤ 10 min	评估	熟练	还可以	有点难	不会

答题区域

纠错笔记

203 设 $f(x)$ 在 $[0,1]$ 上连续，且 $\int_0^1 x^2 f(x)\mathrm{d}x = \int_0^1 f(x)\mathrm{d}x$. 证明存在 $\xi \in (0,1)$ 使得

$$\int_0^{\xi} f(x)\mathrm{d}x = 0.$$

建议答题时间 $\leqslant 10$ min 评估 熟练 还可以 有点难 不会

答题区域

纠错笔记

204 设函数 $f(x)$ 在 $[1,+\infty)$ 上连续，$f(1)=-\frac{1}{2}$. 若由曲线 $y=f(x)$，直线 $x=1$，$x=t(t>1)$ 与 x 轴所围成的平面图形绕 x 轴旋转一周而成的旋转体体积为 $V(t)=\frac{\pi}{3}[t^2 f(t)-f(1)]$，求 $f(x)(x\geqslant 1)$.

建议答题时间 $\leqslant 8$ min 评估 熟练 还可以 有点难 不会

答题区域

纠错笔记

205 设 $z=f(x,y)$ 有连续偏导数，证明：存在可微函数 $g(u)$，使得 $f(x,y)=g(ax+by)(ab\neq 0)$ 的充要条件是 $z=f(x,y)$ 满足 $b\dfrac{\partial z}{\partial x}=a\dfrac{\partial z}{\partial y}$.

建议答题时间	$\leqslant 10$ min	评估	熟练	还可以	有点难	不会

答题区域

纠错笔记

206 设 $f(x,y)=\begin{cases}(x^2+y^2)\sin\dfrac{1}{\sqrt{x^2+y^2}}, & x^2+y^2\neq 0,\\ 0, & x^2+y^2=0.\end{cases}$

试问 $f(x,y)$ 在点 $(0,0)$ 处，(1) 是否连续？(2) 偏导数是否存在？(3) 是否可微？

建议答题时间	$\leqslant 8$ min	评估	熟练	还可以	有点难	不会

答题区域

纠错笔记

207 设 $f(x,y)=\begin{cases} g(x,y)\sin\dfrac{1}{\sqrt{x^2+y^2}}, & x^2+y^2\neq 0, \\ 0, & x^2+y^2=0. \end{cases}$

证明：若 $g(0,0)=0$，$g(x,y)$ 在点 $(0,0)$ 处可微，且 $\mathrm{d}g(0,0)=0$，则 $f(x,y)$ 在点 $(0,0)$ 处可微，且 $\mathrm{d}f(0,0)=0$.

建议答题时间	≤ 10 min	评估	熟练	还可以	有点难	不会

答题区域

纠错笔记

208 设 $f(x,y)$ 在 $(0,0)$ 点的某邻域有定义，极限 $\lim\limits_{\substack{x\to 0\\ y\to 0}} f(x,y)$ 存在，$g(x,y)$ 在点 $(0,0)$ 处可微，且 $g(0,0)=0$. 证明：$z=f(x,y)\cdot g(x,y)$ 在 $(0,0)$ 处可微.

建议答题时间	≤ 12 min	评估	熟练	还可以	有点难	不会

答题区域

纠错笔记

209 设 $z=f(2x-y)+g(x,xy)$，其中 $f(t)$ 二阶可导，$g(u,v)$ 具有二阶连续偏导数，求 $\frac{\partial^2 z}{\partial x\partial y}$.

建议答题时间 $\leqslant 8$ min 评估 熟练 还可以 有点难 不会

答题区域

纠错笔记

210 设 $u=f(x,y,z)$，其中 $z=\int_0^{xy} e^{t^2}dt$，f 有二阶连续偏导数，求 $\frac{\partial u}{\partial x}$，$\frac{\partial^2 u}{\partial x\partial y}$.

建议答题时间 $\leqslant 8$ min 评估 熟练 还可以 有点难 不会

答题区域

纠错笔记

211 已知函数 $z=f(x,y)$ 的全微分 $dz=2xdx-2ydy$，并且 $f(1,1)=2$，求 $f(x,y)$ 在椭圆域 $D=\left\{(x,y)\mid x^2+\frac{y^2}{4}\leqslant 1\right\}$ 上的最大值和最小值.

建议答题时间 ≤ 10 min　评估　熟练　还可以　有点难　不会

答题区域

纠错笔记

212 设 $x,y,z\geqslant 0$，$x+y+z=\pi$，求函数 $f(x,y,z)=2\cos x+3\cos y+4\cos z$ 的最大值和最小值.

建议答题时间 ≤ 12 min　评估　熟练　还可以　有点难　不会

答题区域

纠错笔记

213 已知 $u=u(x,y)$ 满足方程 $\frac{\partial^2 u}{\partial x^2}-\frac{\partial^2 u}{\partial y^2}+\frac{\partial u}{\partial x}+\frac{\partial u}{\partial y}=0$，试确定参数 a 和 b，使原方程在变换 $u=v(x,y)e^{ax+by}$ 下不出现一阶偏导数项.

建议答题时间	$\leqslant$ 10 min	评估	熟练	还可以	有点难	不会

答题区域

纠错笔记

214 试将直角坐标系下的二重积分 $I=\iint\limits_D f(x,y)\mathrm{d}x\mathrm{d}y$ 化为极坐标系下的两种二次积分的形式，其中 $D=\{(x,y)\mid 0\leqslant x\leqslant 1,0\leqslant y\leqslant 1\}$.

建议答题时间	$\leqslant$ 12 min	评估	熟练	还可以	有点难	不会

答题区域

纠错笔记

215 $\iint\limits_D(\sqrt{x^2+y^2}+x)\mathrm{d}\sigma$,其中 D 由不等式 $x^2+y^2\leqslant 4$ 和 $x^2+(y+1)^2\geqslant 1$ 所确定.

建议答题时间 $\leqslant 8$ min　　评估　熟练　还可以　有点难　不会

答题区域

纠错笔记

216 求积分 $I=\int_0^1\mathrm{d}y\int_1^y(\mathrm{e}^{-x^2}+\mathrm{e}^x\sin x)\mathrm{d}x$.

建议答题时间 $\leqslant 12$ min　　评估　熟练　还可以　有点难　不会

答题区域

纠错笔记

217 计算$\iint\limits_D |\cos(x+y)|\mathrm{d}x\mathrm{d}y$，其中区域$D$为$0\leqslant x\leqslant\frac{\pi}{2},0\leqslant y\leqslant\frac{\pi}{2}$.

建议答题时间 ≤10 min　评估　熟练　还可以　有点难　不会

答题区域

纠错笔记

218 $\iint\limits_D f(x,y)\mathrm{d}x\mathrm{d}y$，其中$f(x,y)=\begin{cases}x^2y, & 1\leqslant x\leqslant 2,0\leqslant y\leqslant x,\\ 0, & \text{其他},\end{cases}$ $D=\{(x,y)\mid x^2+y^2\geqslant 2x\}$.

建议答题时间 ≤7 min　评估　熟练　还可以　有点难　不会

答题区域

纠错笔记

219 求二重积分 $I=\iint\limits_D\left[(x+y)^2+y^2\ln(x+\sqrt{1+x^2})\right]\mathrm{d}x\mathrm{d}y$，其中积分区域 $D=\{(x,y)\mid 0\leqslant ay\leqslant x^2+y^2\leqslant 2ay,a>0\}$.

建议答题时间 $\leqslant 8$ min　评估　熟练　还可以　有点难　不会

答题区域

纠错笔记

220 计算二重积分 $I=\iint\limits_D|3x+4y|\mathrm{d}x\mathrm{d}y$，其中积分区域 $D=\{(x,y)\mid x^2+y^2\leqslant 1\}$.

建议答题时间 $\leqslant 10$ min　评估　熟练　还可以　有点难　不会

答题区域

纠错笔记

221 利用代换 $y=\dfrac{u}{\cos x}$ 将方程

$$y''\cos x-2y'\sin x+3y\cos x=\mathrm{e}^x$$

化简，并求出原方程的通解.

建议答题时间 ≤10 min　　评估　熟练　还可以　有点难　不会

答题区域

纠错笔记

222 设 $f(t)$ 为连续函数，且 $f(t)=\iint\limits_{x^2+y^2\leqslant t^2} x\left[1+\dfrac{f(\sqrt{x^2+y^2})}{x^2+y^2}\right]\mathrm{d}x\mathrm{d}y(x\geqslant 0,y\geqslant 0,t>0)$，求 $f(t)$.

建议答题时间 ≤12 min　　评估　熟练　还可以　有点难　不会

答题区域

纠错笔记

223 求 $y'' + a^2 y = \sin x$ 的通解，其中常数 $a > 0$.

建议答题时间 $\leqslant$ 10 min　　评估　熟练　还可以　有点难　不会

答题区域

纠错笔记

224 设 $f(x)$ 在 $[0, +\infty)$ 上可导，且 $f'(x) \neq 0$，其反函数为 $g(x)$，并设

$$\int_0^{f(x)} g(t)\mathrm{d}t + \int_0^x f(t)\mathrm{d}t = x^2 \mathrm{e}^x.$$

求 $f(x)$.

建议答题时间 $\leqslant$ 10 min　　评估　熟练　还可以　有点难　不会

答题区域

纠错笔记

225 设当 $x \geqslant 0$ 时 $f(x)$ 有一阶连续导数，并且满足

$$f(x) = -1 + x + 2\int_0^x (x-t) f(t) f'(t) \mathrm{d}t.$$

求当 $x \geqslant 0$ 时的 $f(x)$.

建议答题时间	$\leqslant 10$ min	评估	熟练	还可以	有点难	不会

答题区域

纠错笔记

226 设 $x = \tan t, y = u\sec t\left(-\frac{\pi}{2} < t < \frac{\pi}{2}, u \text{ 为 } t \text{ 的二阶可导函数}\right)$，变换方程 $(1+x^2)^2 \frac{\mathrm{d}^2 y}{\mathrm{d}x^2} = y$，并求此方程满足 $y\Big|_{x=0} = 0, \frac{\mathrm{d}y}{\mathrm{d}x}\Big|_{x=0} = 1$ 的特解.

建议答题时间	$\leqslant 12$ min	评估	熟练	还可以	有点难	不会

答题区域

纠错笔记

227 设 $f(x)$ 在 $(-\infty,+\infty)$ 内有定义，$f(x)\neq 0$，且对 $(-\infty,+\infty)$ 内的任意 x 与 y，恒有 $f(x+y)=f(x)f(y)$. 又设 $f'(0)$ 存在，$f'(0)=a\neq 0$.

试证明对一切 $x\in(-\infty,+\infty)$，$f'(x)$ 存在，并求 $f(x)$.

建议答题时间	$\leqslant$ 10 min	评估	熟练	还可以	有点难	不会

答题区域

纠错笔记

228 函数 $y=y(x)$ 在 $(-\infty,+\infty)$ 内具有二阶导数，且 $y'\neq 0$，$x=x(y)$ 是 $y=y(x)$ 的反函数.

(1) 试将 $x=x(y)$ 所满足的微分方程 $\dfrac{\mathrm{d}^2x}{\mathrm{d}y^2}+(y+\sin x)\left(\dfrac{\mathrm{d}x}{\mathrm{d}y}\right)^3=0$ 变换为 $y=y(x)$ 所满足的微分方程.

(2) 求变换后的微分方程满足初始条件 $y(0)=0$，$y'(0)=\dfrac{1}{2}$ 的解.

建议答题时间	$\leqslant$ 12 min	评估	熟练	还可以	有点难	不会

答题区域

纠错笔记

229 设 $f(x)$，$g(x)$ 满足 $f'(x)=g(x)$，$g'(x)=4e^x-f(x)$，且 $f(0)=g(0)=0$，求定积分 $I=\int_0^{\frac{\pi}{2}}\left[\frac{g(x)}{1+x}-\frac{f(x)}{(1+x)^2}\right]dx$.

建议答题时间 $\leqslant 12$ min　　评估　熟练　还可以　有点难　不会

答题区域

纠错笔记

230 设函数 $y(x)(x\geqslant 0)$ 二阶可导，且 $y'(x)>0$，$y(0)=1$. 过曲线 $y=y(x)$ 上任意一定点 $P(x,y)$ 作该曲线的切线及 x 轴的垂线，上述两直线与 x 轴所围成的三角形的面积记为 S_1，区间 $[0,x]$ 上以 $y=y(x)$ 为曲边的曲边梯形面积记为 S_2，并设 $2S_1-S_2=1$，求此曲线的方程.

建议答题时间 $\leqslant 10$ min　　评估　熟练　还可以　有点难　不会

答题区域

纠错笔记

线性代数

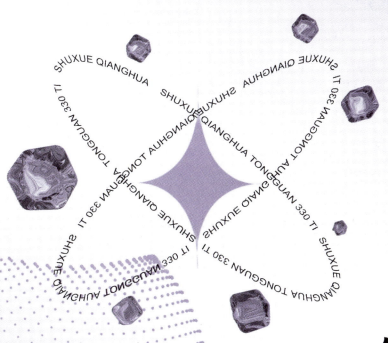

填 空 题

231 $f(x)=\begin{vmatrix} 1 & 1 & x & x \\ 1 & 1 & x & 1 \\ 1 & x & 1 & 1 \\ x-2 & 1 & 1 & 1 \end{vmatrix}$中 x^3 的系数为________.

建议答题时间 ≤ 4 min　　评估　熟练　还可以　有点难　不会

答题区域

纠错笔记

232 设 $\boldsymbol{A}=[\boldsymbol{\alpha}_1,\boldsymbol{\alpha}_2,\boldsymbol{\alpha}_3]$ 是三阶矩阵,且 $|\boldsymbol{A}|=4$. 若 $\boldsymbol{B}=[\boldsymbol{\alpha}_1-3\boldsymbol{\alpha}_2+2\boldsymbol{\alpha}_3,\boldsymbol{\alpha}_2-2\boldsymbol{\alpha}_3,2\boldsymbol{\alpha}_2+\boldsymbol{\alpha}_3]$,则 $|\boldsymbol{B}|=$ ________.

建议答题时间 ≤ 4 min　　评估　熟练　还可以　有点难　不会

答题区域

纠错笔记

233 已知$\boldsymbol{A}=\begin{bmatrix}1&-2&0\\2&1&3\\0&1&2\end{bmatrix}$,矩阵$\boldsymbol{B}$满足$\boldsymbol{BA}=\boldsymbol{B}+2\boldsymbol{E}$,则$\left|\left(\frac{1}{3}\boldsymbol{B}\right)^{-1}-2\boldsymbol{B}^{*}\right|=$________.

建议答题时间 ≤4 min 评估 熟练 还可以 有点难 不会

答题区域

纠错笔记

234 已知$\boldsymbol{A}$是三阶矩阵,特征值是1,2,−1,矩阵$\boldsymbol{B}=\boldsymbol{A}^{3}+2\boldsymbol{A}^{2}$,则$|\boldsymbol{A}^{*}\boldsymbol{B}^{\mathrm{T}}|=$________.

建议答题时间 ≤3 min 评估 熟练 还可以 有点难 不会

答题区域

纠错笔记

235 计算 $\boldsymbol{A}=\begin{bmatrix}1&0&0\\0&0&1\\0&1&0\end{bmatrix}^{9}\begin{bmatrix}1&2&3\\4&5&6\\7&8&9\end{bmatrix}\begin{bmatrix}1&0&0\\0&2&0\\0&0&1\end{bmatrix}^{10}=$ ________.

建议答题时间 ≤ 4 min　　评估　熟练　还可以　有点难　不会

答题区域

纠错笔记

236 已知矩阵 $\boldsymbol{A}=\begin{bmatrix}1&-2&-2\\1&a&a\\a&4&a\end{bmatrix}$ 和 $\boldsymbol{B}=\begin{bmatrix}1&2&8\\2&3&a\\1&2&2a\end{bmatrix}$ 等价，则 a ________.

建议答题时间 ≤ 3 min　　评估　熟练　还可以　有点难　不会

答题区域

纠错笔记

237 已知 $\boldsymbol{A}=\begin{bmatrix}3&2&3\\0&1&2\\0&0&3\end{bmatrix}$，$\boldsymbol{B}=\begin{bmatrix}1&0&0\\0&-1&0\\0&0&-2\end{bmatrix}$，若矩阵 $\boldsymbol{X}$ 满足 $\boldsymbol{XA}+2\boldsymbol{B}=\boldsymbol{AB}+2\boldsymbol{X}$，则 $\boldsymbol{X}^4=$ ________.

建议答题时间 $\leqslant 4$ min　评估　熟练　还可以　有点难　不会

答题区域

纠错笔记

238 已知 $\boldsymbol{A}=\begin{bmatrix}1&2&1\\0&2&a\\2&a&0\end{bmatrix}$，$\boldsymbol{B}$ 是三阶非零矩阵，且 $\boldsymbol{BA}=\boldsymbol{O}$，则 $\boldsymbol{B}=$ ________.

建议答题时间 $\leqslant 3$ min　评估　熟练　还可以　有点难　不会

答题区域

纠错笔记

239 设 $\boldsymbol{A}=\boldsymbol{E}+\boldsymbol{\alpha}\boldsymbol{\beta}^{\mathrm{T}}$，其中 $\boldsymbol{\alpha},\boldsymbol{\beta}$ 是 n 维列向量，且 $\boldsymbol{\alpha}^{\mathrm{T}}\boldsymbol{\beta}=3$，则 $(\boldsymbol{A}+2\boldsymbol{E})^{-1}=$ ________.

建议答题时间 ≤ 4 min　　评估　熟练　还可以　有点难　不会

答题区域

纠错笔记

240 (2002,4) 已知向量组 $\boldsymbol{\alpha}_1=(a,0,b)^{\mathrm{T}}$，$\boldsymbol{\alpha}_2=(0,a,c)^{\mathrm{T}}$，$\boldsymbol{\alpha}_3=(c,b,0)^{\mathrm{T}}$ 线性相关，则 a，b，c 必满足________.

建议答题时间 ≤ 3 min　　评估　熟练　还可以　有点难　不会

答题区域

纠错笔记

241 设 $n(n>2)$ 维向量 $\boldsymbol{\alpha}_1,\boldsymbol{\alpha}_2,\boldsymbol{\alpha}_3$ 满足 $2\boldsymbol{\alpha}_1-\boldsymbol{\alpha}_2+3\boldsymbol{\alpha}_3=\mathbf{0}$，$\boldsymbol{\beta}$ 是任意 n 维向量，若 $\boldsymbol{\beta}+\boldsymbol{\alpha}_1$，$\boldsymbol{\beta}+\boldsymbol{\alpha}_2$，$a\boldsymbol{\beta}+\boldsymbol{\alpha}_3$ 线性相关，则 $a=$ ________.

建议答题时间	≤ 4 min	评估	熟练	还可以	有点难	不会

答题区域

纠错笔记

242 已知 $\boldsymbol{\alpha}_1,\boldsymbol{\alpha}_2$ 是向量组 $\boldsymbol{\alpha}_1=(1,1,-1)^{\mathrm{T}}$，$\boldsymbol{\alpha}_2=(2,4,t-6)^{\mathrm{T}}$，$\boldsymbol{\alpha}_3=(2,6,6)^{\mathrm{T}}$，$\boldsymbol{\alpha}_4=(t,14,t-4)^{\mathrm{T}}$ 的极大线性无关组，则 $t=$ ________.

建议答题时间	≤ 3 min	评估	熟练	还可以	有点难	不会

答题区域

纠错笔记

243 设 $A=\begin{bmatrix}1&0&0&1\\0&1&1&0\\0&1&1&0\\1&0&0&1\end{bmatrix}$，则 $A^n x=0$ 的通解为________.

建议答题时间 $\leqslant 5$ min　　评估　熟练　还可以　有点难　不会

答题区域

纠错笔记

244 设 $A=\begin{bmatrix}a&1&1&1\\1&a&1&1\\1&1&a&1\\1&1&1&a\end{bmatrix}$，$\alpha$ 是 $Ax=0$ 的基础解系，则 $A^* x=0$ 的通解是________.

建议答题时间 $\leqslant 5$ min　　评估　熟练　还可以　有点难　不会

答题区域

纠错笔记

245 已知 $\boldsymbol{A}$ 是三阶实对称矩阵，$\lambda_1=1$ 和 $\lambda_2=2$ 是 $\boldsymbol{A}$ 的 2 个特征值，对应的特征向量分别是 $\boldsymbol{\alpha}_1=(1,a,-1)^{\mathrm{T}}$ 和 $\boldsymbol{\alpha}_2=(1,4,5)^{\mathrm{T}}$. 若矩阵 $\boldsymbol{A}$ 不可逆，则 $\boldsymbol{Ax}=\boldsymbol{0}$ 的通解是________.

建议答题时间 $\leqslant 3$ min　　评估　熟练　还可以　有点难　不会

答题区域

纠错笔记

246 设 $\boldsymbol{A}=\begin{bmatrix}1&-2&0\\2&1&5\\0&1&1\end{bmatrix}$，$\boldsymbol{B}$ 是三阶矩阵，则满足 $\boldsymbol{AB}=\boldsymbol{O}$ 所有的 $\boldsymbol{B}=$________.

建议答题时间 $\leqslant 4$ min　　评估　熟练　还可以　有点难　不会

答题区域

纠错笔记

247 若线性方程组 $\boldsymbol{A}_{3\times 3}\boldsymbol{x}=\boldsymbol{b}$，即

$$\begin{cases} a_{11}x_1+a_{12}x_2+a_{13}x_3=b_1, \\ a_{21}x_1+a_{22}x_2+a_{23}x_3=b_2, \\ a_{31}x_1+a_{32}x_2+a_{33}x_3=b_3, \end{cases} \quad (\text{Ⅰ})$$

有唯一解 $\boldsymbol{\xi}=(1,2,3)^{\mathrm{T}}$.

方程组 $\boldsymbol{B}_{3\times 4}\boldsymbol{y}=\boldsymbol{b}$，即

$$\begin{cases} a_{11}y_1+a_{12}y_2+a_{13}y_3+a_{14}y_4=b_1, \\ a_{21}y_1+a_{22}y_2+a_{23}y_3+a_{24}y_4=b_2, \\ a_{31}y_1+a_{32}y_2+a_{33}y_3+a_{34}y_4=b_3, \end{cases} \quad (\text{Ⅱ})$$

有特解 $\boldsymbol{\eta}=(-2,1,4,2)^{\mathrm{T}}$，则方程组(Ⅱ)的通解是________.

建议答题时间 $\leqslant 3$ min　评估　熟练　还可以　有点难　不会

答题区域

纠错笔记

248 已知非齐次线性方程组(Ⅰ)与(Ⅱ)同解，其中

$$(\text{Ⅰ})\begin{cases} x_1+x_2-2x_3=5, \\ \qquad x_2+x_3=2, \end{cases} \qquad (\text{Ⅱ})\begin{cases} ax_1+4x_2+x_3=11, \\ 2x_1+5x_2-ax_3=16, \end{cases}$$

则 $a=$________.

建议答题时间 $\leqslant 5$ min　评估　熟练　还可以　有点难　不会

答题区域

纠错笔记

249 已知 $\boldsymbol{A}=\begin{bmatrix} a & 0 & -1 \\ 0 & a & 1 \\ -1 & 1 & a+1 \end{bmatrix}$，则 $\boldsymbol{A}$ 的特征值为________.

建议答题时间	$\leqslant 5$ min	评估	熟练	还可以	有点难	不会

答题区域

纠错笔记

250 已知三阶矩阵 $\boldsymbol{A}$ 的特征值是 $\frac{1}{2},\frac{1}{3},\frac{1}{4}$. 三阶矩阵 $\boldsymbol{B}$ 满足关系式 $\boldsymbol{A}^{-1}\boldsymbol{B}\boldsymbol{A}=6\boldsymbol{A}+\boldsymbol{B}\boldsymbol{A}$，则矩阵 $\boldsymbol{B}$ 的特征值是________.

建议答题时间	$\leqslant 3$ min	评估	熟练	还可以	有点难	不会

答题区域

纠错笔记

251 设 $\boldsymbol{A}$ 是三阶矩阵，$\boldsymbol{\alpha}_1,\boldsymbol{\alpha}_2,\boldsymbol{\alpha}_3$ 是线性无关的三维列向量，且

$$\boldsymbol{A\alpha}_1=\boldsymbol{\alpha}_1,\boldsymbol{A\alpha}_2=-\boldsymbol{\alpha}_3,\boldsymbol{A\alpha}_3=\boldsymbol{\alpha}_2+2\boldsymbol{\alpha}_3,$$

则矩阵 $\boldsymbol{A}$ 的三个特征值是________.

建议答题时间 $\leqslant 4$ min　评估　熟练　还可以　有点难　不会

答题区域

纠错笔记

252 （1999,4）已知 $\boldsymbol{A}=\begin{bmatrix}3&2&-2\\-k&-1&k\\4&2&-3\end{bmatrix}$ 和对角矩阵相似，则 $k=$________.

建议答题时间 $\leqslant 3$ min　评估　熟练　还可以　有点难　不会

答题区域

纠错笔记

253 $\boldsymbol{A}$ 是三阶矩阵，$\boldsymbol{\xi},\boldsymbol{\alpha},\boldsymbol{\beta}$ 是三个线性无关的三维列向量，其中 $\boldsymbol{Ax}=\boldsymbol{0}$ 有解 $\boldsymbol{\xi}$，$\boldsymbol{Ax}=\boldsymbol{\beta}$ 有解 $\boldsymbol{\alpha}$，$\boldsymbol{Ax}=\boldsymbol{\alpha}$ 有解 $\boldsymbol{\beta}$，则 $\boldsymbol{A}\sim$ ________.

建议答题时间 $\leqslant 3$ min　　评估　熟练　还可以　有点难　不会

答题区域

纠错笔记

254 已知 $\boldsymbol{A}$ 是三阶实对称矩阵，满足 $\boldsymbol{A}^2-2\boldsymbol{A}=3\boldsymbol{E}$，若秩 $r(\boldsymbol{A}+\boldsymbol{E})=2$，则和 $\boldsymbol{A}$ 相似的对角矩阵是________.

建议答题时间 $\leqslant 2$ min　　评估　熟练　还可以　有点难　不会

答题区域

纠错笔记

255 设 $\boldsymbol{A}=\begin{bmatrix}0 & -2 & 2\\ 2 & 4 & -2\\ a & 2 & 0\end{bmatrix}$ 有二重特征值，则 $a=$ ________.

建议答题时间	$\leqslant 4$ min	评估	熟练	还可以	有点难	不会

答题区域

纠错笔记

256 已知 $\boldsymbol{A}$ 是三阶方阵，其特征值分别为 $1,2,-3$，则矩阵 $\boldsymbol{A}$ 中主对角线元素的代数余子式之和 $A_{11}+A_{22}+A_{33}=$ ________.

建议答题时间	$\leqslant 3$ min	评估	熟练	还可以	有点难	不会

答题区域

纠错笔记

257 已知三元二次型 $\boldsymbol{x}^{\mathrm{T}}\boldsymbol{A}\boldsymbol{x}=x_1^2-5x_2^2+x_3^2+2ax_1x_2+2x_1x_3+2bx_2x_3$，若 $\boldsymbol{\alpha}=(2,1,2)^{\mathrm{T}}$ 是矩阵 $\boldsymbol{A}$ 的特征向量，则二次型 $\boldsymbol{x}^{\mathrm{T}}\boldsymbol{A}\boldsymbol{x}$ 的正惯性指数 $p=$ ________.

建议答题时间 $\leqslant 4$ min | 评估 熟练 还可以 有点难 不会

答题区域

纠错笔记

258 已知二次型 $\boldsymbol{x}^{\mathrm{T}}\boldsymbol{A}\boldsymbol{x}=ax_1^2+ax_2^2+ax_3^2+2x_1x_2+2x_1x_3-2x_2x_3$ 的规范形是 $y_1^2+y_2^2-y_3^2$，则 a 的取值范围是________.

建议答题时间 $\leqslant 4$ min | 评估 熟练 还可以 有点难 不会

答题区域

纠错笔记

259 已知矩阵 $\boldsymbol{A}=\begin{bmatrix}1 & 1 & -2\\ 1 & -2 & 1\\ -2 & 1 & 1\end{bmatrix}$ 与二次型 $\boldsymbol{x}^{\mathrm{T}}\boldsymbol{B}\boldsymbol{x}=3x_1^2+ax_2^2$ 的矩阵 $\boldsymbol{B}$ 合同，则 a 的取值范围为________.

建议答题时间 $\leqslant$ 4 min　　评估　熟练　还可以　有点难　不会

答题区域

纠错笔记

260 二次型 $f(x_1,x_2,x_3)=2x_1x_2+4x_1x_3$ 在正交变换下的标准形是________.

建议答题时间 $\leqslant$ 3 min　　评估　熟练　还可以　有点难　不会

答题区域

纠错笔记

261 若二次型 $f(x_1,x_2,x_3)=\boldsymbol{x}^{\mathrm{T}}(\boldsymbol{A}^{\mathrm{T}}\boldsymbol{A})\boldsymbol{x}$ 为正定的，其中 $\boldsymbol{A}=\begin{bmatrix}1&1&2\\1&0&1\\0&1&t\end{bmatrix}$，则 t 满足的条件为________.

建议答题时间 ≤ 3 min　　评估　熟练　还可以　有点难　不会

答题区域

纠错笔记

262 已知矩阵 $\boldsymbol{A}=\begin{bmatrix}1&2&1\\2&3&a+2\\1&a&-2\end{bmatrix}$ 和 $\boldsymbol{B}=\begin{bmatrix}1&0&0\\0&a+1&0\\0&0&0\end{bmatrix}$ 等价，则 $a=$ ________.

建议答题时间 ≤ 3 min　　评估　熟练　还可以　有点难　不会

答题区域

纠错笔记

263 已知矩阵 $\boldsymbol{A}=\begin{bmatrix}0&0&1\\a&1&-1\\1&0&0\end{bmatrix}$ 和 $\boldsymbol{B}=\begin{bmatrix}1&&\\&1&\\&&-1\end{bmatrix}$ 相似，则 $a=$ ________.

建议答题时间	≤3 min	评估	熟练	还可以	有点难	不会

答题区域

纠错笔记

264 (1997,4) 已知 $\boldsymbol{A}=\begin{bmatrix}1&-1&1\\2&4&-2\\-3&-3&a\end{bmatrix}$ 和 $\boldsymbol{B}=\begin{bmatrix}2&0&0\\0&2&0\\0&0&b\end{bmatrix}$ 相似，则 $a=$ ________.

建议答题时间	≤3 min	评估	熟练	还可以	有点难	不会

答题区域

纠错笔记

265 已知 $\boldsymbol{A}=\begin{bmatrix} & & 1 \\ & 1 & \\ 1 & & \end{bmatrix}$ 和 $\boldsymbol{B}=\begin{bmatrix} 2 & & \\ & 1 & \\ & & -2 \end{bmatrix}$ 合同，求一个使 $\boldsymbol{C}^{\mathrm{T}}\boldsymbol{A}\boldsymbol{C}=\boldsymbol{B}$ 的可逆矩阵 $\boldsymbol{C}=$ ____.

建议答题时间	$\leqslant 4$ min	评估	熟练	还可以	有点难	不会

答题区域

纠错笔记

选 择 题

266 $D=\begin{vmatrix} a^2 & (a+1)^2 & (a+2)^2 & (a+3)^2 \\ b^2 & (b+1)^2 & (b+2)^2 & (b+3)^2 \\ c^2 & (c+1)^2 & (c+2)^2 & (c+3)^2 \\ d^2 & (d+1)^2 & (d+2)^2 & (d+3)^2 \end{vmatrix}=$

(A)0.　　(B)1.　　(C)$abcd$.　　(D)$a^2b^2c^2d^2$.

建议答题时间	$\leqslant 3$ min	评估	熟练	还可以	有点难	不会

答题区域

纠错笔记

267 设 $\boldsymbol{A},\boldsymbol{B}$ 是三阶方阵，且 $|\boldsymbol{A}|=1$，$|\boldsymbol{B}|=-2$，则 $\begin{vmatrix} \boldsymbol{A} & -2\boldsymbol{A} \\ \boldsymbol{B} & \boldsymbol{O} \end{vmatrix}=$

(A)4.　　(B)-4.　　(C)16.　　(D)-16.

建议答题时间	$\leqslant 2$ min	评估	熟练	还可以	有点难	不会

答题区域

纠错笔记

268 已知 $\boldsymbol{A}$ 是三阶矩阵，满足 $\boldsymbol{A}^2+2\boldsymbol{A}=\boldsymbol{O}$，若 $|\boldsymbol{A}+3\boldsymbol{E}|=3$，则 $|2\boldsymbol{A}+\boldsymbol{E}|=$

(A)-4.　　(B)9.　　(C)16.　　(D)-9.

建议答题时间	$\leqslant 3$ min	评估	熟练	还可以	有点难	不会

答题区域

纠错笔记

269 下列命题中，不正确的是

(A) 若 $\boldsymbol{A}$ 是 n 阶矩阵，则 $(\boldsymbol{A}+\boldsymbol{E})(\boldsymbol{A}-\boldsymbol{E})=(\boldsymbol{A}-\boldsymbol{E})(\boldsymbol{A}+\boldsymbol{E})$.

(B) 若 $\boldsymbol{A}$ 是 n 阶矩阵，且 $\boldsymbol{A}^2=\boldsymbol{A}$，则 $\boldsymbol{A}+\boldsymbol{E}$ 必可逆.

(C) 若 $\boldsymbol{A},\boldsymbol{B}$ 均为 $n\times 1$ 矩阵，则 $\boldsymbol{A}^{\mathrm{T}}\boldsymbol{B}=\boldsymbol{B}^{\mathrm{T}}\boldsymbol{A}$.

(D) 若 $\boldsymbol{A},\boldsymbol{B}$ 均为 n 阶矩阵，且 $\boldsymbol{AB}=\boldsymbol{O}$，则 $(\boldsymbol{A}+\boldsymbol{B})^2=\boldsymbol{A}^2+\boldsymbol{B}^2$.

建议答题时间	$\leqslant$ 3 min	评估	熟练	还可以	有点难	不会

答题区域

纠错笔记

270 设 $\boldsymbol{A},\boldsymbol{B}$ 均为 n 阶可逆矩阵，且 $(\boldsymbol{A}+\boldsymbol{B})^2=\boldsymbol{E}$，则 $(\boldsymbol{E}+\boldsymbol{BA}^{-1})^{-1}=$

(A) $(\boldsymbol{A}+\boldsymbol{B})\boldsymbol{B}$.　(B) $\boldsymbol{E}+\boldsymbol{AB}^{-1}$.　(C) $\boldsymbol{A}(\boldsymbol{A}+\boldsymbol{B})$.　(D) $(\boldsymbol{A}+\boldsymbol{B})\boldsymbol{A}$.

建议答题时间	$\leqslant$ 4 min	评估	熟练	还可以	有点难	不会

答题区域

纠错笔记

271 三阶矩阵 $\boldsymbol{A}$ 可逆，把矩阵 $\boldsymbol{A}$ 的第 2 行与第 3 行互换得到矩阵 $\boldsymbol{B}$，把矩阵 $\boldsymbol{B}$ 的第 1 列的 -3 倍加到第 2 列得到单位矩阵 $\boldsymbol{E}$，则 $\boldsymbol{A}^* =$

(A) $\begin{bmatrix} -1 & 3 & 0 \\ 0 & 0 & -1 \\ 0 & -1 & 0 \end{bmatrix}$.　　(B) $\begin{bmatrix} -1 & 0 & 3 \\ 0 & 0 & -1 \\ 0 & -1 & 0 \end{bmatrix}$.

(C) $\begin{bmatrix} 1 & -3 & 0 \\ 0 & 0 & 1 \\ 0 & 1 & 0 \end{bmatrix}$.　　(D) $\begin{bmatrix} 1 & 0 & -3 \\ 0 & 0 & 1 \\ 0 & 1 & 0 \end{bmatrix}$.

建议答题时间 ≤ 5 min　　评估　熟练　还可以　有点难　不会

答题区域

纠错笔记

272 设 $\boldsymbol{A}$ 为三阶矩阵且 $\boldsymbol{P}^{\mathrm{T}}\boldsymbol{A}\boldsymbol{P} = \begin{bmatrix} 1 & & \\ & 2 & \\ & & 3 \end{bmatrix}$，其中 $\boldsymbol{P} = [\boldsymbol{\alpha}_1, \boldsymbol{\alpha}_2, \boldsymbol{\alpha}_3]$，若 $\boldsymbol{Q} = [\boldsymbol{\alpha}_1 + \boldsymbol{\alpha}_2, -\boldsymbol{\alpha}_2, 2\boldsymbol{\alpha}_3]$，则 $\boldsymbol{Q}^{\mathrm{T}}\boldsymbol{A}\boldsymbol{Q} =$

(A) $\begin{bmatrix} -3 & 2 & 0 \\ 2 & -2 & 0 \\ 0 & 0 & -6 \end{bmatrix}$.　　(B) $\begin{bmatrix} -3 & -2 & 0 \\ -2 & -2 & 0 \\ 0 & 0 & 6 \end{bmatrix}$.

(C) $\begin{bmatrix} 3 & 2 & 0 \\ 2 & 2 & 0 \\ 0 & 0 & 12 \end{bmatrix}$.　　(D) $\begin{bmatrix} 3 & -2 & 0 \\ -2 & 2 & 0 \\ 0 & 0 & 12 \end{bmatrix}$.

建议答题时间 ≤ 4 min　　评估　熟练　还可以　有点难　不会

答题区域

纠错笔记

273 （2016，数农）设 $\boldsymbol{A}$ 为 4×5 矩阵，若 $\boldsymbol{\alpha}_1,\boldsymbol{\alpha}_2,\boldsymbol{\alpha}_3$ 是方程组 $\boldsymbol{A}^{\mathrm{T}}\boldsymbol{x}=\boldsymbol{0}$ 的基础解系，则 $r(\boldsymbol{A})=$

(A)4.　　(B)3.　　(C)2.　　(D)1.

建议答题时间 ≤ 3 min　评估　熟练　还可以　有点难　不会

答题区域

纠错笔记

274 已知 $\boldsymbol{A}=\begin{bmatrix}2&4&2\\1&a&-2\\2&3&a+2\end{bmatrix}$，$\boldsymbol{B}$ 是 3 阶非零矩阵且 $\boldsymbol{AB}=\boldsymbol{O}$，则

(A)$a=1$ 是 $r(\boldsymbol{B})=1$ 的必要条件.

(B)$a=1$ 是 $r(\boldsymbol{B})=1$ 的充分必要条件.

(C)$a=3$ 是 $r(\boldsymbol{B})=1$ 的充分条件.

(D)$a=3$ 是 $r(\boldsymbol{B})=1$ 的充分必要条件.

建议答题时间 ≤ 3 min　评估　熟练　还可以　有点难　不会

答题区域

纠错笔记

275 (2003,3) 设 $\boldsymbol{A}=\begin{bmatrix} a & b & b \\ b & a & b \\ b & b & a \end{bmatrix}$,若 $r(\boldsymbol{A}^*)=1$,则必有

(A)$a=b$ 或 $a+2b=0$.　　(B)$a=b$ 或 $a+2b\neq 0$.

(C)$a\neq b$ 且 $a+2b=0$.　　(D)$a\neq b$ 且 $a+2b\neq 0$.

建议答题时间 $\leqslant 4$ min　　评估　熟练　还可以　有点难　不会

答题区域

纠错笔记

276 设矩阵 $\boldsymbol{A}=\begin{bmatrix} 1-a & a & 0 & -a \\ -3 & 6 & 3 & -3 \\ 2-a & a-2 & -1 & 1-a \end{bmatrix}$,其中 a 为任意常数,则

(A)$r(\boldsymbol{A})=1$.　(B)$r(\boldsymbol{A})=2$.　(C)$r(\boldsymbol{A})=3$.　(D)$r(\boldsymbol{A})$ 与 a 有关.

建议答题时间 $\leqslant 3$ min　　评估　熟练　还可以　有点难　不会

答题区域

纠错笔记

277 (1993,1) 已知 $\boldsymbol{Q}=\begin{bmatrix}1 & 2 & 3\\ 2 & 4 & t\\ 3 & 6 & 9\end{bmatrix}$，$\boldsymbol{P}$ 为三阶非零矩阵，且满足 $\boldsymbol{PQ}=\boldsymbol{O}$，则

(A) $t=6$ 时 $\boldsymbol{P}$ 的秩必为 1.　　(B) $t=6$ 时 $\boldsymbol{P}$ 的秩必为 2.

(C) $t\neq 6$ 时 $\boldsymbol{P}$ 的秩必为 1.　　(D) $t\neq 6$ 时 $\boldsymbol{P}$ 的秩必为 2.

建议答题时间 $\leqslant 3$ min　　评估　熟练　还可以　有点难　不会

答题区域

纠错笔记

278 设 $\boldsymbol{A}$ 是 n 阶矩阵，$\lambda=0$ 是 $\boldsymbol{A}$ 的一个特征值，且为单根，则 $r(\boldsymbol{A})=$

(A) 0.　　(B) 1.　　(C) $n-1$.　　(D) n.

建议答题时间 $\leqslant 2$ min　　评估　熟练　还可以　有点难　不会

答题区域

纠错笔记

279 设 $\boldsymbol{A}$ 是 $m \times n$ 矩阵，$\boldsymbol{B}$ 是 $n \times m$ 矩阵，且满足 $\boldsymbol{AB}=\boldsymbol{E}$，则

(A) $\boldsymbol{A}$ 的列向量组线性无关，$\boldsymbol{B}$ 的行向量组线性无关.

(B) $\boldsymbol{A}$ 的列向量组线性无关，$\boldsymbol{B}$ 的列向量组线性无关.

(C) $\boldsymbol{A}$ 的行向量组线性无关，$\boldsymbol{B}$ 的列向量组线性无关.

(D) $\boldsymbol{A}$ 的行向量组线性无关，$\boldsymbol{B}$ 的行向量组线性无关.

建议答题时间	$\leqslant$ 3 min	评估	熟练	还可以	有点难	不会

答题区域

纠错笔记

280 (2010，数农) 设向量组 Ⅰ：$\boldsymbol{\alpha}_1,\boldsymbol{\alpha}_2,\cdots,\boldsymbol{\alpha}_r$ 可由向量组 Ⅱ：$\boldsymbol{\beta}_1,\boldsymbol{\beta}_2,\cdots,\boldsymbol{\beta}_s$ 线性表示，下列命题中正确的是

(A) 若向量组 Ⅰ 线性无关，则 $r \leqslant s$.

(B) 若向量组 Ⅰ 线性相关，则 $r > s$.

(C) 若向量组 Ⅱ 线性无关，则 $r \leqslant s$.

(D) 若向量组 Ⅱ 线性相关，则 $r > s$.

建议答题时间	$\leqslant$ 3 min	评估	熟练	还可以	有点难	不会

答题区域

纠错笔记

281 设 $\boldsymbol{\alpha}_1,\boldsymbol{\alpha}_2,\boldsymbol{\alpha}_3,\boldsymbol{\alpha}_4$ 是三维非零向量，则下列命题中正确的是

(A) 若 $\boldsymbol{\alpha}_1,\boldsymbol{\alpha}_2$ 线性相关，$\boldsymbol{\alpha}_3,\boldsymbol{\alpha}_4$ 线性相关，则 $\boldsymbol{\alpha}_1+\boldsymbol{\alpha}_3,\boldsymbol{\alpha}_2+\boldsymbol{\alpha}_4$ 必线性相关.

(B) 若 $\boldsymbol{\alpha}_1,\boldsymbol{\alpha}_2,\boldsymbol{\alpha}_3$ 线性无关，则 $\boldsymbol{\alpha}_1+\boldsymbol{\alpha}_4,\boldsymbol{\alpha}_2+\boldsymbol{\alpha}_4,\boldsymbol{\alpha}_3+\boldsymbol{\alpha}_4$ 必线性无关.

(C) 若 $\boldsymbol{\alpha}_4$ 不能由 $\boldsymbol{\alpha}_1,\boldsymbol{\alpha}_2,\boldsymbol{\alpha}_3$ 线性表示，则 $\boldsymbol{\alpha}_1,\boldsymbol{\alpha}_2,\boldsymbol{\alpha}_3$ 必线性相关.

(D) 若 $\boldsymbol{\alpha}_4$ 能由 $\boldsymbol{\alpha}_1,\boldsymbol{\alpha}_2,\boldsymbol{\alpha}_3$ 线性表示，则 $\boldsymbol{\alpha}_1,\boldsymbol{\alpha}_2,\boldsymbol{\alpha}_3$ 必线性无关.

建议答题时间	$\leqslant$ 5 min	评估	熟练	还可以	有点难	不会

答题区域

纠错笔记

282 设 $\boldsymbol{\alpha}_1,\boldsymbol{\alpha}_2,\boldsymbol{\alpha}_3,\boldsymbol{\beta}$ 均为三维向量，现有四个命题

① 若 $\boldsymbol{\beta}$ 不能由 $\boldsymbol{\alpha}_1,\boldsymbol{\alpha}_2,\boldsymbol{\alpha}_3$ 线性表示，则 $\boldsymbol{\alpha}_1,\boldsymbol{\alpha}_2,\boldsymbol{\alpha}_3$ 线性相关.

② 若 $\boldsymbol{\alpha}_1,\boldsymbol{\alpha}_2,\boldsymbol{\alpha}_3$ 线性相关，则 $\boldsymbol{\beta}$ 不能由 $\boldsymbol{\alpha}_1,\boldsymbol{\alpha}_2,\boldsymbol{\alpha}_3$ 线性表示.

③ 若 $\boldsymbol{\beta}$ 能由 $\boldsymbol{\alpha}_1,\boldsymbol{\alpha}_2,\boldsymbol{\alpha}_3$ 线性表示，则 $\boldsymbol{\alpha}_1,\boldsymbol{\alpha}_2,\boldsymbol{\alpha}_3$ 线性无关.

④ 若 $\boldsymbol{\alpha}_1,\boldsymbol{\alpha}_2,\boldsymbol{\alpha}_3$ 线性无关，则 $\boldsymbol{\beta}$ 能由 $\boldsymbol{\alpha}_1,\boldsymbol{\alpha}_2,\boldsymbol{\alpha}_3$ 线性表示.

以上的命题正确的是

(A)①②.　　(B)③④.　　(C)①④.　　(D)②③.

建议答题时间	$\leqslant$ 4 min	评估	熟练	还可以	有点难	不会

答题区域

纠错笔记

283 设矩阵 $\boldsymbol{A}=[\boldsymbol{\alpha}_1,\boldsymbol{\alpha}_2,\boldsymbol{\alpha}_3,\boldsymbol{\alpha}_4]$，其中 $\boldsymbol{\alpha}_1,\boldsymbol{\alpha}_2,\boldsymbol{\alpha}_3$ 线性无关，$\boldsymbol{\alpha}_1,\boldsymbol{\alpha}_2,\boldsymbol{\alpha}_3,\boldsymbol{\alpha}_4$ 线性相关，$\boldsymbol{A}$ 经过初等行变换变为矩阵 $\boldsymbol{B}=[\boldsymbol{\beta}_1,\boldsymbol{\beta}_2,\boldsymbol{\beta}_3,\boldsymbol{\beta}_4]$，则

(A) $\boldsymbol{\beta}_4$ 不能由 $\boldsymbol{\beta}_1,\boldsymbol{\beta}_2,\boldsymbol{\beta}_3$ 线性表示.

(B) $\boldsymbol{\beta}_4$ 可由 $\boldsymbol{\beta}_1,\boldsymbol{\beta}_2,\boldsymbol{\beta}_3$ 线性表示，但表示法不唯一.

(C) $\boldsymbol{\beta}_4$ 可由 $\boldsymbol{\beta}_1,\boldsymbol{\beta}_2,\boldsymbol{\beta}_3$ 线性表示，且表示法唯一.

(D) $\boldsymbol{\beta}_4$ 能否由 $\boldsymbol{\beta}_1,\boldsymbol{\beta}_2,\boldsymbol{\beta}_3$ 线性表示不能确定.

建议答题时间	$\leqslant$ 4 min	评估	熟练	还可以	有点难	不会

答题区域

纠错笔记

284 已知向量组 $\boldsymbol{\alpha}_1=(1,0,0,4)^{\mathrm{T}},\boldsymbol{\alpha}_2=(1,2,0,0)^{\mathrm{T}},\boldsymbol{\alpha}_3=(0,2,3,0)^{\mathrm{T}},\boldsymbol{\alpha}_4=(0,0,3,a)^{\mathrm{T}}$ 的秩等于 3，则 $a=$

(A) 1.　　(B) 2.　　(C) 3.　　(D) 4.

建议答题时间	$\leqslant$ 3 min	评估	熟练	还可以	有点难	不会

答题区域

纠错笔记

285 已知四维向量组 $\boldsymbol{\alpha}_1,\boldsymbol{\alpha}_2,\boldsymbol{\alpha}_3,\boldsymbol{\alpha}_4$ 线性无关，且向量 $\boldsymbol{\beta}_1=\boldsymbol{\alpha}_1+\boldsymbol{\alpha}_3+\boldsymbol{\alpha}_4,\boldsymbol{\beta}_2=\boldsymbol{\alpha}_2-\boldsymbol{\alpha}_4,\boldsymbol{\beta}_3=\boldsymbol{\alpha}_3+\boldsymbol{\alpha}_4,\boldsymbol{\beta}_4=\boldsymbol{\alpha}_2+\boldsymbol{\alpha}_3,\boldsymbol{\beta}_5=2\boldsymbol{\alpha}_1+\boldsymbol{\alpha}_2+\boldsymbol{\alpha}_3$，则 $r(\boldsymbol{\beta}_1,\boldsymbol{\beta}_2,\boldsymbol{\beta}_3,\boldsymbol{\beta}_4,\boldsymbol{\beta}_5)=$

(A)1.　　(B)2.　　(C)3.　　(D)4.

建议答题时间 $\leqslant 4$ min　　评估　熟练　还可以　有点难　不会

答题区域

纠错笔记

286 已知 $\boldsymbol{A}=[\boldsymbol{\alpha}_1,\boldsymbol{\alpha}_2,\boldsymbol{\alpha}_3,\boldsymbol{\alpha}_4]$ 是4阶矩阵，$\boldsymbol{\eta}_1=(3,1,-2,2)^{\mathrm{T}},\boldsymbol{\eta}_2=(0,-1,2,1)^{\mathrm{T}}$ 是 $\boldsymbol{Ax}=\boldsymbol{0}$ 的基础解系，则下列命题中正确的一共有

①$\boldsymbol{\alpha}_1$ 一定可由 $\boldsymbol{\alpha}_2,\boldsymbol{\alpha}_3$ 线性表示.

②$\boldsymbol{\alpha}_1,\boldsymbol{\alpha}_3$ 是 $\boldsymbol{A}$ 的列向量的极大线性无关组.

③ 秩 $r(\boldsymbol{\alpha}_1,\boldsymbol{\alpha}_1+\boldsymbol{\alpha}_2,\boldsymbol{\alpha}_3-\boldsymbol{\alpha}_4)=2$.

④$\boldsymbol{\alpha}_2,\boldsymbol{\alpha}_4$ 是 $\boldsymbol{A}$ 的列向量的极大线性无关组.

(A)4个.　　(B)3个.

(C)2个.　　(D)1个.

建议答题时间 $\leqslant 3$ min　　评估　熟练　还可以　有点难　不会

答题区域

纠错笔记

287 (1991,4) 设方程组 $\boldsymbol{Ax}=\boldsymbol{b}$ 有 m 个方程，n 个未知数且 $m\neq n$，则正确命题是

(A) 若 $\boldsymbol{Ax}=\boldsymbol{0}$ 只有零解，则 $\boldsymbol{Ax}=\boldsymbol{b}$ 有唯一解.

(B) 若 $\boldsymbol{Ax}=\boldsymbol{0}$ 有非零解，则 $\boldsymbol{Ax}=\boldsymbol{b}$ 有无穷多解.

(C) 若 $\boldsymbol{Ax}=\boldsymbol{b}$ 有无穷多解，则 $\boldsymbol{Ax}=\boldsymbol{0}$ 仅有零解.

(D) 若 $\boldsymbol{Ax}=\boldsymbol{b}$ 有无穷多解，则 $\boldsymbol{Ax}=\boldsymbol{0}$ 有非零解.

建议答题时间	$\leqslant 4$ min	评估	熟练	还可以	有点难	不会

答题区域

纠错笔记

288 (1997,4) 非齐次线性方程组 $\boldsymbol{Ax}=\boldsymbol{b}$ 中未知量个数为 n，方程个数为 m，系数矩阵 $\boldsymbol{A}$ 的秩为 r，则

(A) $r=m$ 时，方程组 $\boldsymbol{Ax}=\boldsymbol{b}$ 有解.

(B) $r=n$ 时，方程组 $\boldsymbol{Ax}=\boldsymbol{b}$ 有唯一解.

(C) $m=n$ 时，方程组 $\boldsymbol{Ax}=\boldsymbol{b}$ 有唯一解.

(D) $r<n$ 时，方程组 $\boldsymbol{Ax}=\boldsymbol{b}$ 有无穷多解.

建议答题时间	$\leqslant 4$ min	评估	熟练	还可以	有点难	不会

答题区域

纠错笔记

289 已知 $A=\begin{bmatrix}1&1&-1&2\\2&1&1&4\\3&1&1&1\end{bmatrix}$，下列命题中错误的是

(A) $\boldsymbol{A}^{\mathrm{T}}\boldsymbol{x}=\boldsymbol{0}$ 只有零解.　　(B) 存在 $\boldsymbol{B}\neq\boldsymbol{O}$ 而 $\boldsymbol{AB}=\boldsymbol{O}$.

(C) $|\boldsymbol{A}^{\mathrm{T}}\boldsymbol{A}|=0$.　　(D) $|\boldsymbol{A}\boldsymbol{A}^{\mathrm{T}}|=0$.

建议答题时间 ≤3 min　　评估：熟练　还可以　有点难　不会

答题区域

纠错笔记

290 设 $\boldsymbol{A}$ 是 n 阶矩阵，对于齐次线性方程组(Ⅰ) $\boldsymbol{A}^{n}\boldsymbol{x}=\boldsymbol{0}$ 和(Ⅱ) $\boldsymbol{A}^{n+1}\boldsymbol{x}=\boldsymbol{0}$，现有四个命题

①(Ⅰ)的解必是(Ⅱ)的解；　　②(Ⅱ)的解必是(Ⅰ)的解；

③(Ⅰ)的解不是(Ⅱ)的解；　　④(Ⅱ)的解不是(Ⅰ)的解.

以上命题中正确的是

(A)①②.　　(B)①④.

(C)③④.　　(D)②③.

建议答题时间 ≤3 min　　评估：熟练　还可以　有点难　不会

答题区域

纠错笔记

291 设 $\boldsymbol{\eta}_1,\boldsymbol{\eta}_2,\boldsymbol{\eta}_3,\boldsymbol{\eta}_4$ 是齐次线性方程组 $\boldsymbol{Ax}=\boldsymbol{0}$ 的基础解系，则 $\boldsymbol{Ax}=\boldsymbol{0}$ 的基础解系还可以是

(A) $\boldsymbol{\eta}_1-\boldsymbol{\eta}_2,\boldsymbol{\eta}_2+\boldsymbol{\eta}_3,\boldsymbol{\eta}_3-\boldsymbol{\eta}_4,\boldsymbol{\eta}_4+\boldsymbol{\eta}_1$.

(B) $\boldsymbol{\eta}_1+\boldsymbol{\eta}_2,\boldsymbol{\eta}_2+\boldsymbol{\eta}_3+\boldsymbol{\eta}_4,\boldsymbol{\eta}_1-\boldsymbol{\eta}_2+\boldsymbol{\eta}_3$.

(C) $\boldsymbol{\eta}_1+\boldsymbol{\eta}_2,\boldsymbol{\eta}_2+\boldsymbol{\eta}_3,\boldsymbol{\eta}_3+\boldsymbol{\eta}_4,\boldsymbol{\eta}_4+\boldsymbol{\eta}_1$.

(D) $\boldsymbol{\eta}_1+\boldsymbol{\eta}_2,\boldsymbol{\eta}_2-\boldsymbol{\eta}_3,\boldsymbol{\eta}_3+\boldsymbol{\eta}_4,\boldsymbol{\eta}_4+\boldsymbol{\eta}_1$.

建议答题时间 $\leqslant 3$ min　评估　熟练　还可以　有点难　不会

答题区域

纠错笔记

292 设 $\boldsymbol{\alpha}_1,\boldsymbol{\alpha}_2,\boldsymbol{\alpha}_3,\boldsymbol{\alpha}_4,\boldsymbol{\alpha}_5$ 都是四维列向量，$\boldsymbol{A}=[\boldsymbol{\alpha}_1,\boldsymbol{\alpha}_2,\boldsymbol{\alpha}_3,\boldsymbol{\alpha}_4]$，非齐次线性方程组 $\boldsymbol{Ax}=\boldsymbol{\alpha}_5$ 有通解 $k\boldsymbol{\xi}+\boldsymbol{\eta}=k(1,-1,2,0)^{\mathrm{T}}+(2,1,0,1)^{\mathrm{T}}$，则下列关系式中不正确的是

(A) $2\boldsymbol{\alpha}_1+\boldsymbol{\alpha}_2+\boldsymbol{\alpha}_4-\boldsymbol{\alpha}_5=\boldsymbol{0}$.

(B) $\boldsymbol{\alpha}_5-\boldsymbol{\alpha}_4-2\boldsymbol{\alpha}_3-3\boldsymbol{\alpha}_1=\boldsymbol{0}$.

(C) $\boldsymbol{\alpha}_1-\boldsymbol{\alpha}_2+2\boldsymbol{\alpha}_3-\boldsymbol{\alpha}_5=\boldsymbol{0}$.

(D) $\boldsymbol{\alpha}_5-\boldsymbol{\alpha}_4+4\boldsymbol{\alpha}_3-3\boldsymbol{\alpha}_2=\boldsymbol{0}$.

建议答题时间 $\leqslant 3$ min　评估　熟练　还可以　有点难　不会

答题区域

纠错笔记

293 已知 $\boldsymbol{A}=\begin{bmatrix} a_{11} & a_{12} & a_{13} \\ a_{21} & a_{22} & a_{23} \\ a_{31} & a_{32} & a_{33} \end{bmatrix}$ 是三阶可逆矩阵，$\boldsymbol{B}$ 是三阶矩阵，且 $\boldsymbol{BA}=\begin{bmatrix} a_{11} & 4a_{13} & a_{12} \\ a_{21} & 4a_{23} & a_{22} \\ a_{31} & 4a_{33} & a_{32} \end{bmatrix}$，则 $\boldsymbol{B}$ 的特征值是

(A)1，−1，4.　　(B)1，1，−4.　　(C)1，2，−2.　　(D)1，−1，2.

建议答题时间 ≤ 3 min　　评估　熟练　还可以　有点难　不会

答题区域

纠错笔记

294 设 $\boldsymbol{A}$ 为三阶实对称矩阵，且 $\boldsymbol{A}^3=\boldsymbol{O}$，则矩阵 $\boldsymbol{A}$ 的秩为

(A)0.　　(B)1.　　(C)2.　　(D)3.

建议答题时间 ≤ 2 min　　评估　熟练　还可以　有点难　不会

答题区域

纠错笔记

295 设 $\boldsymbol{A}$ 为 $n\times m$ 矩阵且 $r(\boldsymbol{A})=n$，则下列命题中正确的是

(A) $\boldsymbol{A}\boldsymbol{A}^{\mathrm{T}}$ 必为可逆矩阵.

(B) $\boldsymbol{A}^{\mathrm{T}}\boldsymbol{A}$ 必为可逆矩阵.

(C) $\boldsymbol{A}\boldsymbol{A}^{\mathrm{T}}$ 必与单位矩阵相似.

(D) $\boldsymbol{A}^{\mathrm{T}}\boldsymbol{A}$ 必与单位矩阵相似.

建议答题时间 $\leqslant 2$ min　　评估　熟练　还可以　有点难　不会

答题区域

纠错笔记

296 设三阶矩阵 $\boldsymbol{A}$ 的特征值是 $0,1,-1$，则下列命题中不正确的是

(A) 矩阵 $\boldsymbol{A}-\boldsymbol{E}$ 是不可逆矩阵.

(B) 矩阵 $\boldsymbol{A}+\boldsymbol{E}$ 和对角矩阵相似.

(C) 矩阵 $\boldsymbol{A}$ 属于 1 与 -1 的特征向量相互正交.

(D) 方程组 $\boldsymbol{Ax}=\boldsymbol{0}$ 的基础解系由一个向量构成.

建议答题时间 $\leqslant 3$ min　　评估　熟练　还可以　有点难　不会

答题区域

纠错笔记

297 下列矩阵中，不能相似对角化的矩阵是

(A) $\begin{bmatrix} 3 & 0 & 0 \\ -2 & -1 & 0 \\ 1 & 4 & 1 \end{bmatrix}$.　　(B) $\begin{bmatrix} 3 & 1 & 0 \\ 1 & 5 & 3 \\ 0 & 3 & 2 \end{bmatrix}$.

(C) $\begin{bmatrix} 1 & 0 & -1 \\ -3 & 0 & 3 \\ 5 & 0 & -5 \end{bmatrix}$.　　(D) $\begin{bmatrix} 2 & 1 & 2 \\ 0 & -1 & 3 \\ 0 & 0 & 2 \end{bmatrix}$.

建议答题时间	≤ 5 min	评估	熟练	还可以	有点难	不会

答题区域

纠错笔记

298 设 $\boldsymbol{A},\boldsymbol{B},\boldsymbol{C},\boldsymbol{D}$ 都是 n 阶矩阵，且 $\boldsymbol{A}\sim\boldsymbol{C},\boldsymbol{B}\sim\boldsymbol{D}$，则必有

(A) $(\boldsymbol{A}+\boldsymbol{B})\sim(\boldsymbol{C}+\boldsymbol{D})$.　　(B) $\begin{bmatrix} \boldsymbol{A} & \boldsymbol{O} \\ \boldsymbol{O} & \boldsymbol{B} \end{bmatrix}\sim\begin{bmatrix} \boldsymbol{C} & \boldsymbol{O} \\ \boldsymbol{O} & \boldsymbol{D} \end{bmatrix}$.

(C) $\boldsymbol{AB}\sim\boldsymbol{CD}$.　　(D) $\begin{bmatrix} \boldsymbol{O} & \boldsymbol{A} \\ \boldsymbol{B} & \boldsymbol{O} \end{bmatrix}\sim\begin{bmatrix} \boldsymbol{O} & \boldsymbol{C} \\ \boldsymbol{D} & \boldsymbol{O} \end{bmatrix}$.

建议答题时间	≤ 4 min	评估	熟练	还可以	有点难	不会

答题区域

纠错笔记

299 设 $\boldsymbol{\alpha}=(a_1,a_2,a_3)^{\mathrm{T}}$ 是单位向量,矩阵 $\boldsymbol{A}=2\boldsymbol{E}+3\boldsymbol{\alpha}\boldsymbol{\alpha}^{\mathrm{T}}$,则 $\boldsymbol{A}\sim$

(A) $\begin{bmatrix}2&&\\&3&\\&&3\end{bmatrix}$. (B) $\begin{bmatrix}2&&\\&2&\\&&3\end{bmatrix}$. (C) $\begin{bmatrix}2&&\\&5&\\&&5\end{bmatrix}$. (D) $\begin{bmatrix}2&&\\&2&\\&&5\end{bmatrix}$.

建议答题时间 ≤ 3 min 评估 熟练 还可以 有点难 不会

答题区域

纠错笔记

300 n 元二次型 $\boldsymbol{x}^{\mathrm{T}}\boldsymbol{A}\boldsymbol{x}$ 正定的充分必要条件是

(A) 负惯性指数 $q=0$. (B) 存在可逆矩阵 $\boldsymbol{P}$ 使 $\boldsymbol{P}^{-1}\boldsymbol{A}\boldsymbol{P}=\boldsymbol{E}$.

(C) 正惯性指数 $p=n$. (D) 存在 n 阶矩阵 $\boldsymbol{C}$ 使 $\boldsymbol{A}=\boldsymbol{C}^{\mathrm{T}}\boldsymbol{C}$.

建议答题时间 ≤ 3 min 评估 熟练 还可以 有点难 不会

答题区域

纠错笔记

301 已知二次型 $\boldsymbol{x}^{\mathrm{T}}\boldsymbol{A}\boldsymbol{x}=2x_1^2+x_2^2+x_3^2+2x_2x_3$ 和 $\boldsymbol{y}^{\mathrm{T}}\boldsymbol{B}\boldsymbol{y}=y_1^2+3y_2^2$，则二次型矩阵 $\boldsymbol{A}$ 和 $\boldsymbol{B}$

(A) 相似且合同.

(B) 相似但不合同.

(C) 合同但不相似.

(D) 不合同也不相似.

建议答题时间 ≤ 3 min　　评估　熟练 | 还可以 | 有点难 | 不会

答题区域

纠错笔记

302 已知 $\boldsymbol{A}$ 和 $\boldsymbol{B}$ 都是 n 阶实对称矩阵，下列命题中错误的是

(A) 若 $\boldsymbol{A}$ 和 $\boldsymbol{B}$ 相似，则 $\boldsymbol{A}$ 和 $\boldsymbol{B}$ 合同.

(B) 若 $\boldsymbol{A}$ 和 $\boldsymbol{B}$ 合同，则 $\boldsymbol{A}$ 和 $9\boldsymbol{B}$ 合同.

(C) 若 $\boldsymbol{A}$ 和 $\boldsymbol{B}$ 合同，则 $\boldsymbol{A}+k\boldsymbol{E}$ 和 $\boldsymbol{B}+k\boldsymbol{E}$ 合同.

(D) 若 $\boldsymbol{A}$ 和 $\boldsymbol{B}$ 合同，则 $\boldsymbol{A}$ 和 $\boldsymbol{B}$ 等价.

建议答题时间 ≤ 3 min　　评估　熟练 | 还可以 | 有点难 | 不会

答题区域

纠错笔记

303 设 $\boldsymbol{A}$ 是 n 阶实对称矩阵，将 $\boldsymbol{A}$ 的第 i 列和第 j 列对换得到 $\boldsymbol{B}$，再将 $\boldsymbol{B}$ 的第 i 行和第 j 行对换得到 $\boldsymbol{C}$，则 $\boldsymbol{A}$ 与 $\boldsymbol{C}$

(A) 等价但不相似.　　(B) 合同但不相似.

(C) 相似但不合同.　　(D) 等价，合同且相似.

建议答题时间 $\leqslant 3$ min　　评估　熟练　还可以　有点难　不会

答题区域

纠错笔记

304 设 $\boldsymbol{A},\boldsymbol{B}$ 均为 n 阶实对称矩阵，若 $\boldsymbol{A}$ 与 $\boldsymbol{B}$ 合同，则

(A) $\boldsymbol{A}$ 与 $\boldsymbol{B}$ 有相同的特征值.　　(B) $\boldsymbol{A}$ 与 $\boldsymbol{B}$ 有相同的秩.

(C) $\boldsymbol{A}$ 与 $\boldsymbol{B}$ 有相同的特征向量.　　(D) $\boldsymbol{A}$ 与 $\boldsymbol{B}$ 有相同的行列式.

建议答题时间 $\leqslant 3$ min　　评估　熟练　还可以　有点难　不会

答题区域

纠错笔记

305 与二次型 $f = x_1^2 + x_2^2 + 2x_3^2 + 6x_1x_2$ 的矩阵 $\boldsymbol{A}$ 既合同又相似的矩阵是

(A) $\begin{bmatrix} 1 & & \\ & 2 & \\ & & -8 \end{bmatrix}$.　　(B) $\begin{bmatrix} 4 & & \\ & 2 & \\ & & -2 \end{bmatrix}$.

(C) $\begin{bmatrix} 1 & & \\ & 3 & \\ & & 0 \end{bmatrix}$.　　(D) $\begin{bmatrix} 1 & & \\ & 1 & \\ & & -1 \end{bmatrix}$.

建议答题时间 $\leqslant 4$ min　评估　熟练　还可以　有点难　不会

答题区域

纠错笔记

解　答　题

306 已知 $\boldsymbol{A} = \begin{bmatrix} 1 & 1 & 0 \\ 0 & 1 & 0 \\ 0 & 0 & -1 \end{bmatrix}$，若矩阵 $\boldsymbol{B}$ 满足：$\boldsymbol{A}^*\boldsymbol{B}\boldsymbol{A} = 2\boldsymbol{B}\boldsymbol{A} - 9\boldsymbol{E}$，求矩阵 $\boldsymbol{B}$.

建议答题时间 $\leqslant 6$ min　评估　熟练　还可以　有点难　不会

答题区域

纠错笔记

307 设 n 阶矩阵 $\boldsymbol{A}$ 和 $\boldsymbol{B}$ 满足条件 $\boldsymbol{AB}=\boldsymbol{A}+\boldsymbol{B}$.

(1) 证明 $\boldsymbol{A}-\boldsymbol{E}$ 可逆.

(2) 求秩 $r(\boldsymbol{AB}-\boldsymbol{BA}+2\boldsymbol{E})$.

(3) 如果 $\boldsymbol{B}=\begin{bmatrix}1&1&0\\0&3&1\\1&0&1\end{bmatrix}$,求矩阵 $\boldsymbol{A}$.

建议答题时间	≤ 10 min	评估	熟练	还可以	有点难	不会

答题区域

纠错笔记

308 已知矩阵 $\boldsymbol{A}=\begin{bmatrix}1&1&0\\0&1&-1\\1&0&1\end{bmatrix}$ 和 $\boldsymbol{B}=\begin{bmatrix}1&-2&0\\0&a&3\\0&0&1\end{bmatrix}$ 等价,求 a 的值并求一个满足要求的可逆矩阵 $\boldsymbol{P}$ 和 $\boldsymbol{Q}$ 使 $\boldsymbol{PAQ}=\boldsymbol{B}$.

建议答题时间	≤ 12 min	评估	熟练	还可以	有点难	不会

答题区域

纠错笔记

309 已知向量组 $\boldsymbol{\alpha}_1=(1,4,0,2)^{\mathrm{T}},\boldsymbol{\alpha}_2=(2,7,1,3)^{\mathrm{T}},\boldsymbol{\alpha}_3=(0,1,-1,a)^{\mathrm{T}},\boldsymbol{\alpha}_4=(3,10,b,4)^{\mathrm{T}}$ 线性相关.

(1) 求 a,b 的值.

(2) 判断 $\boldsymbol{\alpha}_4$ 能否由 $\boldsymbol{\alpha}_1,\boldsymbol{\alpha}_2,\boldsymbol{\alpha}_3$ 线性表示?如能,写出表达式.

(3) 求向量组 $\boldsymbol{\alpha}_1,\boldsymbol{\alpha}_2,\boldsymbol{\alpha}_3,\boldsymbol{\alpha}_4$ 的一个极大线性无关组.

建议答题时间 $\leqslant$ 15 min　评估　熟练　还可以　有点难　不会

答题区域

纠错笔记

310 设矩阵 $\boldsymbol{A}=\begin{bmatrix}1&0&2\\1&-1&0\\0&1&2\end{bmatrix}$ 经初等行变换变为矩阵 $\boldsymbol{B}=\begin{bmatrix}-1&2&2\\2&-1&2\\-2&2&a\end{bmatrix}$.

(1) 求 a 的值.

(2) 求满足 $\boldsymbol{PA}=\boldsymbol{B}$ 的所有可逆矩阵 $\boldsymbol{P}$.

建议答题时间 $\leqslant$ 12 min　评估　熟练　还可以　有点难　不会

答题区域

纠错笔记

311 设向量组(Ⅰ):$\boldsymbol{\alpha}_1=(1,2,-3)^{\mathrm{T}},\boldsymbol{\alpha}_2=(3,0,-8)^{\mathrm{T}},\boldsymbol{\alpha}_3=(9,6,-25)^{\mathrm{T}}$,

(Ⅱ):$\boldsymbol{\beta}_1=(0,1,-1)^{\mathrm{T}},\boldsymbol{\beta}_2=(a,2,-3)^{\mathrm{T}},\boldsymbol{\beta}_3=(b,1,0)^{\mathrm{T}}$,

若r(Ⅰ)$=r$(Ⅱ)且$\boldsymbol{\beta}_2$可由(Ⅰ)线性表出,求a,b的值,并判断向量组(Ⅰ)(Ⅱ)是否等价.

建议答题时间	≤12 min	评估	熟练	还可以	有点难	不会

答题区域

纠错笔记

312 已知方程组

$$\begin{cases} x_1-2x_2-3x_3=1,\\ x_1+2x_2+(2a-1)x_3=1,\\ ax_1+2x_2+ax_3=1, \end{cases}$$

有无穷多解,求a的值并求方程组的通解.

建议答题时间	≤10 min	评估	熟练	还可以	有点难	不会

答题区域

纠错笔记

313 设 $\boldsymbol{A}=\begin{bmatrix}1&1&1\\1&2&a\\1&4&a^2\end{bmatrix}$，$\boldsymbol{\beta}=\begin{bmatrix}1\\3\\7\end{bmatrix}$，当 a 为何值时，方程组 $\boldsymbol{Ax}=\boldsymbol{\beta}$ 有无穷多解？此时求方程组的通解.

建议答题时间 ≤13 min　评估　熟练　还可以　有点难　不会

答题区域

纠错笔记

314 （2017，数农）设向量 $\boldsymbol{\beta}=(1,1,2)^{\mathrm{T}}$ 是矩阵 $\boldsymbol{A}=\begin{bmatrix}1&a&-1\\1&1&-1\\0&4&b\end{bmatrix}$ 的特征向量.

（1）求 a,b 的值.

（2）求方程组 $\boldsymbol{A}^2\boldsymbol{x}=\boldsymbol{\beta}$ 的通解.

建议答题时间 ≤12 min　评估　熟练　还可以　有点难　不会

答题区域

纠错笔记

315 (2018,数农) 已知 $A(1,1)$,$B(2,2)$,$C(a,1)$ 为坐标平面上的点,其中 a 为参数,问是否存在经过点 A,B,C 的曲线 $y=k_1x+k_2x^2+k_3x^3$?如果存在,求出曲线方程.

建议答题时间 ≤ 15 min　评估　熟练　还可以　有点难　不会

答题区域

纠错笔记

316 设方程组

$$\begin{cases} x_1-2x_2+3x_3+4x_4=5, \\ 2x_1-4x_2+5x_3+6x_4=7, \\ 4x_1+ax_2+9x_3+10x_4=11, \end{cases}$$

(1) 当 a 为何值时方程组有解?并求其通解.

(2) 求方程组满足 $x_1=x_2$ 的所有解.

建议答题时间 ≤ 12 min　评估　熟练　还可以　有点难　不会

答题区域

纠错笔记

317 已知 $\boldsymbol{A}$ 是 n 阶矩阵，证明 $\boldsymbol{A}^2=\boldsymbol{A}$ 的充分必要条件是 $r(\boldsymbol{A})+r(\boldsymbol{A}-\boldsymbol{E})=n$.

建议答题时间 $\leqslant 10$ min　评估　熟练　还可以　有点难　不会

答题区域

纠错笔记

318 已知 $\boldsymbol{A}$ 是三阶矩阵，$\boldsymbol{\alpha}_1,\boldsymbol{\alpha}_2,\boldsymbol{\alpha}_3$ 是线性无关的三维列向量，且满足

$$\boldsymbol{A}\boldsymbol{\alpha}_1=3\boldsymbol{\alpha}_1+4\boldsymbol{\alpha}_3,\boldsymbol{A}\boldsymbol{\alpha}_2=2\boldsymbol{\alpha}_1-\boldsymbol{\alpha}_2+2\boldsymbol{\alpha}_3,\boldsymbol{A}\boldsymbol{\alpha}_3=-2\boldsymbol{\alpha}_1-3\boldsymbol{\alpha}_3.$$

(1) 求矩阵 $\boldsymbol{A}$ 的特征值.

(2) 判断矩阵 $\boldsymbol{A}$ 能否相似对角化，说明理由.

(3) 求秩 $r(\boldsymbol{A}^2+\boldsymbol{A})$.

建议答题时间 $\leqslant 15$ min　评估　熟练　还可以　有点难　不会

答题区域

纠错笔记

319 已知 $\boldsymbol{A}=\begin{bmatrix}2 & a & 1\\0 & -1 & 0\\3 & 2 & 0\end{bmatrix}$ 有 3 个线性无关的特征向量，求 a，并求 $\boldsymbol{A}^n$.

建议答题时间 $\leqslant 12$ min　　评估　熟练　还可以　有点难　不会

答题区域

纠错笔记

320 已知 $\boldsymbol{\alpha}_1,\boldsymbol{\alpha}_2,\cdots,\boldsymbol{\alpha}_t$ 是齐次方程组 $\boldsymbol{A}\boldsymbol{x}=\boldsymbol{0}$ 的基础解系，$\boldsymbol{\beta}$ 不是 $\boldsymbol{A}\boldsymbol{x}=\boldsymbol{0}$ 的解，证明 $\boldsymbol{\beta}+\boldsymbol{\alpha}_1,\boldsymbol{\beta}+\boldsymbol{\alpha}_2,\cdots,\boldsymbol{\beta}+\boldsymbol{\alpha}_t$ 线性无关.

建议答题时间 $\leqslant 12$ min　　评估　熟练　还可以　有点难　不会

答题区域

纠错笔记

321 已知矩阵 $A=\begin{bmatrix}3 & 1 & 2\\0 & 2 & 0\\t-1 & -1 & t\end{bmatrix}$ 有二重特征值.

(1) 求 t 的值.

(2) A 能否相似于对角矩阵?若能,求可逆矩阵 P,使得 $P^{-1}AP$ 为对角矩阵.

建议答题时间 $\leqslant$ 12 min　　评估　熟练　还可以　有点难　不会

答题区域

纠错笔记

322 设 A 为 3 阶矩阵,$\alpha_1,\alpha_2,\alpha_3$ 为 3 维列向量,且 $A\alpha_1=\alpha_1$,$A\alpha_2=2\alpha_1+t\alpha_2$,$A\alpha_3=\alpha_1+2\alpha_3$,若 $\alpha_1,\alpha_2,\alpha_3$ 线性无关,问矩阵 A 能否相似于对角矩阵,为什么?

建议答题时间 $\leqslant$ 12 min　　评估　熟练　还可以　有点难　不会

答题区域

纠错笔记

323 已知 $\boldsymbol{\alpha}=(1,-2,3)^{\mathrm{T}}$ 是矩阵 $\boldsymbol{A}=\begin{bmatrix}1 & -1 & 1\\ 2 & a & -2\\ -3 & b & 5\end{bmatrix}$ 的一个特征向量.

(1) 求 a,b 的值.

(2) 判断 $\boldsymbol{A}$ 能否相似对角化?若能,则求可逆矩阵 $\boldsymbol{P}$ 使 $\boldsymbol{P}^{-1}\boldsymbol{AP}=\boldsymbol{\Lambda}$,若不能,则讲清理由.

建议答题时间 ≤13 min　评估　熟练　还可以　有点难　不会

答题区域

纠错笔记

324 设三阶实对称矩阵 $\boldsymbol{A}$ 的特征值是 $1,-2,0$,矩阵 $\boldsymbol{A}$ 属于特征值 $1,-2$ 的特征向量分别是 $\boldsymbol{\alpha}_1=(-1,-1,1)^{\mathrm{T}}$,$\boldsymbol{\alpha}_2=(1,a,-1)^{\mathrm{T}}$.

(1) 求 $\boldsymbol{A}$ 的属于特征值 0 的特征向量.

(2) 求二次型 $\boldsymbol{x}^{\mathrm{T}}\boldsymbol{Ax}$.

(3) 如二次型 $\boldsymbol{x}^{\mathrm{T}}(\boldsymbol{A}+k\boldsymbol{E})\boldsymbol{x}$ 的规范形是 $y_1^2+y_2^2-y_3^2$,求 k.

建议答题时间 ≤12 min　评估　熟练　还可以　有点难　不会

答题区域

纠错笔记

325 二次型 $\boldsymbol{x}^{\mathrm{T}}\boldsymbol{A}\boldsymbol{x}=2x_2^2+2x_1x_2-2x_1x_3+2ax_2x_3$ 的秩为 2.

(1) 求 a 的值.

(2) 求正交变换 $\boldsymbol{x}=\boldsymbol{Q}\boldsymbol{y}$ 化二次型为标准形，并写出所用坐标变换.

(3) 若 $\boldsymbol{A}+k\boldsymbol{E}$ 是正定矩阵，求 k.

建议答题时间	$\leqslant$ 12 min	评估	熟练	还可以	有点难	不会

答题区域

纠错笔记

326 已知 $\boldsymbol{A}$ 是三阶矩阵，满足 $\boldsymbol{A}^2-2\boldsymbol{A}-3\boldsymbol{E}=\boldsymbol{O}$.

(1) 证明 $\boldsymbol{A}$ 可逆，并求 $\boldsymbol{A}^{-1}$.

(2) 如 $|\boldsymbol{A}+2\boldsymbol{E}|=25$，求 $|\boldsymbol{A}-\boldsymbol{E}|$ 的值.

(3) 证明 $\boldsymbol{A}^{\mathrm{T}}\boldsymbol{A}$ 是正定矩阵.

建议答题时间	$\leqslant$ 15 min	评估	熟练	还可以	有点难	不会

答题区域

纠错笔记

327 已知二次型 $f(x_1,x_2,x_3)=x_1^2+(a+3)x_2^2+ax_3^2+4x_1x_2+2x_2x_3-2x_1x_3$ 的规范形为 $z_1^2-z_2^2$. 求 a 的值与将其化为规范形的可逆线性变换.

建议答题时间	$\leqslant$ 15 min	评估	熟练	还可以	有点难	不会

答题区域

纠错笔记

328 已知二次型 $f(x_1,x_2,x_3)=x_1^2+2x_2^2+2x_3^2+2x_1x_2+2x_1x_3$ 经正交变换 $\boldsymbol{x}=\boldsymbol{Q}\boldsymbol{y}$,化为二次型 $g(y_1,y_2,y_3)=y_1^2+y_2^2+ty_3^2-2y_1y_2$,求 t 的值,并求正交变换矩阵 $\boldsymbol{Q}$.

建议答题时间	$\leqslant$ 15 min	评估	熟练	还可以	有点难	不会

答题区域

纠错笔记

329 已知二次型 $f(x_1,x_2,x_3)=x_1^2+5x_2^2+5x_3^2+2x_1x_2-4x_1x_3$ 经可逆线性变换 $\boldsymbol{x}=\boldsymbol{P}\boldsymbol{y}$ 化为二次型 $g(y_1,y_2,y_3)=y_1^2+5y_2^2+4y_3^2+2y_1y_2-8y_2y_3$，求变换矩阵 $\boldsymbol{P}$.

建议答题时间 ≤10 min　评估　熟练　还可以　有点难　不会

答题区域

纠错笔记

330 已知二次型 $f(x_1,x_2,x_3)=x_1^2+2x_2^2+2x_3^2+2x_1x_2+2x_1x_3$ 经可逆线性变换 $\boldsymbol{x}=\boldsymbol{P}\boldsymbol{y}$，化为二次型 $g(y_1,y_2,y_3)=y_1^2+y_2^2+ty_3^2-2y_1y_2$，求参数 t 满足的条件，并求变换矩阵 $\boldsymbol{P}$.

建议答题时间 ≤10 min　评估　熟练　还可以　有点难　不会

答题区域

纠错笔记

金榜时代

GLISTIME 明德·弘毅·惟精

金榜时代考研数学系列 | V研客及全国各大考研培训学校指定用书

数学强化通关330题·答案册

（数学二）

编著◎李永乐 王式安 刘喜波 武忠祥 宋浩 姜晓千 铁军 李正元 蔡燧林 胡金德 陈默 申亚男

中国农业出版社
CHINA AGRICULTURE PRESS
·北京·

目录

CONTENTS

高等数学

填　空　题

1　【答案】$\frac{1}{2}$

【分析】$\lim\limits_{x\to 0}\frac{1-(\cos x)^{\sin x}}{x^3}=\lim\limits_{x\to 0}\frac{1-e^{\sin x\ln\cos x}}{x^3}=\lim\limits_{x\to 0}\frac{-\sin x\ln\cos x}{x^3}$

$$=-\lim_{x\to 0}\frac{\sin x\ln[1+(\cos x-1)]}{x^3}$$

$$=-\lim_{x\to 0}\frac{\sin x(\cos x-1)}{x^3}=-\lim_{x\to 0}\frac{x\left(-\frac{1}{2}x^2\right)}{x^3}$$

$$=\frac{1}{2}.$$

2　【答案】$\frac{1}{6}$

【分析】$\lim\limits_{x\to 0}\frac{\cos(\sin x)-\cos x}{x^4}=\lim\limits_{x\to 0}\frac{-\sin\xi(\sin x-x)}{x^4}$　（拉格朗日中值定理）

$$=\lim_{x\to 0}\frac{-\sin\xi\left(-\frac{1}{6}x^3\right)}{x^4}$$

$$=\frac{1}{6},$$

这里$\lim\limits_{x\to 0}\frac{\sin\xi}{x}=1$，这是由于$\xi$介于$\sin x$与$x$之间，则$\sin\xi$介于$\sin(\sin x)$与$\sin x$之间，又

$$\lim_{x\to 0}\frac{\sin(\sin x)}{x}=1,\lim_{x\to 0}\frac{\sin x}{x}=1.$$

3　【答案】e^{-1}

【分析】$\lim\limits_{x\to+\infty}\left(\frac{\pi}{2}-\arctan x\right)^{\frac{1}{\ln x}}=e^{\lim\limits_{x\to+\infty}\frac{\ln\left(\frac{\pi}{2}-\arctan x\right)}{\ln x}}$

$$=e^{\lim\limits_{x\to+\infty}\frac{\frac{1}{\frac{\pi}{2}-\arctan x}\cdot\frac{-1}{1+x^2}}{\frac{1}{x}}}=e^{-\lim\limits_{x\to+\infty}\frac{1}{\frac{\pi}{2}-\arctan x}\cdot\frac{x}{1+x^2}}$$

$$=e^{-\lim\limits_{x\to+\infty}\frac{\frac{1-x^2}{(1+x^2)^2}}{-\frac{1}{1+x^2}}}=e^{-\lim\limits_{x\to+\infty}\frac{x^2-1}{x^2+1}}=e^{-1}.$$

4　【答案】$-\frac{1}{4}$

【分析】令$t=\frac{1}{x}$，则由$x\to+\infty$，知$t\to 0^+$，

$$原式=\lim_{t\to 0^+}\frac{\sqrt{1+t}+\sqrt{1-t}-2}{t^2}$$
$$=\lim_{t\to 0^+}\frac{\left[1+\frac{1}{2}t-\frac{1}{8}t^2+o(t^2)\right]+\left[1-\frac{1}{2}t-\frac{1}{8}t^2+o(t^2)\right]-2}{t^2}$$
$$=-\frac{1}{4}.$$

5 【答案】 1

【分析】 $原式=\lim_{x\to 0}\frac{\ln[(1+x^2)^2-x^2]}{\frac{1}{\cos x}(1-\cos^2 x)}=\lim_{x\to 0}\frac{\ln(1+x^2+x^4)}{2(1-\cos x)}=\frac{1}{2}\lim_{x\to 0}\frac{x^2+x^4}{\frac{1}{2}x^2}=1.$

6 【答案】 $\frac{3}{4}$

【分析】 由 $f(0)=0,f'(0)=\frac{1}{2}$ 可得，当 $x\to 0^+$ 时，$f(x)\sim\frac{1}{2}x$.

$$\lim_{x\to 0^+}\frac{\int_0^{\ln(1+x)}tf(t)\mathrm{d}t}{\left[\int_0^x\sqrt{f(t)}\mathrm{d}t\right]^2}\xlongequal{洛必达}\lim_{x\to 0^+}\frac{\ln(1+x)f[\ln(1+x)]}{2\int_0^x\sqrt{f(t)}\mathrm{d}t\cdot\sqrt{f(x)}}\cdot\frac{1}{1+x}$$
$$=\lim_{x\to 0^+}\frac{\ln(1+x)f[\ln(1+x)]}{2\int_0^x\sqrt{f(t)}\mathrm{d}t\cdot\sqrt{f(x)}}.$$

由于当 $x\to 0^+$ 时，$f(x)\sim\frac{1}{2}x$，故 $f[\ln(1+x)]\sim\frac{1}{2}\ln(1+x)\sim\frac{1}{2}x$，又由于 $\lim_{x\to 0^+}\frac{f(x)}{x}=\frac{1}{2}$，故 $\lim_{x\to 0^+}\frac{\sqrt{f(x)}}{\sqrt{x}}=\frac{\sqrt{2}}{2}$，从而 $\sqrt{f(x)}\sim\frac{\sqrt{2}}{2}\sqrt{x}$，$\int_0^x\sqrt{f(t)}\mathrm{d}t\sim\int_0^x\frac{\sqrt{2}}{2}\sqrt{t}\mathrm{d}t=\frac{\sqrt{2}}{3}x^{\frac{3}{2}}$.

因此，$原极限=\lim_{x\to 0^+}\frac{x\cdot\frac{x}{2}}{2\cdot\frac{\sqrt{2}}{3}x^{\frac{3}{2}}\cdot\frac{\sqrt{2}}{2}\sqrt{x}}=\lim_{x\to 0^+}\frac{\frac{x^2}{2}}{\frac{2}{3}x^2}=\frac{3}{4}.$

7 【答案】 $\frac{\mathrm{e}}{2}$

【分析】 **方法一**
$$原式=\lim_{x\to 0}\frac{\mathrm{e}^{\frac{\ln(1+x)}{x}}-\mathrm{e}^{\frac{\ln(1+2x)}{2x}}}{x}=\lim_{x\to 0}\mathrm{e}^{\frac{\ln(1+2x)}{2x}}\cdot\frac{\mathrm{e}^{\frac{2\ln(1+x)-\ln(1+2x)}{2x}}-1}{x}$$
$$=\mathrm{e}\lim_{x\to 0}\frac{2\ln(1+x)-\ln(1+2x)}{2x^2}$$
$$=\mathrm{e}\lim_{x\to 0}\frac{2\left[x-\frac{x^2}{2}+o(x^2)\right]-\left[2x-\frac{(2x)^2}{2}+o(x^2)\right]}{2x^2}$$
$$=\frac{\mathrm{e}}{2}.$$

方法二 $原式=\lim_{x\to 0}\frac{\mathrm{e}^{\frac{\ln(1+x)}{x}}-\mathrm{e}^{\frac{\ln(1+2x)}{2x}}}{x}$

$$= \lim_{x\to 0}\frac{e^{\xi}\left[\frac{\ln(1+x)}{x}-\frac{\ln(1+2x)}{2x}\right]}{x} \qquad \text{(拉格朗日中值定理)}$$

$$= \frac{e}{2}\lim_{x\to 0}\frac{2\ln(1+x)-\ln(1+2x)}{x^2}$$

$$= \frac{e}{2}\lim_{x\to 0}\frac{\ln\left(1+\frac{x^2}{1+2x}\right)}{x^2} = \frac{e}{2}.$$

8 【答案】 $e^{\frac{\beta^2-\alpha^2}{2}}$

【分析】 $\lim\limits_{x\to 0}\left(\frac{1+\sin x\cos \alpha x}{1+\sin x\cos \beta x}\right)^{\cot^3 x} = \lim\limits_{x\to 0}\left[1+\frac{\sin x(\cos \alpha x-\cos \beta x)}{1+\sin x\cos \beta x}\right]^{\cot^3 x}$,

其中 $\lim\limits_{x\to 0}\frac{\sin x(\cos \alpha x-\cos \beta x)}{1+\sin x\cos \beta x}\cdot\cot^3 x = \lim\limits_{x\to 0}\frac{\sin x(\cos \alpha x-\cos \beta x)}{\sin^3 x}$

$$= \lim_{x\to 0}\frac{\cos \alpha x-\cos \beta x}{x^2}$$

$$= \lim_{x\to 0}\frac{-\alpha\sin \alpha x+\beta\sin \beta x}{2x}$$

$$= \frac{\beta^2-\alpha^2}{2},$$

故原式 $= \lim\limits_{x\to 0}\left(\frac{1+\sin x\cos \alpha x}{1+\sin x\cos \beta x}\right)^{\cot^3 x} = e^{\frac{\beta^2-\alpha^2}{2}}$.

9 【答案】 -6

【分析】 由 $\lim\limits_{x\to 0}\frac{x-\sin x+f(x)}{x^4}=1$ 可知

$$\lim_{x\to 0}\frac{x-\sin x+f(x)}{x^4}\cdot x=0,$$

即

$$\lim_{x\to 0}\frac{x-\sin x}{x^3}+\lim_{x\to 0}\frac{f(x)}{x^3}=0,$$

$$\lim_{x\to 0}\frac{f(x)}{x^3}=-\lim_{x\to 0}\frac{x-\sin x}{x^3}=-\lim_{x\to 0}\frac{\frac{1}{6}x^3}{x^3}=-\frac{1}{6},$$

则 $\lim\limits_{x\to 0}\frac{x^3}{f(x)}=-6$.

10 【答案】 $\frac{1}{2}$

【分析】 原式 $= \lim\limits_{x\to 0}\frac{\int_0^{\sin^2 x}\ln(1+t)\mathrm{d}t}{(e^{x^2}-1)^2} = \lim\limits_{x\to 0}\frac{\int_0^{\sin^2 x}\ln(1+t)\mathrm{d}t}{x^4}$

$$= \lim_{x\to 0}\frac{\ln(1+\sin^2 x)\cdot 2\sin x\cos x}{4x^3} = \frac{1}{2}\lim_{x\to 0}\frac{\sin^3 x}{x^3}$$

$$= \frac{1}{2}.$$

11 【答案】 $\dfrac{2}{3}$

【分析】 由定积分的定义，

$$\lim_{n\to\infty}\frac{\sqrt{1}+\sqrt{2}+\cdots+\sqrt{n}}{\sqrt{n^3+n}}=\lim_{n\to\infty}\frac{\sqrt{1}+\sqrt{2}+\cdots+\sqrt{n}}{\sqrt{n}\cdot\sqrt{n^2+1}}$$

$$=\lim_{n\to\infty}\frac{n}{\sqrt{n^2+1}}\lim_{n\to\infty}\frac{1}{n}\left(\sqrt{\frac{1}{n}}+\sqrt{\frac{2}{n}}+\cdots+\sqrt{\frac{n}{n}}\right)$$

$$=\int_0^1\sqrt{x}\mathrm{d}x=\frac{2}{3}x^{\frac{3}{2}}\Big|_0^1=\frac{2}{3}.$$

12 【答案】 e

【分析】 当 $x\in(-1,0]$时，$x+1\in(0,1]$，

$$f(x)=2f(x+1)-\ln k=2(x+1)^{\sin(x+1)}-\ln k.$$

于是，由函数 $f(x)$ 在 $x=0$ 处左连续，且 $f(0)=2\times1^{\sin 1}-\ln k=2-\ln k$.

另一方面，由 $x=0$ 处连续可得，

$$f(0)=\lim_{x\to0^+}f(x)=\lim_{x\to0^+}x^{\sin x}=\lim_{x\to0^+}\mathrm{e}^{\sin x\ln x}=\mathrm{e}^{\lim\limits_{x\to0^+}\sin x\ln x}=\mathrm{e}^{\lim\limits_{x\to0^+}x\ln x}=\mathrm{e}^0=1.$$

因此，$2-\ln k=1$，解得 $k=\mathrm{e}$.

13 【答案】 $\pi\ln 2$

【分析】 原式$=\displaystyle\lim_{n\to\infty}\left(\frac{n}{n+1}+\frac{n}{n+2}+\cdots+\frac{n}{n+n}\right)\frac{\pi}{n}$

$$=\pi\lim_{n\to\infty}\frac{1}{n}\left(\frac{n}{n+1}+\frac{n}{n+2}+\cdots+\frac{n}{n+n}\right)$$

$$=\pi\lim_{n\to\infty}\frac{1}{n}\left(\frac{1}{1+\frac{1}{n}}+\frac{1}{1+\frac{2}{n}}+\cdots+\frac{1}{1+\frac{n}{n}}\right)$$

$$=\pi\int_0^1\frac{1}{1+x}\mathrm{d}x=\pi\ln 2.$$

14 【答案】 $-\dfrac{1}{2}$

【分析】 当 $x\to0^+$ 时，$\arctan\dfrac{x}{2}\sim\dfrac{x}{2}$，$1-\mathrm{e}^{\sin x}\sim-\sin x\sim-x$，故

$$\lim_{x\to0^+}\frac{\arctan\frac{x}{2}}{1-\mathrm{e}^{\sin x}}=-\frac{1}{2}\text{，即 }f_+(0)=-\frac{1}{2};$$

又 $f_-(0)=\displaystyle\lim_{x\to0^-}f(x)=\lim_{x\to0^-}a\mathrm{e}^{2x}=a$，且 $f(0)=a$，所以 $a=-\dfrac{1}{2}$.

15 【答案】 -1

【分析】 当 $x\to\infty$ 时，

$$\left[\frac{\mathrm{e}}{\left(1+\frac{1}{x}\right)^x}\right]^x-\sqrt{\mathrm{e}}=\mathrm{e}^{x\ln\frac{\mathrm{e}}{\left(1+\frac{1}{x}\right)^x}}-\sqrt{\mathrm{e}}=\mathrm{e}^{x\left[1-x\ln\left(1+\frac{1}{x}\right)\right]}-\sqrt{\mathrm{e}}$$

$$=\sqrt{\mathrm{e}}\left[\mathrm{e}^{x-x^2\ln\left(1+\frac{1}{x}\right)-\frac{1}{2}}-1\right]$$

$$=\sqrt{\mathrm{e}}\left\{\mathrm{e}^{x-x^2\left[\frac{1}{x}-\frac{1}{2}\cdot\frac{1}{x^2}+\frac{1}{3}\cdot\frac{1}{x^3}+o\left(\frac{1}{x^3}\right)\right]-\frac{1}{2}}-1\right\}$$

$$=\sqrt{\mathrm{e}}\cdot\left[\mathrm{e}^{-\frac{1}{3}\cdot\frac{1}{x}+o\left(\frac{1}{x}\right)}-1\right].$$

由于$\lim\limits_{x\to\infty}\dfrac{\mathrm{e}^{-\frac{1}{3}\cdot\frac{1}{x}+o\left(\frac{1}{x}\right)}-1}{\frac{1}{x}}=\lim\limits_{x\to\infty}\dfrac{-\frac{1}{3x}+o\left(\frac{1}{x}\right)}{\frac{1}{x}}=-\dfrac{1}{3}$，故 $k=-1$.

16 【答案】 0

【分析】 此极限为$\frac{*}{\infty}$型未定式，但若直接利用洛必达法则，则得到$\lim\limits_{x\to+\infty}\dfrac{\sqrt{x}\cos x}{1}$，而$\lim\limits_{x\to+\infty}\sqrt{x}\cos x$不存在.因此，直接用洛必达法则不可行，可先积分再算极限.

$$\lim_{x\to+\infty}\frac{\int_0^x\sqrt{t}\cos t\mathrm{d}t}{x}=\lim_{x\to+\infty}\frac{\int_0^x\sqrt{t}\mathrm{d}(\sin t)}{x}$$

$$=\lim_{x\to+\infty}\frac{\sqrt{t}\sin t\Big|_0^x-\int_0^x\frac{\sin t}{2\sqrt{t}}\mathrm{d}t}{x}$$

$$=\lim_{x\to+\infty}\frac{\sqrt{x}\sin x}{x}-\lim_{x\to+\infty}\frac{\int_0^x\frac{\sin t}{2\sqrt{t}}\mathrm{d}t}{x}$$

$$\overset{\text{洛必达}}{=\!=\!=}0-\lim_{x\to+\infty}\frac{\sin x}{2\sqrt{x}}=0-0=0.$$

17 【答案】 -2

【分析】 由 $\mathrm{e}^y+6xy+x^2=1$ 知，当 $x=0$ 时，$y=0$.

方程 $\mathrm{e}^y+6xy+x^2=1$ 两端对 x 求导得

$$\mathrm{e}^y y'+6y+6xy'+2x=0. \tag{1}$$

将 $x=0,y=0$ 代入(1)式解得 $y'(0)=0$.

(1)式两端对 x 求导得

$$\mathrm{e}^y y'^2+\mathrm{e}^y y''+12y'+6xy''+2=0,$$

将 $x=0,y=0,y'(0)=0$ 代入上式解得 $y''(0)=-2$.

故 $f''(0)=-2$.

18 【答案】 $\dfrac{2a^3xy}{(ax-y^2)^3}$

【分析】 $x^3+y^3-3axy=0$ 两边对 x 求导得

$$3x^2+3y^2\frac{\mathrm{d}y}{\mathrm{d}x}-3ay-3ax\frac{\mathrm{d}y}{\mathrm{d}x}=0,$$

所以$\dfrac{\mathrm{d}y}{\mathrm{d}x}=\dfrac{x^2-ay}{ax-y^2}$，则

$$\frac{\mathrm{d}^2y}{\mathrm{d}x^2}=\frac{\mathrm{d}}{\mathrm{d}x}\left(\frac{\mathrm{d}y}{\mathrm{d}x}\right)=\frac{\left(2x-a\dfrac{\mathrm{d}y}{\mathrm{d}x}\right)(ax-y^2)-\left(a-2y\dfrac{\mathrm{d}y}{\mathrm{d}x}\right)(x^2-ay)}{(ax-y^2)^2}$$

$$=\frac{\left(2x-a\cdot\dfrac{x^2-ay}{ax-y^2}\right)(ax-y^2)-\left(a-2y\cdot\dfrac{x^2-ay}{ax-y^2}\right)(x^2-ay)}{(ax-y^2)^2}$$

$$=\frac{2a^3xy+2xy^4+2x^4y-6ax^2y^2}{(ax-y^2)^3}$$

$$=\frac{2a^3xy+2xy(y^3+x^3-3axy)}{(ax-y^2)^3}=\frac{2a^3xy}{(ax-y^2)^3}.$$

19 【答案】 $\dfrac{(-1)^{n-1}(n-1)!}{3^n}$

【分析】 $y'=\dfrac{1}{x+3}, y''=-\dfrac{1}{(x+3)^2},\cdots.$

设 $y^{(k)}=\dfrac{(-1)^{k-1}(k-1)!}{(x+3)^k}$,则

$$y^{(k+1)}=\frac{(-1)^{k-1}\cdot(-1)\cdot k!}{(x+3)^{k+1}}=\frac{(-1)^k\cdot k!}{(x+3)^{k+1}},$$

故根据数学归纳法,对任意 $n>0$ 有

$$y^{(n)}(0)=\frac{(-1)^{n-1}(n-1)!}{3^n}.$$

20 【答案】 $\dfrac{f''(a)}{2[f'(a)]^2}$

【分析】 原式 $=\lim\limits_{x\to a}\dfrac{f(x)-f(a)-f'(a)(x-a)}{f'(a)(x-a)[f(x)-f(a)]}$

$$\xlongequal{洛}\lim_{x\to a}\frac{f'(x)-f'(a)}{f'(a)[f(x)-f(a)+f'(x)(x-a)]}$$

$$=\lim_{x\to a}\frac{\dfrac{f'(x)-f'(a)}{(x-a)}}{f'(a)\left[\dfrac{f(x)-f(a)}{(x-a)}+f'(x)\right]}$$

$$=\frac{f''(a)}{f'(a)[f'(a)+f'(a)]}=\frac{f''(a)}{2[f'(a)]^2}.$$

21 【答案】 $\dfrac{1}{2\mathrm{e}^2}$

【分析】 曲线 $y=f(x)$ 在点 $(0,1)$ 处的切线方程为

$$y-1=f'(0)x,$$

即 $y=f'(0)x+1$.

由于该切线与曲线 $y=\ln x$ 相切,则

$$\begin{cases}f'(0)x+1=\ln x,\\ f'(0)=\dfrac{1}{x},\end{cases}$$

解得 $f'(0)=\dfrac{1}{\mathrm{e}^2}$.则

$$\lim_{x\to 0}\frac{f(\sin x)-1}{x+\sin x}=\lim_{x\to 0}\frac{f(\sin x)-f(0)}{2\sin x}\cdot\lim_{x\to 0}\frac{2\sin x}{x+\sin x}=\frac{f'(0)}{2}=\frac{1}{2e^2}.$$

22 【答案】 0

【分析】 由题设条件知，$f'(x)$ 单调递增，且 $f(0)=0$，易知 $f'(x)\equiv 0$.

若不然，不妨设存在 x_0，使 $f'(x_0)>0$，则当 $x>x_0$ 时，

$$f(x)-f(x_0)=f'(\xi)(x-x_0)\geqslant f'(x_0)(x-x_0)\to+\infty(x\to+\infty),$$

这与 $0\leqslant f(x)\leqslant 1-e^{-x^2}$ 相矛盾，故 $f'(x_0)\leqslant 0$.

同理可证 $f'(x)\geqslant 0$. 因此，$f'(x)\equiv 0$，$f(x)\equiv f(0)=0$.

23 【答案】 0

【分析】 由于 e^{-t^2} 是偶函数，则 $\int_0^x e^{-t^2}dt$ 是奇函数，$f(x)=x^3\int_0^x e^{-t^2}dt$ 是偶函数. 故 $f'(x)$ 是奇函数，$f''(x)$ 是偶函数，$f'''(x)$ 是奇函数，故 $f'''(0)=0$.

24 【答案】 $2x-\frac{1}{2}$

【分析】 因 $\lim\limits_{x\to+\infty}\frac{y}{x}=\lim\limits_{x\to+\infty}\frac{x+\sqrt{x^2-x+1}}{x}=2$.

$$\lim_{x\to+\infty}(y-2x)=\lim_{x\to+\infty}(\sqrt{x^2-x+1}-x)=\lim_{x\to+\infty}\frac{-x+1}{\sqrt{x^2-x+1}+x}=-\frac{1}{2}.$$

故曲线的斜渐近线方程为 $y=2x-\frac{1}{2}$.

25 【答案】 1

【分析】 先计算$\frac{dy}{dx}$.

$$\frac{dy}{dx}=\frac{y'(t)}{x'(t)}=\frac{\cos t}{\frac{1}{\tan\frac{t}{2}}\cdot\sec^2\frac{t}{2}\cdot\frac{1}{2}-\sin t}=\frac{\cos t}{\frac{1}{\sin t}-\sin t}=\tan t.$$

于是，点 $M(x(t),y(t))$ 处的切线方程为

$$Y-\sin t=\tan t\left[X-\left(\ln\tan\frac{t}{2}+\cos t\right)\right].$$

令 $Y=0$，可得切线与 x 轴的交点 P 的横坐标为 $X=\ln\tan\frac{t}{2}+\cos t-\frac{\sin t}{\tan t}=\ln\tan\frac{t}{2}$.

$$|PM|=\sqrt{[X-x(t)]^2+[y(t)]^2}=\sqrt{(-\cos t)^2+\sin^2 t}=1.$$

26 【答案】 $\frac{1}{5\sqrt{5}}$

【分析】 将 $x=0$ 代入已知方程可得 $y+e^y=1$. 该方程有唯一解 $y=0$. 于是，当 $x=0$ 时，$y=0$. 对已知方程两端同时关于 x 求导可得 $y+(x+1)y'-e^x+e^yy'=0$，整理可得

$$(x+1+e^y)y'+y-e^x=0. \tag{1}$$

在(1)式中代入 $x=0,y(0)=0$，可得 $2y'(0)=1$，即 $y'(0)=\dfrac{1}{2}$.

对(1)式两端关于 x 求导可得

$$(1+\mathrm{e}^{y}y')y'+(x+1+\mathrm{e}^{y})y''+y'-\mathrm{e}^{x}=0. \qquad (2)$$

在(2)式中代入 $x=0,y=0,y'(0)=\dfrac{1}{2}$，可得 $y''(0)=-\dfrac{1}{8}$.

根据曲率的计算公式，曲线在点(0,0)处的曲率为 $\dfrac{|y''|}{(1+y'^{2})^{\frac{3}{2}}}=\dfrac{1}{8}\cdot\dfrac{1}{\left(1+\dfrac{1}{4}\right)^{\frac{3}{2}}}=\dfrac{1}{5\sqrt{5}}$.

27 【答案】 $\dfrac{54}{(9+\pi^{2})^{\frac{3}{2}}}$

【分析】 $\dfrac{\mathrm{d}y}{\mathrm{d}x}=\dfrac{\dfrac{\mathrm{d}y}{\mathrm{d}t}}{\dfrac{\mathrm{d}x}{\mathrm{d}t}}=t$,

$$\frac{\mathrm{d}^2y}{\mathrm{d}x^2}=\frac{\mathrm{d}}{\mathrm{d}t}\left(\frac{\mathrm{d}y}{\mathrm{d}x}\right)\cdot\frac{\mathrm{d}t}{\mathrm{d}x}=\frac{1}{\cos t}.$$

由曲率公式 $k=\dfrac{|y''|}{\sqrt{(1+y'^{2})^{3}}}$，当 $t=\dfrac{\pi}{3}$ 时，

$$k=\frac{2}{\left[1+\left(\frac{\pi}{3}\right)^{2}\right]^{\frac{3}{2}}}=\frac{54}{(9+\pi^{2})^{\frac{3}{2}}}.$$

28 【答案】 $80\pi\ \mathrm{cm^2/s}$

【分析】 因圆柱体在时刻 t 的表面积 $S(t)=2\pi r(t)h(t)+2\pi r^{2}(t)$，则

$$S'(t)=2\pi[r'(t)h(t)+r(t)h'(t)+2r(t)r'(t)],$$

代入各项数值得 $S'(t)\Big|_{\substack{r=4\\h=6}}=2\pi(2\times6+4\times3+2\times4\times2)=80\pi(\mathrm{cm^2/s})$.

【评注】 本题考查导数应用之一：相关变化率．读者可以自己出题，例如求此圆柱体体积的增长速度，以及类似的题．

29 【答案】 $y=-x+\dfrac{1}{3}$

【分析】 由于斜渐近线存在，故 $\lim\limits_{x\to\infty}\dfrac{y}{x}$ 存在，记为 k.

方程两端同时除以 x^3 可得，$1+\left(\dfrac{y}{x}\right)^{3}=\left(\dfrac{y}{x}\right)^{2}\cdot\dfrac{1}{x}$．令 $x\to\infty$，可得 $1+k^{3}=0$．解得 $k=-1$.

下面考虑 $\lim\limits_{x\to\infty}[y-(-x)]$，即 $\lim\limits_{x\to\infty}(y+x)$．由 $x^{3}+y^{3}=y^{2}$ 可得，

$$x+y=\frac{y^{2}}{x^{2}-xy+y^{2}}=\frac{\left(\frac{y}{x}\right)^{2}}{1-\frac{y}{x}+\left(\frac{y}{x}\right)^{2}}.$$

$$\lim_{x\to\infty}(y+x)=\lim_{x\to\infty}\frac{\left(\frac{y}{x}\right)^{2}}{1-\frac{y}{x}+\left(\frac{y}{x}\right)^{2}}=\frac{1}{1-(-1)+1}=\frac{1}{3}.$$

因此斜渐近线方程为 $y=-x+\frac{1}{3}$.

【评注】 实际上,由曲线方程可知,曲线过原点(0,0).当 $x\neq 0$ 时,令 $y=tx$,则 $t=\frac{y}{x}$.代入曲线方程可得,$(1+t^3)x^3=t^2x^2$,解得 $x=\frac{t^2}{1+t^3}$,$y=\frac{t^3}{1+t^3}$.

当 $t\to-1^-$ 时,$x\to-\infty$,$y\to+\infty$,$\lim\limits_{x\to-\infty}\frac{y}{x}=\lim\limits_{t\to-1^-}t=-1$;

当 $t\to-1^+$ 时,$x\to+\infty$,$y\to-\infty$,$\lim\limits_{x\to+\infty}\frac{y}{x}=\lim\limits_{t\to-1^+}t=-1$.

30 【答案】 $5,\frac{27}{2}$

【分析】 将数列转化成函数,设 $y=\frac{(1+x)^3}{(1-x)^2}(x\geqslant 2)$,则 $y'=\frac{(1+x)^2(5-x)}{(1-x)^3}$.

令 $y'=0$,在所考虑的定义域内有唯一解 $x=5$,当 $2\leqslant x<5$ 时,$y'<0$,当 $x>5$ 时,$y'>0$,故函数 y 在 $x=5$ 处取极小值,也是最小值,最小值 $y\Big|_{x=5}=\frac{27}{2}$.数列的最小项的项数 $n=5$,数值为$\frac{27}{2}$.

31 【答案】 $\frac{\pi}{2}$

【分析】 令 $t=n\sqrt{x}$,则 $x=\frac{t^2}{n^2}$,$\mathrm{d}x=\frac{2t\mathrm{d}t}{n^2}$.

$$\lim_{n\to\infty}\int_0^1\arctan n\sqrt{x}\,\mathrm{d}x=\lim_{n\to\infty}\frac{\int_0^n\arctan t\cdot 2t\mathrm{d}t}{n^2}=\lim_{x\to+\infty}\frac{\int_0^x 2t\arctan t\mathrm{d}t}{x^2}$$

$$\xlongequal{\text{洛必达}}\lim_{x\to+\infty}\frac{2x\arctan x}{2x}=\lim_{x\to+\infty}\arctan x=\frac{\pi}{2}.$$

32 【答案】 $-\frac{\sqrt{1-x^2}}{2x}\ln(1-x^2)-\arcsin x+C$,其中 C 为任意常数

【分析】 利用三角代换.令 $x=\sin t$,$t\in\left(-\frac{\pi}{2},\frac{\pi}{2}\right)$.

$$\int\frac{\ln(1-x^2)}{2x^2\sqrt{1-x^2}}\mathrm{d}x\xlongequal{x=\sin t}\int\frac{2\ln\cos t}{2\sin^2t\cos t}\cos t\mathrm{d}t=\int\csc^2t\ln\cos t\mathrm{d}t$$

$$=-\int\ln\cos t\mathrm{d}(\cot t)$$

$$=-\left[\cot t\ln\cos t-\int\cot t\cdot\left(\frac{-\sin t}{\cos t}\right)\mathrm{d}t\right]$$

$$=-\cot t\ln\cos t-\int\cot t\tan t\mathrm{d}t$$

$$=-\cot t\ln\cos t-t+C\text{,其中 }C\text{ 为任意常数.}$$

当 $t\in\left(-\frac{\pi}{2},\frac{\pi}{2}\right)$时,$\cos t=\sqrt{1-x^2}$,$\cot t=\frac{\sqrt{1-x^2}}{x}$.于是,

$-\cot t\ln\cos t-t=-\dfrac{\sqrt{1-x^2}}{x}\ln\sqrt{1-x^2}-\arcsin x=-\dfrac{\sqrt{1-x^2}}{2x}\ln(1-x^2)-\arcsin x.$

原积分 $=-\dfrac{\sqrt{1-x^2}}{2x}\ln(1-x^2)-\arcsin x+C$，其中 C 为任意常数.

33 【答案】 $\dfrac{1}{2}\sin 1$

【分析】 **方法一** 由于 $y(0)=0$，故由牛顿-莱布尼茨公式可知

$$y(x)=y(x)-y(0)=\int_0^x y'(t)\mathrm{d}t=\int_0^x\cos(1-t)^2\mathrm{d}t.$$

因此，

$$\begin{aligned}\int_0^1 y(x)\mathrm{d}x&=\int_0^1\mathrm{d}x\int_0^x\cos(1-y)^2\mathrm{d}y=\int_0^1\mathrm{d}y\int_y^1\cos(1-y)^2\mathrm{d}x\\&=\int_0^1(1-y)\cos(1-y)^2\mathrm{d}y=-\frac{1}{2}\int_0^1\cos(1-y)^2\mathrm{d}[(1-y)^2]\\&=-\frac{1}{2}\sin(1-y)^2\Big|_0^1=-\frac{1}{2}(0-\sin 1)=\frac{1}{2}\sin 1.\end{aligned}$$

方法二 由于 $y(0)=0$，故由牛顿-莱布尼茨公式可知

$$y(1)=y(1)-y(0)=\int_0^1 y'(x)\mathrm{d}x=\int_0^1\cos(1-x)^2\mathrm{d}x.$$

因此，

$$\begin{aligned}\int_0^1 y(x)\mathrm{d}x&=xy(x)\Big|_0^1-\int_0^1 xy'(x)\mathrm{d}x=y(1)-\int_0^1 x\cos(1-x)^2\mathrm{d}x\\&=\int_0^1\cos(1-x)^2\mathrm{d}x-\int_0^1 x\cos(1-x)^2\mathrm{d}x=\int_0^1(1-x)\cos(1-x)^2\mathrm{d}x\\&=-\frac{1}{2}\int_0^1\cos(1-x)^2\mathrm{d}[(1-x)^2]=-\frac{1}{2}\sin(1-x)^2\Big|_0^1\\&=-\frac{1}{2}(0-\sin 1)=\frac{1}{2}\sin 1.\end{aligned}$$

34 【答案】 $3-2\ln 2$

【分析】 对方程 $x(x+1)f'(x)-(x+1)f(x)+\int_1^x f(t)\mathrm{d}t=x-1$ 两端同时求导并整理可得，

$$(x^2+x)f''(x)+xf'(x)=1，即\ f''(x)+\frac{1}{x+1}f'(x)=\frac{1}{x(x+1)}.$$

这是一个关于 $f'(x)$ 的一阶非齐次线性微分方程. 于是，

$$f'(x)=\mathrm{e}^{-\int\frac{1}{x+1}\mathrm{d}x}\left[\int\mathrm{e}^{\int\frac{1}{x+1}\mathrm{d}x}\frac{1}{x(x+1)}\mathrm{d}x+C\right]=\frac{1}{x+1}(\ln x+C).$$

在原方程中令 $x=1$，可得 $f'(1)=0$，从而 $C=0$，即 $f'(x)=\dfrac{\ln x}{x+1}$.

在原方程中令 $x=2$，可得 $6f'(2)-3f(2)+\int_1^2 f(x)\mathrm{d}x=1$. 代入 $f'(2)=\dfrac{\ln 2}{3}$ 可得，

$$\int_1^2 f(x)\mathrm{d}x-3f(2)=1-2\ln 2.$$

另一方面，

$$\lim_{x\to1}\frac{\int_1^x\frac{\sin(t-1)^2}{t-1}\mathrm{d}t}{f(x)}\xlongequal{洛必达}\lim_{x\to1}\frac{\frac{\sin(x-1)^2}{x-1}}{f'(x)}=\lim_{x\to1}\frac{\sin(x-1)^2}{x-1}\cdot\frac{x+1}{\ln x}$$

$$=2\lim_{x\to1}\frac{\sin(x-1)^2}{(x-1)\ln(1+x-1)}=2\lim_{x\to1}\frac{(x-1)^2}{(x-1)^2}=2.$$

因此，原式 $=1-2\ln 2+2=3-2\ln 2.$

35 【答案】 $-\frac{1}{3}\cot^3 x-2\cot x+\tan x+C$

【分析】 $\int\frac{1}{\cos^2 x\sin^4 x}\mathrm{d}x=\int\csc^4 x\sec^2 x\mathrm{d}x=\int\csc^4 x\mathrm{d}\tan x$

$$=\int(\cot^2 x+1)^2\mathrm{d}\tan x$$

$$=\int(\cot^4 x+2\cot^2 x+1)\mathrm{d}\tan x$$

$$=\int(\tan^{-4}x+2\tan^{-2}x+1)\mathrm{d}\tan x$$

$$=-\frac{1}{3}\tan^{-3}x-2\tan^{-1}x+\tan x+C$$

$$=-\frac{1}{3}\cot^3 x-2\cot x+\tan x+C.$$

36 【答案】 1

【分析】 由于

$$\frac{1}{2(n+1)}\leqslant\int_0^1\frac{x^n}{2}\mathrm{d}x\leqslant\int_0^1\frac{x^n}{1+x^2}\mathrm{d}x\leqslant\int_0^1 x^n\mathrm{d}x=\frac{1}{n+1}.$$

本题是一个 1^∞ 型极限，又

$$\lim_{n\to\infty}\frac{\ln n}{2(n+1)}=\lim_{n\to\infty}\frac{\ln n}{n+1}=0,$$

则
$$\lim_{n\to\infty}\ln n\cdot\int_0^1\frac{x^n}{1+x^2}\mathrm{d}x=0,$$

故
$$\lim_{n\to\infty}\left(1+\int_0^1\frac{x^n}{1+x^2}\mathrm{d}x\right)^{\ln n}=\mathrm{e}^0=1.$$

37 【答案】 $-\frac{\sqrt{\pi}\mathrm{e}^{2\pi}}{2}$

【分析】 令 $t-s=u$，则 $y=\int_t^0\sin u^2(-\mathrm{d}u)=\int_0^t\sin u^2\mathrm{d}u$，所以

$$\frac{\mathrm{d}y}{\mathrm{d}x}=\frac{\frac{\mathrm{d}}{\mathrm{d}t}\left(\int_0^t\sin u^2\mathrm{d}u\right)}{\frac{\mathrm{d}}{\mathrm{d}t}\left(2\int_0^t\mathrm{e}^{-s^2}\mathrm{d}s\right)}=\frac{\sin t^2}{2\mathrm{e}^{-t^2}}=\frac{1}{2}\mathrm{e}^{t^2}\sin t^2,$$

$$\frac{\mathrm{d}^2y}{\mathrm{d}x^2}=\frac{\mathrm{d}}{\mathrm{d}x}\left(\frac{\mathrm{d}y}{\mathrm{d}x}\right)=\frac{\mathrm{d}}{\mathrm{d}t}\left(\frac{1}{2}\mathrm{e}^{t^2}\sin t^2\right)\frac{\mathrm{d}t}{\mathrm{d}x}$$

$$=(t\mathrm{e}^{t^2}\sin t^2+t\mathrm{e}^{t^2}\cos t^2)\frac{1}{\frac{\mathrm{d}}{\mathrm{d}t}\left(2\int_0^t\mathrm{e}^{-s^2}\mathrm{d}s\right)}$$

$$=\left(te^{t^2}\sin t^2+te^{t^2}\cos t^2\right)\frac{1}{2e^{-t^2}}$$

$$=\frac{t}{2}e^{2t^2}(\sin t^2+\cos t^2),$$

则 $\left.\frac{d^2y}{dx^2}\right|_{t=\sqrt{\pi}}=-\frac{\sqrt{\pi}e^{2\pi}}{2}$.

38 【答案】 $-\frac{1}{3}$

【分析】 $$\lim_{x\to0}\frac{\int_x^0\left[\int_0^t f(t-u)du\right]dt}{\sin^3 x}=\lim_{x\to0}\frac{\int_x^0\left[\int_0^t f(t-u)du\right]dt}{x^3}\quad(\text{等价无穷小代换})$$

$$=\lim_{x\to0}\frac{-\int_0^x f(x-u)du}{3x^2}\quad(\text{洛必达法则})$$

$$=\lim_{x\to0}\frac{-\int_0^x f(v)dv}{3x^2}\quad(\text{变量代换 } x-u=v)$$

$$=\lim_{x\to0}\frac{-f(x)}{6x}.\quad(\text{洛必达法则})$$

由于曲线 $y=f(x)$ 与 $y=\sin 2x$ 在原点处相切，则 $f(0)=0,f'(0)=2$. 从而

$$\lim_{x\to0}\frac{f(x)}{x}=f'(0)=2,$$

$$\lim_{x\to0}\frac{\int_x^0\left[\int_0^t f(t-u)du\right]dt}{\sin^3 x}=-\frac{1}{3}.$$

39 【答案】 $y=x$

【分析】 令 $t-x=u$，则 $\int_0^x f(t-x)dt=\int_{-x}^0 f(u)du$，故

$$\int_{-x}^0 f(u)du=-\frac{x^2}{2}+e^{-x}-1.$$

上式两端对 x 求导得

$$f(-x)=-x-e^{-x},$$

从而 $$f(x)=x-e^x,$$

又 $$\lim_{x\to-\infty}\frac{f(x)}{x}=\lim_{x\to-\infty}\frac{x-e^x}{x}=1=a,$$

$$\lim_{x\to-\infty}[f(x)-ax]=\lim_{x\to-\infty}(-e^x)=0=b,$$

则 $y=x$ 是该曲线的一条斜渐近线.

或者由 $f(x)=x-e^x$，且 $\lim\limits_{x\to-\infty}(-e^x)=0$，则 $y=x$ 是该曲线的一条斜渐近线.

40 【答案】 $\begin{cases}(x-1)e^x+2e^{-1}, & x\leqslant0,\\ -1+2e^{-1}+\frac{x^2}{2}\ln x-\frac{x^2}{4}, & x>0\end{cases}$

【分析】 当 $x\leqslant0$ 时，$\int_{-1}^x tf(t)dt=\int_{-1}^x te^t dt=(x-1)e^x+2e^{-1}$.

当 $x>0$ 时，$\int_{-1}^{x} tf(t)\mathrm{d}t=\int_{-1}^{0} t\mathrm{e}^{t}\mathrm{d}t+\int_{0}^{x} t\ln t\mathrm{d}t=-1+2\mathrm{e}^{-1}+\frac{x^2}{2}\ln x-\frac{x^2}{4}$.

41 【答案】 $\frac{\pi}{4}$

【分析】 令 $x=-t$，则

$$I=\int_{-1}^{1}\frac{\mathrm{d}x}{(1+\mathrm{e}^{x})(1+x^2)}=\int_{-1}^{1}\frac{\mathrm{d}t}{(1+\mathrm{e}^{-t})(1+t^2)}=\int_{-1}^{1}\frac{\mathrm{e}^{t}\mathrm{d}t}{(1+\mathrm{e}^{t})(1+t^2)},$$

故 $I=\frac{1}{2}\left[\int_{-1}^{1}\frac{\mathrm{d}x}{(1+\mathrm{e}^{x})(1+x^2)}+\int_{-1}^{1}\frac{\mathrm{e}^{x}\mathrm{d}x}{(1+\mathrm{e}^{x})(1+x^2)}\right]$

$$=\frac{1}{2}\int_{-1}^{1}\frac{\mathrm{d}x}{1+x^2}=\int_{0}^{1}\frac{\mathrm{d}x}{1+x^2}=\frac{\pi}{4}.$$

42 【答案】 4

【分析】 $\int_{0}^{2\pi}|\sin^2 x-\cos^2 x|\mathrm{d}x=\int_{0}^{2\pi}|\cos 2x|\mathrm{d}x$

$$=4\int_{-\frac{\pi}{4}}^{\frac{\pi}{4}}|\cos 2x|\mathrm{d}x \quad (|\cos 2x|\text{ 以}\frac{\pi}{2}\text{为周期})$$

$$=8\int_{0}^{\frac{\pi}{4}}|\cos 2x|\mathrm{d}x \quad (|\cos 2x|\text{ 为偶函数})$$

$$=8\int_{0}^{\frac{\pi}{4}}\cos 2x\mathrm{d}x=4.$$

43 【答案】 $2x(x\geqslant 0)$

【分析】 由 $f'(x)\int_{0}^{2}f(x)\mathrm{d}x=8$ 知 $f'(x)=\dfrac{8}{\int_{0}^{2}f(x)\mathrm{d}x}$.

从而
$$f(x)=\frac{8}{\int_{0}^{2}f(x)\mathrm{d}x}\cdot x+C.$$

由 $f(0)=0$ 知 $C=0$，$f(x)=\dfrac{8}{\int_{0}^{2}f(x)\mathrm{d}x}\cdot x$，等式两端在$[0,2]$上积分，得

$$\int_{0}^{2}f(x)\mathrm{d}x=\frac{8}{\int_{0}^{2}f(x)\mathrm{d}x}\cdot\int_{0}^{2}x\mathrm{d}x,$$

所以 $\int_{0}^{2}f(x)\mathrm{d}x=4$，$f(x)=2x(x\geqslant 0)$.

44 【答案】 $\sqrt{5}+\sqrt{7}$

【分析】 $\int_{2}^{4}\frac{x\mathrm{d}x}{\sqrt{|x^2-9|}}=\int_{2}^{3}\frac{x}{\sqrt{-x^2+9}}\mathrm{d}x+\int_{3}^{4}\frac{x}{\sqrt{x^2-9}}\mathrm{d}x$

$$=-\frac{1}{2}\int_{2}^{3}\frac{\mathrm{d}(9-x^2)}{\sqrt{9-x^2}}+\frac{1}{2}\int_{3}^{4}\frac{\mathrm{d}(x^2-9)}{\sqrt{x^2-9}}$$

$$=-\frac{1}{2}\times 2\sqrt{9-x^2}\Big|_{2}^{3}+\frac{1}{2}\times 2\sqrt{x^2-9}\Big|_{3}^{4}$$

$$=\sqrt{5}+\sqrt{7}.$$

45 【答案】 $\beta+\pi\alpha$

【分析】 由定积分的几何意义可知，$a=2\int_0^2\sqrt{2x-x^2}\,\mathrm{d}x=2\cdot\frac{\pi}{2}=\pi$.

微分方程 $f''(x)+af'(x)+f(x)=0$ 的特征方程为

$$r^2+\pi r+1=0,$$

$$r_{1,2}=\frac{-\pi\pm\sqrt{\pi^2-4}}{2},$$

则 $f(x)=C_1\mathrm{e}^{r_1x}+C_2\mathrm{e}^{r_2x}$，其中 $r_1<0$，$r_2<0$. 由此可知

$$\lim_{x\to+\infty}f(x)=\lim_{x\to+\infty}f'(x)=0.$$

由 $f''(x)+af'(x)+f(x)=0$ 可知，$f(x)=-f''(x)-af'(x)$，则

$$\int_0^{+\infty}f(x)\,\mathrm{d}x=-\int_0^{+\infty}[f''(x)+\pi f'(x)]\,\mathrm{d}x=-[f'(x)+\pi f(x)]\Big|_0^{+\infty}$$

$$=f'(0)+\pi f(0)=\beta+\pi\alpha.$$

46 【答案】 $\frac{\pi^2}{2}$

【分析】 由于 $\lim\limits_{x\to\infty}y=\lim\limits_{x\to\infty}\frac{x^2}{1+x^2}=1$，则该曲线有唯一渐近线 $y=1$，所求旋转体体积为

$$V=\pi\int_{-\infty}^{+\infty}\left(1-\frac{x^2}{1+x^2}\right)^2\mathrm{d}x=\pi\int_{-\infty}^{+\infty}\left(\frac{1}{1+x^2}\right)^2\mathrm{d}x=2\pi\int_0^{+\infty}\left(\frac{1}{1+x^2}\right)^2\mathrm{d}x$$

$$\xlongequal{x=\tan t}2\pi\int_0^{\frac{\pi}{2}}\frac{\sec^2 t}{\sec^4 t}\mathrm{d}t=2\pi\int_0^{\frac{\pi}{2}}\cos^2 t\,\mathrm{d}t=\frac{\pi^2}{2}.$$

47 【答案】 1

【分析】 由已知条件可知，$\pi\int_0^a[f(x)]^2\,\mathrm{d}x=2\pi\int_0^a xf(x)\,\mathrm{d}x$. 由于该式对任意 $a>0$ 均成立，故等式两端关于 a 求导可得，$\pi[f(a)]^2=2\pi af(a)$，即 $f(a)=2a$，也即 $f(x)=2x$.

联立 $\begin{cases}y=2x,\\y=x^3,\end{cases}$ 解得 $x=0$ 或 $x=\sqrt{2}$（$x=-\sqrt{2}$ 舍去）. 因此，所求面积

$$S=\int_0^{\sqrt{2}}(2x-x^3)\,\mathrm{d}x=\left(x^2-\frac{1}{4}x^4\right)\Big|_0^{\sqrt{2}}=1.$$

48 【答案】 $\frac{\pi}{4}(\mathrm{e}^2-1)$

【分析】 曲线 $y=x\mathrm{e}^x$，直线 $x=a(a>0)$ 与 x 轴所围平面图形的面积为

$$\int_0^a x\mathrm{e}^x\,\mathrm{d}x=(x\mathrm{e}^x-\mathrm{e}^x)\Big|_0^a=(a-1)\mathrm{e}^a+1=1.$$

于是，$(a-1)\mathrm{e}^a=0$，解得 $a=1$.

因此，由上述平面图形绕 x 轴旋转一周所形成的旋转体的体积为

$$V=\pi\int_0^1(x\mathrm{e}^x)^2\,\mathrm{d}x=\pi\int_0^1x^2\mathrm{e}^{2x}\,\mathrm{d}x=\frac{\pi}{2}\int_0^1x^2\,\mathrm{d}(\mathrm{e}^{2x})=\frac{\pi}{2}\left(x^2\mathrm{e}^{2x}\Big|_0^1-\int_0^1 2x\mathrm{e}^{2x}\,\mathrm{d}x\right)$$

$$=\frac{\pi}{2}\left[\mathrm{e}^2-\int_0^1x\,\mathrm{d}(\mathrm{e}^{2x})\right]=\frac{\pi}{2}\left(\mathrm{e}^2-x\mathrm{e}^{2x}\Big|_0^1+\int_0^1\mathrm{e}^{2x}\,\mathrm{d}x\right)=\frac{\pi}{4}(\mathrm{e}^2-1).$$

49 【答案】 $\frac{5}{6}$

【分析】 由形心公式，$\bar{x}=\dfrac{\pi\int_0^1 x\cdot(x^2)^2\mathrm{d}x}{\pi\int_0^1(x^2)^2\mathrm{d}x}=\dfrac{5}{6}$.

50 【答案】 $\dfrac{l^2\pi^2}{2k^2S^2g}x^4$

【分析】 利用元素法分析.

设时刻 t 时，液面高度为 $y(t)$，则液面高度下降的速率为$\dfrac{\mathrm{d}y}{\mathrm{d}t}$. 在这段时间内，容器内减少的液体体积等于流出的液体体积，液面高度下降 $\mathrm{d}y$.

根据已知条件，$\mathrm{d}t$ 这段时间内流出的液体体积 $\mathrm{d}V=kS\sqrt{2gy}\,\mathrm{d}t$. 另一方面，根据旋转体的体积计算公式，液面高度从 $y+\mathrm{d}y$ 下降到 y 时，体积减少 $\mathrm{d}V=\pi x^2\mathrm{d}y$. 由于容器内减少的液体体积等于流出的液体体积，故

$$\pi x^2\mathrm{d}y=kS\sqrt{2gy}\,\mathrm{d}t.$$

于是，$\dfrac{\mathrm{d}y}{\mathrm{d}t}=\dfrac{kS\sqrt{2gy}}{\pi x^2}$. 又因为$\dfrac{\mathrm{d}y}{\mathrm{d}t}=l$，所以$\dfrac{kS\sqrt{2gy}}{\pi x^2}=l$，解得 $y(x)=\dfrac{l^2\pi^2}{2k^2S^2g}x^4$.

51 【答案】 12

【分析】 利用偏导数的定义计算$\left.\dfrac{\mathrm{d}z(x,0)}{\mathrm{d}x}\right|_{x=1}$.

$$\left.\frac{\partial z}{\partial x}\right|_{(1,0)}=\left.\frac{\mathrm{d}z(x,0)}{\mathrm{d}x}\right|_{x=1}=(2x^6)'\big|_{x=1}=12.$$

52 【答案】 0

【分析】 令 $x=r\cos\theta, y=r\sin\theta$，则有

$$0\leqslant\left|\frac{xy(x^2-y^2)}{x^2+y^2}\right|=\left|\frac{r^2\cos\theta\sin\theta\cdot r^2(\cos^2\theta-\sin^2\theta)}{r^2}\right|=\left|\frac{r^2\sin 4\theta}{4}\right|\leqslant\frac{r^2}{4},$$

所以当$(x,y)\to(0,0)$ 时，即 $r\to 0$，$\dfrac{r^2}{4}\to 0$，有$\lim\limits_{\substack{x\to 0\\ y\to 0}}\dfrac{xy(x^2-y^2)}{x^2+y^2}=0$.

53 【答案】 $2a$

【分析】 令 $\Delta x=x-x_0$，$\Delta y=y-y_0$，由已知得

$$\Delta z=a\Delta x+b\Delta y+o(\rho),$$

即 $z=f(x,y)$ 在(x_0,y_0) 处可微，且 $f'_x(x_0,y_0)=a$. 又

$$f'_x(x_0,y_0)=\lim_{x\to 0}\frac{f(x_0+x,y_0)-f(x_0,y_0)}{x},$$

所以，

$$\begin{aligned}&\lim_{x\to 0}\frac{f(x_0+x,y_0)-f(x_0-x,y_0)}{x}\\ =&\lim_{x\to 0}\left[\frac{f(x_0+x,y_0)-f(x_0,y_0)}{x}+\frac{f(x_0-x,y_0)-f(x_0,y_0)}{-x}\right]\\ =&f'_x(x_0,y_0)+f'_x(x_0,y_0)=2a.\end{aligned}$$

故应填 $2a$.

54 【答案】 0

【分析】 由偏导数定义得

$$f'_x(0,0)=\lim_{x\to 0}\frac{f(x,0)-f(0,0)}{x}=\lim_{x\to 0}x\sin\frac{1}{\sqrt{x^4}}=0,$$

$$f'_y(0,0)=\lim_{y\to 0}\frac{f(0,y)-f(0,0)}{y}=\lim_{y\to 0}y\sin\frac{1}{\sqrt{y^2}}=0,$$

于是，$f(x,y)$ 在点$(0,0)$ 处偏导数存在.

由于

$$\lim_{\rho\to 0}\frac{\Delta z-[f'_x(0,0)\cdot\Delta x+f'_y(0,0)\cdot\Delta y]}{\rho}=\lim_{\rho\to 0}\frac{\rho^2}{\rho}\sin\frac{1}{\sqrt{(\Delta x)^4+(\Delta y)^2}}=0,$$

其中 $\rho=\sqrt{(\Delta x)^2+(\Delta y)^2}$.

故 $f(x,y)$ 在点$(0,0)$ 处可微，且 $\mathrm{d}f(x,y)\Big|_{(0,0)}=0$.

55 【答案】 -2

【分析】 由题设知 $f(0,0)=0$，且 $f(x,y)+3x-4y=o(\sqrt{x^2+y^2})$，即

$$f(x,y)-f(0,0)=-3x+4y+o(\sqrt{x^2+y^2}).$$

由全微分的定义知 $f'_x(0,0)=-3, f'_y(0,0)=4$. 从而 $2f'_x(0,0)+f'_y(0,0)=-2$.

56 【答案】 -2

【分析】 由 $f'_x(x,y)=2x-2xy^2$，得 $f(x,y)=x^2-x^2y^2+\varphi(y)$，进而

$$f'_y(x,y)=-2x^2y+\varphi'(y),$$

再由已知 $f'_y(x,y)=4y-2x^2y$，有 $\varphi'(y)=4y$，于是

$$\varphi(y)=2y^2+C,$$

即

$$f(x,y)=x^2-x^2y^2+2y^2+C.$$

利用 $f(1,1)=0$，得 $C=-2$，故 $f(x,y)=x^2-x^2y^2+2y^2-2$.

解方程组 $\begin{cases}f'_x=2x-2xy^2=0,\\ f'_y=4y-2x^2y=0,\end{cases}$ 得驻点为$(0,0)$，$(\pm\sqrt{2},1)$，$(\pm\sqrt{2},-1)$.

计算 $A=f''_{xx}=2-2y^2, B=f''_{xy}=-4xy, C=f''_{yy}=4-2x^2$，

对点$(0,0)$，$AC-B^2=8>0, A=2>0$，有极小值 $f(0,0)=-2$；

对点$(\pm\sqrt{2},1)$，$AC-B^2=-32<0$，不是极值点；

对点$(\pm\sqrt{2},-1)$，$AC-B^2=-32<0$，不是极值点.

57 【答案】 1

【分析】 由 $\begin{cases}z'_x=2x-y=0,\\ z'_y=2y-x=0,\end{cases}$ 得驻点$(0,0)$，且 $z(0,0)=0$.

由变量对称性可知函数 $z=x^2+y^2-xy$ 分别在第一、三象限和第二、四象限的边界上的最大值相同，在第一象限边界 $x+y=1$ 上，

$$z=3x^2-3x+1,$$

$$z'_x=6x-3\xlongequal{\text{令}}0,$$

得 $x=\frac{1}{2}, z\left(\frac{1}{2}\right)=\frac{1}{4}, z(0)=z(1)=1$.

在第二象限边界 $y-x=1$ 上，

$$z=x^2+x+1,$$

$$z'_x=2x+1\xlongequal{令}0,$$

得 $x=-\dfrac{1}{2}$，$z\left(-\dfrac{1}{2}\right)=\dfrac{3}{4}$，$z(0)=z(-1)=1$.

综上所述，函数 $z=x^2+y^2-xy$ 在区域 $|x|+|y|\leqslant 1$ 上的最大值为 1.

58 【答案】 $xg'(xy)\int_y^{x+y}f(v)\mathrm{d}v+g(xy)[f(x+y)-f(y)]$

【分析】 $z(x,y)=\int_0^x\mathrm{d}t\int_t^x f(t+y)g(yu)\mathrm{d}u$

$$=\int_0^x\mathrm{d}u\int_0^u f(t+y)g(yu)\mathrm{d}t\text{（交换积分次序）},$$

$$\frac{\partial z}{\partial x}=\int_0^x f(t+y)g(xy)\mathrm{d}t=g(xy)\int_0^x f(t+y)\mathrm{d}t\xlongequal{t+y=v}g(xy)\int_y^{x+y}f(v)\mathrm{d}v,$$

$$\frac{\partial^2 z}{\partial x\partial y}=xg'(xy)\int_y^{x+y}f(v)\mathrm{d}v+g(xy)[f(x+y)-f(y)].$$

59 【答案】 $-\dfrac{1}{7}$

【分析】 方程两边对 x 求导得

$$\frac{\mathrm{d}y}{\mathrm{d}x}=f'(x^2+y^2)\left(2x+2y\frac{\mathrm{d}y}{\mathrm{d}x}\right)+f'(x+y)\left(1+\frac{\mathrm{d}y}{\mathrm{d}x}\right),$$

以 $x=0$ 及相关数据代入，有

$$\left.\frac{\mathrm{d}y}{\mathrm{d}x}\right|_{x=0}=f'(4)\times 4\left.\frac{\mathrm{d}y}{\mathrm{d}x}\right|_{x=0}+f'(2)\left(1+\left.\frac{\mathrm{d}y}{\mathrm{d}x}\right|_{x=0}\right),$$

即得 $\left.\dfrac{\mathrm{d}y}{\mathrm{d}x}\right|_{x=0}=-\dfrac{1}{7}$.

60 【答案】 $\mathrm{e}^{-x}\sin y$

【分析】 由题设中的关于 y 的微分方程 $\dfrac{f'_y(0,y)}{f(0,y)}=\cot y$，则

$$\ln f(0,y)=\ln|\sin y|+C_1,$$

$$f(0,y)=C\sin y.$$

由 $f\left(0,\dfrac{\pi}{2}\right)=1$ 得 $f(0,y)=\sin y$.

再由题设中关于 x 的微分方程 $\dfrac{\partial f}{\partial x}=-f(x,y)$，则 $f(x,y)=C(y)\mathrm{e}^{-x}$. 根据 $f(0,y)=\sin y$ 得 $C(y)=\sin y$. 故 $f(x,y)=\mathrm{e}^{-x}\sin y$.

61 【答案】 $f''_{12}-f''_{13}\dfrac{\varphi'_1}{\varphi'_2}-f''_{32}\dfrac{\varphi'_1}{\varphi'_2}+f''_{33}\left(\dfrac{\varphi'_1}{\varphi'_2}\right)^2-f'_3\dfrac{\left(\varphi''_{11}-\varphi''_{12}\dfrac{\varphi'_1}{\varphi'_2}\right)\varphi'_2-\left(\varphi''_{21}-\varphi''_{22}\dfrac{\varphi'_1}{\varphi'_2}\right)\varphi'_1}{(\varphi'_2)^2}$

【分析】 $\dfrac{\partial u}{\partial x}=f'_1+f'_3\dfrac{\partial z}{\partial x}$.

由 $\varphi(x+y,z)=1$ 可得 $\varphi'_1+\varphi'_2\dfrac{\partial z}{\partial x}=0$，$\dfrac{\partial z}{\partial x}=-\dfrac{\varphi'_1}{\varphi'_2}$.

则$\dfrac{\partial u}{\partial x}=f_1'-f_3'\dfrac{\varphi_1'}{\varphi_2'}$，由对称性知$\dfrac{\partial u}{\partial y}=f_2'-f_3'\dfrac{\varphi_1'}{\varphi_2'}$，

$$\frac{\partial^2 u}{\partial x\partial y}=f_{12}''-f_{13}''\frac{\varphi_1'}{\varphi_2'}-f_{32}''\frac{\varphi_1'}{\varphi_2'}+f_{33}''\left(\frac{\varphi_1'}{\varphi_2'}\right)^2-f_3'\frac{\left(\varphi_{11}''-\varphi_{12}''\dfrac{\varphi_1'}{\varphi_2'}\right)\varphi_2'-\left(\varphi_{21}''-\varphi_{22}''\dfrac{\varphi_1'}{\varphi_2'}\right)\varphi_1'}{(\varphi_2')^2}.$$

62 【答案】 $\dfrac{f''}{(1-f')^3}$

【分析】 方程 $z=f(x+y+z)$ 两端对 x 求偏导得

$$\frac{\partial z}{\partial x}=\left(1+\frac{\partial z}{\partial x}\right)f',$$

则
$$\frac{\partial z}{\partial x}=\frac{f'}{1-f'}=-1+\frac{1}{1-f'},$$

$$\frac{\partial^2 z}{\partial x^2}=-\frac{-\left(1+\dfrac{\partial z}{\partial x}\right)f''}{(1-f')^2}=\frac{f''}{(1-f')^3}.$$

63 【答案】 2

【分析】
$$\iint\limits_D\frac{\sin x}{\pi-x}\mathrm{d}x\mathrm{d}y=\int_0^{\pi}\mathrm{d}x\int_x^{\pi}\frac{\sin x}{\pi-x}\mathrm{d}y$$
$$=\int_0^{\pi}\sin x\mathrm{d}x=2.$$

【评注】 计算二重积分时，首先画出积分区域的图形，然后结合积分区域的形状和被积函数的形式，选择合适的坐标系和积分次序.

64 【答案】 $\dfrac{2}{3}(4-\sqrt{3})\pi-\dfrac{22}{9}$

【分析】 积分区域关于 y 轴对称，则$\iint\limits_D x^7\cos^4 y\mathrm{d}\sigma=0$.

设区域$D_1=\left\{(r,\theta)\,\middle|\,0\leqslant\theta\leqslant\dfrac{\pi}{6},0\leqslant r\leqslant 2\sin\theta\right\}$，$D_2=\left\{(r,\theta)\,\middle|\,\dfrac{\pi}{6}\leqslant\theta\leqslant\dfrac{\pi}{2},0\leqslant r\leqslant 1\right\}$，则 D_1+D_2 为区域 D 在 y 轴右边的区域.

由对称性，

$$I=2\iint\limits_{D_1+D_2}\sqrt{4-x^2-y^2}\mathrm{d}\sigma$$
$$=2\left(\iint\limits_{D_1}\sqrt{4-x^2-y^2}\mathrm{d}\sigma+\iint\limits_{D_2}\sqrt{4-x^2-y^2}\mathrm{d}\sigma\right)$$
$$=2\left(\int_0^{\frac{\pi}{6}}\mathrm{d}\theta\int_0^{2\sin\theta}\sqrt{4-r^2}r\mathrm{d}r+\int_{\frac{\pi}{6}}^{\frac{\pi}{2}}\mathrm{d}\theta\int_0^1\sqrt{4-r^2}r\mathrm{d}r\right)=\frac{2}{3}(4-\sqrt{3})\pi-\frac{22}{9}.$$

65 【答案】 a^2

【分析】 在由 $0\leqslant x\leqslant 1,0\leqslant y-x\leqslant 1$ 所确定的区域 D_1 内 $f(x)g(y-x)=a^2$，其余区域为零. 设 D_1 的面积为 S，易知 $S=1$，则$\iint\limits_D f(x)g(y-x)\mathrm{d}x\mathrm{d}y=\iint\limits_{D_1}a^2\mathrm{d}x\mathrm{d}y=a^2S=a^2$.

66 【答案】 $\dfrac{20\sqrt{2}}{9}$

【分析】 设该积分的积分域为 D,则由对称性可知

$$\int_{-1}^{1}\mathrm{d}x\int_{|x|}^{1+\sqrt{1-x^2}}(x^3+1)\sqrt{x^2+y^2}\,\mathrm{d}y=2\iint\limits_{D_{x\geqslant 0}}\sqrt{x^2+y^2}\,\mathrm{d}x\mathrm{d}y$$

$$=2\int_{\frac{\pi}{4}}^{\frac{\pi}{2}}\mathrm{d}\theta\int_0^{2\sin\theta}r^2\,\mathrm{d}r=\frac{16}{3}\int_{\frac{\pi}{4}}^{\frac{\pi}{2}}\sin^3\theta\mathrm{d}\theta$$

$$=\frac{20\sqrt{2}}{9}.$$

67 【答案】 $\dfrac{1}{3}[\sqrt{2}+\ln(1+\sqrt{2})]$

【分析】 由于区域 D 关于 $y=x$ 对称,由对称性知

$$\iint\limits_D\sqrt{x^2+y^2}\,\mathrm{d}x\mathrm{d}y=2\int_0^{\frac{\pi}{4}}\mathrm{d}\theta\int_0^{\frac{1}{\cos\theta}}r^2\,\mathrm{d}r=\frac{2}{3}\int_0^{\frac{\pi}{4}}\frac{1}{\cos^3\theta}\mathrm{d}\theta,$$

$$\int_0^{\frac{\pi}{4}}\frac{1}{\cos^3\theta}\mathrm{d}\theta=\int_0^{\frac{\pi}{4}}\sec\theta\mathrm{d}\tan\theta=\sec\theta\tan\theta\Big|_0^{\frac{\pi}{4}}-\int_0^{\frac{\pi}{4}}\sec\theta\tan^2\theta\mathrm{d}\theta$$

$$=\sqrt{2}-\int_0^{\frac{\pi}{4}}\sec^3\theta\mathrm{d}\theta+\int_0^{\frac{\pi}{4}}\sec\theta\mathrm{d}\theta$$

$$=\sqrt{2}-\int_0^{\frac{\pi}{4}}\frac{1}{\cos^3\theta}\mathrm{d}\theta+\ln(\sec\theta+\tan\theta)\Big|_0^{\frac{\pi}{4}},$$

则 $\displaystyle\int_0^{\frac{\pi}{4}}\frac{1}{\cos^3\theta}\mathrm{d}\theta=\frac{1}{2}[\sqrt{2}+\ln(1+\sqrt{2})]$,故

$$\iint\limits_D\sqrt{x^2+y^2}\,\mathrm{d}x\mathrm{d}y=\frac{1}{3}[\sqrt{2}+\ln(1+\sqrt{2})].$$

68 【答案】 $\dfrac{1-\mathrm{e}}{2\mathrm{e}}$

【分析】 原式 $\displaystyle=\int_0^1\mathrm{d}x\int_1^x\mathrm{e}^{-y^2}\,\mathrm{d}y=-\int_0^1\mathrm{d}y\int_0^y\mathrm{e}^{-y^2}\,\mathrm{d}x=-\int_0^1 y\mathrm{e}^{-y^2}\,\mathrm{d}y$

$$=\frac{1}{2}\mathrm{e}^{-y^2}\Big|_0^1=\frac{1}{2}\left(\frac{1}{\mathrm{e}}-1\right)=\frac{1-\mathrm{e}}{2\mathrm{e}}.$$

69 【答案】 $-\dfrac{2}{7}$

【分析】 用曲线 $y=-x^5$ 将 D 分为 D_1 与 D_2,其中 D_1 是由 $y=x^5$,$y=-x^5$,$y=1$ 所围成的区域,D_2 是由 $y=x^5$,$y=-x^5$,$x=-1$ 所围成的区域,则 D_1 关于 y 轴对称,D_2 关于 x 轴对称,所以,由对称性

$$\iint\limits_{D_1}x[1+\sin y^3 f(x^4+y^4)]\mathrm{d}x\mathrm{d}y=0,$$

$$\iint\limits_{D_2}x[1+\sin y^3 f(x^4+y^4)]\mathrm{d}x\mathrm{d}y=\iint\limits_{D_2}x\mathrm{d}x\mathrm{d}y+\iint\limits_{D_2}x\sin y^3 f(x^4+y^4)\mathrm{d}x\mathrm{d}y$$

$$=\iint\limits_{D_2}x\mathrm{d}x\mathrm{d}y+0=\iint\limits_{D_2}x\mathrm{d}x\mathrm{d}y.$$

因此 $$I=\iint\limits_{D_1}+\iint\limits_{D_2}=\iint\limits_{D_2}x\mathrm{d}x\mathrm{d}y=\int_{-1}^{0}\mathrm{d}x\int_{x^5}^{-x^5}x\mathrm{d}y=-\frac{2}{7}.$$

70 【答案】 $\int_{-\frac{1}{4}}^{0}\mathrm{d}y\int_{-\frac{1}{2}-\sqrt{y+\frac{1}{4}}}^{-\frac{1}{2}+\sqrt{y+\frac{1}{4}}}f(x,y)\mathrm{d}x+\int_{0}^{2}\mathrm{d}y\int_{y-1}^{-\frac{1}{2}+\sqrt{y+\frac{1}{4}}}f(x,y)\mathrm{d}x$

【分析】 积分区域 $D=\{(x,y)\mid -1\leqslant x\leqslant 1,x^2+x\leqslant y\leqslant x+1\}$ 如图所示.

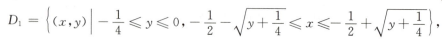

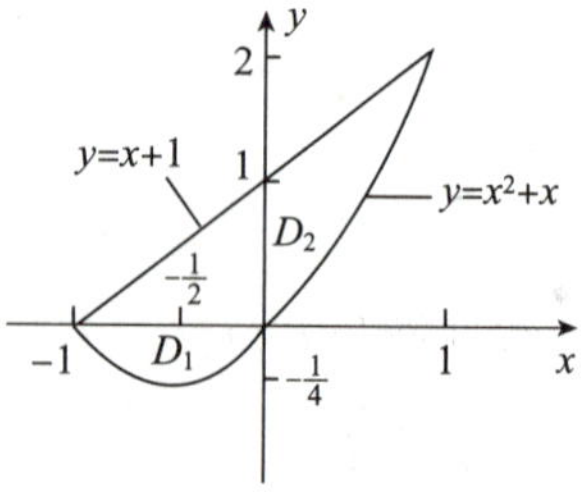

由 $\begin{cases}y=x+1,\\ y=x^2+x\end{cases}$ 可得两条曲线的交点为 $(-1,0)$，$(1,2)$，且函数 $y=x^2+x=\left(x+\frac{1}{2}\right)^2-\frac{1}{4}$ 的最小值为 $-\frac{1}{4}$.

令

$$D_1=\left\{(x,y)\middle| -\frac{1}{4}\leqslant y\leqslant 0,-\frac{1}{2}-\sqrt{y+\frac{1}{4}}\leqslant x\leqslant -\frac{1}{2}+\sqrt{y+\frac{1}{4}}\right\},$$

$$D_2=\left\{(x,y)\middle| 0\leqslant y\leqslant 2,y-1\leqslant x\leqslant -\frac{1}{2}+\sqrt{y+\frac{1}{4}}\right\},$$

因而 $$I=\int_{-1}^{1}\mathrm{d}x\int_{x^2+x}^{x+1}f(x,y)\mathrm{d}y=\iint\limits_{D_1}f(x,y)\mathrm{d}x\mathrm{d}y+\iint\limits_{D_2}f(x,y)\mathrm{d}x\mathrm{d}y$$

$$=\int_{-\frac{1}{4}}^{0}\mathrm{d}y\int_{-\frac{1}{2}-\sqrt{y+\frac{1}{4}}}^{-\frac{1}{2}+\sqrt{y+\frac{1}{4}}}f(x,y)\mathrm{d}x+\int_{0}^{2}\mathrm{d}y\int_{y-1}^{-\frac{1}{2}+\sqrt{y+\frac{1}{4}}}f(x,y)\mathrm{d}x.$$

71 【答案】 $y=-\cos x+\sin x+\mathrm{e}^x-2x\cos x$

【分析】 由 $r^2+1=0$，得 $r=\pm\mathrm{i}$，对应齐次微分方程的通解为

$$\overline{y}=C_1\cos x+C_2\sin x,C_1,C_2 \text{ 为任意常数}.$$

可设非齐次微分方程的特解为 $y^*=A\mathrm{e}^x+x(B\cos x+C\sin x)$.

代入原方程得

$$2A\mathrm{e}^x+2(-B\sin x+C\cos x)+x(-B\cos x-C\sin x)+x(B\cos x+C\sin x)=2\mathrm{e}^x+4\sin x,$$

即 $2A\mathrm{e}^x-2B\sin x+2C\cos x=2\mathrm{e}^x+4\sin x$，待定系数得 $A=1,B=-2,C=0$.

所求非齐次微分方程的通解为 $y=C_1\cos x+C_2\sin x+\mathrm{e}^x-2x\cos x$.

由 $\lim\limits_{x\to 0}\dfrac{y(x)}{\ln(x+\sqrt{1+x^2})}=0$，有 $\lim\limits_{x\to 0}\dfrac{y(x)}{x}=0$，得 $y(0)=y'(0)=0$，

进而 $C_1=-1,C_2=1$，所求特解为 $y=-\cos x+\sin x+\mathrm{e}^x-2x\cos x$.

72 【答案】 $y=x\mathrm{e}^{Cx+1}$

【分析】 $xy'=y(\ln y-\ln x)\Rightarrow y'=\dfrac{y}{x}\ln\dfrac{y}{x}$.

令 $\dfrac{y}{x}=u$，则 $\dfrac{\mathrm{d}y}{\mathrm{d}x}=x\dfrac{\mathrm{d}u}{\mathrm{d}x}+u$，因此 $x\dfrac{\mathrm{d}u}{\mathrm{d}x}+u=u\ln u$，变形为

$$\frac{\mathrm{d}u}{u\ln u-u}=\frac{\mathrm{d}x}{x}\Rightarrow\int\frac{\mathrm{d}u}{u(\ln u-1)}=\int\frac{\mathrm{d}x}{x}\Rightarrow\ln|\ln u-1|=\ln|Cx|.$$

故 $\ln u-1=Cx$，$\ln\dfrac{y}{x}-1=Cx\Rightarrow y=x\mathrm{e}^{Cx+1}$.

73 【答案】 $x=y^2+Cy$

【分析】 将 x 视为 y 的函数，原式可化为$\frac{\mathrm{d}x}{\mathrm{d}y}=\frac{x+y^2}{y}=\frac{x}{y}+y$.

令$\frac{x}{y}=u$，则 $u+y\frac{\mathrm{d}u}{\mathrm{d}y}=u+y\Rightarrow\frac{\mathrm{d}u}{\mathrm{d}y}=1\Rightarrow u=y+C$，故$\frac{x}{y}=y+C$，所以 $x=y^2+Cy$.

74 【答案】 $x=\frac{1}{y+1}\left(C-\frac{y^2}{2}\right)$

【分析】 原式可化为

$$\frac{\mathrm{d}x}{\mathrm{d}y}=-\frac{x+y}{y+1}=-\frac{x}{y+1}-\frac{y}{y+1}.$$

由线性微分方程的通解公式，得

$$x=\mathrm{e}^{-\int\frac{1}{y+1}\mathrm{d}y}\left(C+\int-\frac{y}{y+1}\cdot\mathrm{e}^{\int\frac{1}{y+1}\mathrm{d}y}\mathrm{d}y\right),$$

故 $x=\frac{1}{y+1}\left(C-\frac{y^2}{2}\right)$.

75 【答案】 $C_1\mathrm{e}^x+C_2\mathrm{e}^{-3x}-\frac{1}{4}x\mathrm{e}^{-3x}$

【分析】 该方程为二阶线性常系数非齐次微分方程，其特征方程为

$$r^2+2r-3=0,$$

解得 $r_1=1,r_2=-3$，故对应齐次方程的通解为 $\overline{y}=C_1\mathrm{e}^x+C_2\mathrm{e}^{-3x}$.

设原方程的一个待定的特解为 $y^*=Ax\mathrm{e}^{-3x}$，则

$$y^{*\prime}=A(\mathrm{e}^{-3x}-3x\mathrm{e}^{-3x}),$$
$$y^{*\prime\prime}=-6A\mathrm{e}^{-3x}+9Ax\mathrm{e}^{-3x},$$

代入原方程得 $-4A=1$，即 $A=-\frac{1}{4}$.

所以原方程的通解为 $y=C_1\mathrm{e}^x+C_2\mathrm{e}^{-3x}-\frac{1}{4}x\mathrm{e}^{-3x}$.

76 【答案】 1

【分析】 由题设有 $y''=-(x-1)y'-x^2y+\mathrm{e}^x$. 因为 $y(0)=0,y'(0)=1$，所以 $y''(0)=2$.
由 y'' 的表达式知，y'' 在 $x=0$ 处连续，所以

$$\lim_{x\to0}\frac{y(x)-x}{x^2}\overset{(洛)}{=\!=}\lim_{x\to0}\frac{y'(x)-1}{2x}\overset{(洛)}{=\!=}\lim_{x\to0}\frac{y''(x)}{2}=1.$$

77 【答案】 $0,-1,1,2$

【分析】 1 与 -1 是两个特征根，故特征方程为 $r^2-1=0$，原方程为 $y''-y=g\mathrm{e}^{cx}$.
将非齐次方程的一个解 $y=x\mathrm{e}^x$ 代入，比较两边系数，可求得 $c=1,g=2$.
从而知 a,b,c,g 分别为 $0,-1,1,2$.

78 【答案】 $y=C_1\mathrm{e}^{-x}+C_2\mathrm{e}^x+\frac{1}{2}x\mathrm{e}^x-2\cos x$

【分析】 对应齐次方程的特征方程为 $r^2-1=0$，特征根为 $r=\pm1$，所以对应齐次方程的通解为 $y_0(x)=C_1\mathrm{e}^{-x}+C_2\mathrm{e}^x$.

设非齐次方程有如下形式特解 $y^*=a_1x\mathrm{e}^x+a_2\cos x+a_3\sin x$，代入原方程有

$(a_1e^x+a_1xe^x+a_1e^x-a_2\cos x-a_3\sin x)-(a_1xe^x+a_2\cos x+a_3\sin x)=e^x+4\cos x$，
则
$$2(a_1e^x-a_2\cos x-a_3\sin x)=e^x+4\cos x.$$
比较系数求得 $a_1=\dfrac{1}{2},a_2=-2,a_3=0$，特解为 $y^*=\dfrac{1}{2}xe^x-2\cos x$，故原方程通解为
$$y=C_1e^{-x}+C_2e^x+\frac{1}{2}xe^x-2\cos x.$$

79 【答案】 $y=(C_1+C_2x)e^x+C_3e^{-x}$

【分析】 齐次方程的特征方程为 $r^3-r^2-r+1=0$，解得 $r_1=r_2=1,r_3=-1$.
所以微分方程 $y'''-y''-y'+y=0$ 的通解为
$$y=(C_1+C_2x)e^x+C_3e^{-x}.$$

80 【答案】 7071

【分析】 设该地区在时刻 t(单位:年)时的人口数为 N，且最初的人口数为 N_0，则 $\dfrac{dN}{dt}=kN$，这是一个变量可分离的微分方程，其通解为 $N=Ce^{kt}$，其中 C 为任意常数.

将初始条件 $t=0,N=N_0$ 代入，得 $C=N_0$. 于是，$N=N_0e^{kt}$. ①

当 $t=2$ 时，$N=2N_0$，将它们代入到 ① 式中，得 $2N_0=N_0e^{2k}$，从而 $k=\dfrac{1}{2}\ln 2$. 于是，$N=N_0e^{\frac{1}{2}t\ln 2}$.

当 $t=3$ 时，$N=20000$，再将它们代入到 ① 式中，得 $20000=N_0e^{\frac{3}{2}\ln 2}=2^{\frac{3}{2}}N_0$.

于是，$N_0=\dfrac{20000}{2^{\frac{3}{2}}}\approx 7071$，即该地区最初的人口数约为 7071.

选择题

81 【答案】 D

【分析】 由 $f(x)$ 的图形关于 $x=0$ 与 $x=1$ 均对称可知，$f(x)=f(-x),f(1+x)=f(1-x)$. 于是，
$$f(x)=f(-x)=f[1+(-x-1)]=f[1-(-x-1)]=f(2+x).$$
因此，$f(x)$ 是周期为 2 的周期函数.

记 $F(x)=\int_0^x f(t)dt$，则
$$F(x+2)-F(x)=\int_0^{x+2}f(t)dt-\int_0^x f(t)dt=\int_x^{x+2}f(t)dt=\int_0^2 f(t)dt.$$
若 $\int_0^2 f(x)dx=0$，则 $F(x)$ 是周期为 2 的周期函数. 因此，命题 ② 正确.

由于 $f(x)$ 的图形关于 $x=1$ 对称，故 $\int_0^1 f(x)dx=\int_1^2 f(x)dx$. 若 $\int_0^1 f(x)dx=0$，则 $\int_0^2 f(x)dx=0$. 由前面的分析可知，$\int_0^x f(t)dt$ 为周期函数. 因此，命题 ① 正确.

记 $G(x)=\int_0^x f(t)dt-\dfrac{x}{2}\int_0^2 f(t)dt$，则
$$G(x+2)-G(x)=\int_x^{x+2}f(t)dt-\frac{x+2}{2}\int_0^2 f(t)dt+\frac{x}{2}\int_0^2 f(t)dt=\int_x^{x+2}f(t)dt-\int_0^2 f(t)dt=0.$$

因此，命题④正确.

同理对 $H(x)=\int_0^x f(t)\mathrm{d}t - x\int_0^2 f(t)\mathrm{d}t$ 计算 $H(x+2)-H(x)$ 可得

$$H(x+2)-H(x)=\int_x^{x+2} f(t)\mathrm{d}t - 2\int_0^2 f(t)\mathrm{d}t = -\int_0^2 f(t)\mathrm{d}t.$$

由于不能确定 $\int_0^2 f(x)\mathrm{d}x$ 是否为0，故命题③不一定正确. 例如：取 $f(x)\equiv 1$，则 $f(x)$ 的图形关于 $x=0$ 与 $x=1$ 均对称，但 $H(x)=-x$，显然不是周期函数.

综上所述，应选(D).

82 【答案】 C

【分析】 由导数的定义，

$$\begin{aligned}\lim_{x\to 0}\frac{f(\varphi(x))-f(\varphi(0))}{x-0} &= \lim_{x\to 0}\frac{f\left(x^2\left(2+\sin\frac{1}{x}\right)\right)-f(0)}{x}\\ &= \lim_{x\to 0}\frac{f\left(x^2\left(2+\sin\frac{1}{x}\right)\right)-f(0)}{x^2\left(2+\sin\frac{1}{x}\right)}\cdot\frac{x^2\left(2+\sin\frac{1}{x}\right)}{x}\\ &= f'(0)\cdot\lim_{x\to 0}x\left(2+\sin\frac{1}{x}\right)=f'(0)\cdot 0=0.\end{aligned}$$

因此，应选(C).

83 【答案】 A

【分析】 由于 $\sqrt{1+\tan x}-\sqrt{1+\sin x}=\dfrac{\tan x-\sin x}{\sqrt{1+\tan x}+\sqrt{1+\sin x}}$，故当 $x\to 0$ 时，$\sqrt{1+\tan x}-\sqrt{1+\sin x}$ 与 $\tan x-\sin x$ 同阶.

又因为 $\tan x=x+\dfrac{x^3}{3}+o(x^3)$，$\sin x=x-\dfrac{x^3}{6}+o(x^3)$，所以 $\tan x-\sin x=\dfrac{x^3}{2}+o(x^3)$，$\tan x-\sin x$ 与 x^3 同阶，从而 α_1 与 x^3 同阶.

由于 $\int_0^{x^4}\dfrac{1}{\sqrt{1-t^2}}\mathrm{d}t=\arcsin x^4$，而当 $x\to 0$ 时，$\arcsin x^4\sim x^4$，故 α_2 与 x^4 同阶.

记 $F(x)=\int_0^x \mathrm{d}u\int_0^{u^2}\arctan t\mathrm{d}t$，则 $F'(x)=\int_0^{x^2}\arctan t\mathrm{d}t$，$F''(x)=\arctan x^2\cdot 2x$. 当 $x\to 0$ 时，$F''(x)$ 与 x^3 同阶，从而 $\alpha_3=F(x)$ 与 x^5 同阶.

综上所述，$\alpha_1,\alpha_2,\alpha_3$ 按照从低阶到高阶的顺序是 $\alpha_1,\alpha_2,\alpha_3$. 应选(A).

84 【答案】 B

【分析】 $f(x)$ 在 $x=0$ 处没定义，但

$$\lim_{x\to 0^-}f(x)=\lim_{x\to 0^-}\frac{2}{1+\mathrm{e}^{\frac{1}{x}}}+\lim_{x\to 0^-}\frac{\sin x}{|x|}=2-1=1,$$

$$\lim_{x\to 0^+}f(x)=\lim_{x\to 0^+}\frac{2}{1+\mathrm{e}^{\frac{1}{x}}}+\lim_{x\to 0^+}\frac{\sin x}{|x|}=0+1=1,$$

则 $x=0$ 是 $f(x)$ 的可去间断点.

85 【答案】 A

【分析】 ①②③④ 都不正确. 选(A).

① 的反例：$f(x)=\begin{cases}1, & 当 x\geqslant 0,\\ -1, & 当 x<0.\end{cases}$ $f(x)$ 在 $x=0$ 处间断，而 $|f(x)|$ 在 $x=0$ 处连续.

② 的反例：$f(x)=\begin{cases}1, & x\neq x_0,\\ 0, & x=x_0.\end{cases}$ 有 $\lim\limits_{h\to 0}f(x_0+h)=\lim\limits_{h\to 0}f(x_0-h)=1$，而 $f(x)$ 在 $x=x_0$ 处并不连续.

③ 的反例：设 $f(x)$ 在 $x=x_0$ 连续且 $f(x_0)=0$，$g(x)$ 在 $x=x_0$ 的某邻域有定义且有界但不连续，则显然有 $\lim\limits_{x\to x_0}f(x)g(x)=0=f(x_0)g(x_0)$，$f(x)g(x)$ 在 $x=x_0$ 处连续.

④ 的反例：$f(x)=\begin{cases}1, & x>0,\\ -1, & x\leqslant 0,\end{cases}$ $g(x)=\begin{cases}-1, & x>0,\\ 1, & x\leqslant 0,\end{cases}$ $f(x)+g(x)\equiv 0$，它在 $x=0$ 处是连续的.

86 【答案】 A

【分析】 对于(A)，

因为 $f'(0)=\lim\limits_{x\to 0}\dfrac{x^{\frac{4}{3}}\sin\dfrac{1}{x}}{x}=0$，而 $f'(x)=\dfrac{4}{3}x^{\frac{1}{3}}\sin\dfrac{1}{x}-x^{-\frac{2}{3}}\cos\dfrac{1}{x}$，

即 $\lim\limits_{x\to 0}f'(x)$ 不存在，所以 $f'(x)$ 在 $x=0$ 处不连续.

对于(B)，

$$f'(0)=\lim_{x\to 0}\frac{\dfrac{\sin x}{x}-1}{x}=0,$$

又 $f'(x)=\dfrac{x\cos x-\sin x}{x^2}(x\neq 0)$，因为

$$\lim_{x\to 0}f'(x)=\lim_{x\to 0}\frac{\cos x-x\sin x-\cos x}{2x}=0=f'(0),$$

故 $f'(x)$ 在 $x=0$ 处连续.

关于(C)(D)，可以同样证明在 $x=0$ 处导数连续.

87 【答案】 D

【分析】 若 $\lim\limits_{x\to x_0}f(x)$ 存在且 $\lim\limits_{x\to x_0}f(x)\neq f(x_0)$，则称 x_0 是 $f(x)$ 的可去间断点.

因为 $x=0$ 是 $f(x)$ 的可去间断点，所以

$$\begin{aligned}\lim_{x\to 0}f(x)&=\lim_{x\to 0}\frac{ax-\ln(1+x)}{x+b\sin x}=\lim_{x\to 0}\frac{a-\dfrac{1}{1+x}}{1+b\cos x}\\&=\lim_{x\to 0}\frac{(a-1)+ax}{(1+b\cos x)(1+x)}=\frac{a-1}{1+b}(b\neq -1).\end{aligned}$$

当 $b=-1$ 时，$\lim\limits_{x\to 0}f(x)=\lim\limits_{x\to 0}\dfrac{ax-\ln(1+x)}{x-\sin x}=\lim\limits_{x\to 0}\dfrac{(a-1)x+\dfrac{1}{2}x^2+o(x^2)}{\dfrac{1}{3!}x^3}=\infty$.

为保证 $\lim\limits_{x\to 0}f(x)$ 存在，只须 $1+b\neq 0$，即 $b\neq -1$，故选择(D).

88 【答案】 D

【分析】 因为$\int_1^{\frac{1}{x}} f(tx)\mathrm{d}t \xlongequal{u=tx} \int_x^1 f(u)\cdot\frac{1}{x}\mathrm{d}u = \frac{1}{x}\int_x^1 f(u)\mathrm{d}u$,

所以原式$=\lim\limits_{x\to 1}\dfrac{\frac{1}{x}\int_x^1 f(u)\mathrm{d}u}{x^2-1}=\lim\limits_{x\to 1}\dfrac{\int_x^1 f(u)\mathrm{d}u}{x^2-1}=\lim\limits_{x\to 1}\dfrac{-f(x)}{2x}=-\dfrac{1}{2}$.

89 【答案】 D

【分析】 由题设知$F'(x)$是以4为周期的连续函数,且$F'(x)=f(x)$,$F''(1)=-1$,则有

$$\lim_{x\to 0}\frac{F'(5-x)-F'(5)}{x}=\lim_{x\to 0}\frac{F'(1-x)-F'(1)}{x}$$
$$=-\lim_{x\to 0}\frac{F'(1-x)-F'(1)}{-x}=-F''(1)=1.$$

90 【答案】 D

【分析】 由$\lim\limits_{x\to 0}\dfrac{\int_0^{f(x)} f(t)\mathrm{d}t}{x^2}=\lim\limits_{x\to 0}\dfrac{f'(x)f[f(x)]}{2x}=\lim\limits_{x\to 0}\dfrac{f'(x)}{2}\lim\limits_{x\to 0}\dfrac{f[f(x)]}{x}$

$$=\frac{f'(0)}{2}\cdot\lim_{x\to 0}f'[f(x)]f'(x)=\frac{[f'(0)]^3}{2}=1,$$

得$f'(0)=\sqrt[3]{2}$,故选(D).

91 【答案】 D

【分析】 求导函数,分段点处需用定义求:$f'(x)=\begin{cases}\dfrac{xg'(x)-g(x)}{x^2}, & x\neq 0,\\ \dfrac{g''(0)}{2}, & x=0.\end{cases}$

判断点$x=0$处$f'(x)$是否连续.

$$\lim_{x\to 0}f'(x)=\lim_{x\to 0}\frac{xg'(x)-g(x)}{x^2}=\lim_{x\to 0}\frac{g'(x)-g'(0)}{x}-\lim_{x\to 0}\frac{g(x)}{x^2}$$
$$=g''(0)-\lim_{x\to 0}\frac{g'(x)-g'(0)}{2x}=g''(0)-\frac{1}{2}g''(0)=\frac{1}{2}g''(0),$$

故选(D).

92 【答案】 A

【分析】 由$x=\int_0^y\dfrac{\mathrm{d}t}{\sqrt{1+4t^2}}$得$\dfrac{\mathrm{d}y}{\mathrm{d}x}=\sqrt{1+4y^2}$,

$$\frac{\mathrm{d}^2y}{\mathrm{d}x^2}=\frac{4y\cdot y'_x}{\sqrt{1+4y^2}}=4y,\frac{\mathrm{d}^3y}{\mathrm{d}x^3}=4\sqrt{1+4y^2}.$$

于是$\dfrac{\mathrm{d}^3y}{\mathrm{d}x^3}-4\dfrac{\mathrm{d}y}{\mathrm{d}x}=4\sqrt{1+4y^2}-4\sqrt{1+4y^2}=0$.故选(A).

93 【答案】 C

【分析】 命题①不正确.

例如$f(x)=x-x_0$在x_0处可导,但$|f(x)|=|x-x_0|$在x_0处不可导.

命题 ② 不正确.

例如 $f(x)=\begin{cases}-1, & x\leqslant x_0,\\ 1, & x>x_0\end{cases}$ 在 x_0 处不可导，但 $|f(x)|\equiv 1$ 在 x_0 处可导.

命题 ③ 正确.

由题设知 $f'(x_0)=\lim\limits_{x\to x_0}\dfrac{f(x)}{x-x_0}\neq 0$，令 $g(x)=|f(x)|$，则

$$g'_+(x_0)=\lim_{x\to x_0^+}\frac{|f(x)|}{x-x_0}=\lim_{x\to x_0^+}\left|\frac{f(x)}{x-x_0}\right|=|f'(x_0)|,$$

$$g'_-(x_0)=\lim_{x\to x_0^-}\frac{|f(x)|}{x-x_0}=-\lim_{x\to x_0^-}\left|\frac{f(x)}{x-x_0}\right|=-|f'(x_0)|,$$

则 $g'_-(x_0)\neq g'_+(x_0)$，$g(x)=|f(x)|$ 在 x_0 处不可导.

命题 ④ 正确.

若 $f(x_0)>0$，则在 x_0 某邻域内，$f(x)>0$，$|f(x)|=f(x)$，从而由 $|f(x)|$ 在 x_0 处可导得 $f(x)$ 在 x_0 处可导；

若 $f(x_0)<0$，则在 x_0 某邻域内，$f(x)<0$，$|f(x)|=-f(x)$，从而由 $|f(x)|$ 在 x_0 处可导得 $f(x)$ 在 x_0 处可导；

若 $f(x_0)=0$，由 $|f(x)|$ 在 x_0 处可导知，$\lim\limits_{x\to x_0}\dfrac{|f(x)|}{x-x_0}$ 存在，而

$$\lim_{x\to x_0^+}\frac{|f(x)|}{x-x_0}\geqslant 0,\lim_{x\to x_0^-}\frac{|f(x)|}{x-x_0}\leqslant 0,$$

则 $\lim\limits_{x\to x_0}\dfrac{|f(x)|}{x-x_0}=0$，因此 $\lim\limits_{x\to x_0}\left|\dfrac{|f(x)|}{x-x_0}\right|=\lim\limits_{x\to x_0}\left|\dfrac{f(x)}{x-x_0}\right|=0$，故 $\lim\limits_{x\to x_0}\dfrac{f(x)}{x-x_0}=0$，即 $f(x)$ 在 x_0 处可导.

94 【答案】 C

【分析】 由 $f(x)$ 在 $x=0$ 处连续，知 $\lim\limits_{x\to 0}f(x)=f(0)$，即 $\lim\limits_{x\to 0}\dfrac{g(x)}{x}=2$.

因而 $g(0)=0$，$g'(0)=2$. 答案应选(C).

95 【答案】 D

【分析】 由反函数求导公式得

$$\varphi'(y)=\frac{1}{f'(x)},$$

$$\varphi''(y)=\frac{\mathrm{d}}{\mathrm{d}x}\left[\frac{1}{f'(x)}\right]\cdot\frac{\mathrm{d}x}{\mathrm{d}y}=-\frac{f''(x)}{[f'(x)]^2}\cdot\frac{1}{f'(x)},$$

$$\varphi''(2)=-\frac{f''(1)}{[f'(1)]^3}=-\frac{3}{8}.$$

故应选(D).

96 【答案】 C

【分析】 由 $x=1$，$y=-1$，得 $a+b=-2$，

$$y'=2x+a,y'|_{x=1}=a+2;$$

$$2y'=y^3+3xy^2y',$$

$$2y'|_{x=1}=-1+3y'|_{x=1},y'|_{x=1}=1.$$

综上，$a=-1$，$b=-1$，故选(C).

97 【答案】 C

【分析】 由题设有 $f(0)=0$，于是 $f'(0)=\lim\limits_{x\to0}\dfrac{f(x)-f(0)}{x-0}=\lim\limits_{x\to0}\dfrac{f(x)}{x}=0$，可见 $y=f(x)$ 在 $x=0$ 处的切线平行于 x 轴，所以应选(C).

98 【答案】 C

【分析】 由于 $f(x)$ 为奇函数，故 $f(0)=0$.

$f(x)$ 在以 $0,x(x\in[-1,1])$ 为端点的区间上用拉格朗日中值定理，有

$$|f(x)|=|f(x)-f(0)|=|f'(\xi)||x-0|\leqslant M\cdot 1,$$

故 $\forall x\in[-1,1]$，$|f(x)|\leqslant M$.

99 【答案】 D

【分析】 **直接法**

令 $F(x)=\ln|f(x)|$，则

$$F'(x)=\frac{f'(x)}{f(x)}>0,$$

$F(x)$ 单调增，$F(1)>F(0)$，$\ln|f(1)|>\ln|f(0)|$.

由于 $\ln x$ 单调增，则 $|f(1)|>|f(0)|$，即 $\left|\dfrac{f(1)}{f(0)}\right|>1$.

故应选(D).

排除法

令 $f(x)=\mathrm{e}^x$，则

$$\frac{f(x)}{f'(x)}=1>0.$$

而 $f(x)=\mathrm{e}^x$ 单调增，则 $f(1)>f(0)$，且 $\left|\dfrac{f(1)}{f(0)}\right|>1$，则(B)(C) 选项不正确.

令 $f(x)=-\mathrm{e}^x$，则

$$\frac{f(x)}{f'(x)}=1>0.$$

而 $f(x)=-\mathrm{e}^x$ 单调减，则 $f(1)<f(0)$，则(A) 选项不正确.

故应选(D).

100 【答案】 C

【分析】 由不等式 $\sin x<x<\tan x\left(0<x<\dfrac{\pi}{2}\right)$ 可知，当 $0<x<\dfrac{\pi}{4}$ 时，$\dfrac{\tan x}{x}>1$，由此可得

$$\frac{\tan x}{x}<\left(\frac{\tan x}{x}\right)^2,$$

即

$$f(x)<g(x).$$

又

$$f'(x)=\frac{x\sec^2x-\tan x}{x^2}=\frac{x-\sin x\cos x}{x^2\cos^2x}>\frac{x-\sin x}{x^2\cos^2x}>0\left(0<x<\frac{\pi}{4}\right),$$

则 $f(x)=\dfrac{\tan x}{x}$ 在区间 $\left(0,\dfrac{\pi}{4}\right)$ 上单调增加，又在该区间上 $x^2<x$，从而有

$$f(x^2)<f(x),$$

即$\dfrac{\tan x^2}{x^2} < \dfrac{\tan x}{x}$，$h(x) < f(x)$.

则 $g(x) > f(x) > h(x)$，故应选(C).

101 【答案】 D

【分析】 证明(D) 正确. 不妨设 $f'''(x_0) > 0$，由

$$f'''(x_0) = \lim_{x \to x_0} \frac{f''(x) - f''(x_0)}{x - x_0} = \lim_{x \to x_0} \frac{f''(x)}{x - x_0} > 0$$

知，存在 $x = x_0$ 的某去心邻域 $f''(x)$ 与 $x - x_0$ 同号，又因 $f'(x_0) = 0$，故在该去心邻域内 $f'(x) > 0$，所以 $f(x_0)$ 不是 $f(x)$ 的极值，选(D).

(A)(B)(C) 均不正确. 因(A) 中未设 $f(x)$ 在 $x = 0$ 连续，由 $f'(x) > 0 (x \neq 0)$，只能推出 $(-\infty, 0)$ 与 $(0, +\infty)$ 内 $f(x)$ 分别严格单调增. (B) 中未设 $f(x)$ 在 $x = 0$ 处可导，例如 $f(x) = |x|$，在$x = 0$ 处不可导. (C) 中未设 $f'(x_0) = 0$.

102 【答案】 C

【分析】 由于 $f(x)$ 在 $x = 2$ 处连续，且$\lim\limits_{x \to 0} \dfrac{\ln[f(x+2) + e^{x^2}]}{1 - \cos x} = 4$，则 $f(2) = 0$. 且当 $x \to 0$ 时

$\ln[f(x+2) + e^{x^2}] = \ln[1 + (f(x+2) + e^{x^2} - 1)] \sim f(x+2) + e^{x^2} - 1$，

$$\lim_{x \to 0} \frac{\ln[f(x+2) + e^{x^2}]}{1 - \cos x} = \lim_{x \to 0} \frac{f(x+2) + e^{x^2} - 1}{\frac{1}{2}x^2} = 2\left[\lim_{x \to 0} \frac{f(x+2)}{x^2} + \lim_{x \to 0} \frac{e^{x^2} - 1}{x^2}\right]$$

$$= 2\left[\lim_{x \to 0} \frac{f(x+2)}{x^2} + 1\right] = 4,$$

则$\lim\limits_{x \to 0} \dfrac{f(x+2)}{x^2} = 1$.

$\lim\limits_{x \to 0} \dfrac{f(x+2)}{x^2} = \lim\limits_{x \to 0} \dfrac{\dfrac{f(2+x) - f(2)}{x}}{x} = 1$，则$\lim\limits_{x \to 0} \dfrac{f(2+x) - f(2)}{x} = 0$，即 $f'(2) = 0$，$x = 2$ 为驻点.

又$\lim\limits_{x \to 0} \dfrac{f(x+2)}{x^2} = 1 > 0$，由极限的保号性知，在 $x = 0$ 的某去心邻域内，$f(x+2) > 0$，即 $f(x+2) > f(2)$，从而 $f(x)$ 在 $x = 2$ 处取极小值，故应选(C).

103 【答案】 B

【分析】 由题意可知，$f(x)$ 是一个凸函数，即 $f''(x) < 0$，且在点$(1,1)$ 处的曲率

$$\rho = \frac{|y''|}{[1 + (y')^2]^{\frac{3}{2}}} = \frac{1}{\sqrt{2}},$$

而 $f'(1) = -1$，由此可得，$f''(1) = -2$.

在$[1,2]$ 上，$f'(x) \leqslant f'(1) = -1 < 0$，即 $f(x)$ 单调减少，没有极值点.

对于 $f(2) - f(1) = f'(\xi) < -1$，$\xi \in (1,2)$(拉格朗日中值定理)，

而 $f(1) = 1 > 0$，故 $f(2) < 0$，由零点定理知，在$(1,2)$ 上，$f(x)$ 有零点，故应选(B).

104 【答案】 A

【分析】 因 $f'(x_0) = 0$，故 x_0 是 $f(x)$ 的驻点；由 $x_0 \neq 0$，得

$$f''(x_0)=\frac{1-e^{-x_0}}{x_0}>0,$$

故 x_0 是 $f(x)$ 的极小值点.选项(A)是对的.

105 【答案】 C

【分析】 因 $f'(x)=6x^2-18x+12=6(x-1)(x-2)$,

$$f''(x)=6(2x-3),f''(1)=-6<0,f''(2)=6>0,$$

故 $f(1)=5-a$ 为极大值,$f(2)=4-a$ 为极小值.

当 $a=4$ 时,$f(1)=5-4>0$,$\lim\limits_{x\to-\infty}f(x)=-\infty$,且在区间$(-\infty,1)$内 $f'(x)>0$,$f(x)$ 单调增加,故 $f(x)$ 在$(-\infty,1)$内有唯一零点.同时,$f(2)=4-a=0$,即 $x=2$ 为 $f(x)$ 的另一零点,而在区间$(1,2)$内,$f'(x)<0$,$f(x)$ 单调减少.在区间$(2,+\infty)$内 $f'(x)>0$,$f(x)$ 单调增加,所以 $f(x)$ 在$(1,2)$和$(2,+\infty)$内均大于零.由此可知当 $a=4$ 时,$f(x)$ 恰有两个零点.

另外,当 $a=2$ 时,$f(1)=3>0$,$f(2)=2>0$,故 $f(x)$ 在$(1,+\infty)$内均为正,没有零点,此时 $f(x)$ 只有一个零点.类似可以讨论当 $a=6$ 或 8 时,$f(x)$ 只在$(2,+\infty)$内有唯一零点,所以应选(C).

106 【答案】 C

【分析】 易知

$$f(1)=0,f\left(\frac{3}{2}\right)=\frac{1}{4}>0,$$

$$f\left(\frac{7}{4}\right)=-\frac{\sqrt{2}}{2}+\frac{1}{8}+\frac{3}{8}=\frac{1}{2}-\frac{\sqrt{2}}{2}<0,$$

$$f(2)=\frac{1}{2}>0,$$

所以 $f(x)$ 在$(-\infty,+\infty)$上至少有 3 个零点.

又因

$$f'(x)=\pi\sin\pi x+6(2x-3)^2+\frac{1}{2},$$

$$f''(x)=\pi^2\cos\pi x+24(2x-3),$$

$$f'''(x)=-\pi^3\sin\pi x+48>0,$$

所以 $f(x)$ 在区间$(-\infty,+\infty)$上至多有 3 个零点,结合以上两项知,$f(x)$ 在$(-\infty,+\infty)$上正好有 3 个零点.

【评注】 讨论 $f(x)$ 在区间(a,b)上正好有几个零点,一般要将(a,b)分成相应的几个小区间并证明小区间的端点处 $f(x)$ 反号,且小区间内 $f'(x)\neq0$(即每个小区间内的 $f(x)$ 为单调函数).其中第一步通过试算可以达到目的,但在划分的小区间内不一定单调.本题解法使用了下述定理:"设 $f(x)$ 在区间(a,b)内存在 n 阶导数,且 $f^{(n)}(x)\neq0$,则在区间(a,b)内 $f(x)$ 至多有 n 个零点."你会证明这个定理么?(反复用罗尔定理即得).

107 【答案】 C

【分析】 因为 $f'(x_0)=0$,且 $f''(x_0)=\lim\limits_{x\to x_0}\frac{f'(x)-f'(x_0)}{x-x_0}=\lim\limits_{x\to x_0}\frac{f'(x)}{x-x_0}<0$,所以由保号性知,存在 $\delta>0$,当 $x\in\mathring{U}_\delta(x_0)$ 时,$\frac{f'(x)}{x-x_0}<0$.因此当 $x\in(x_0-\delta,x_0)$ 时有 $f'(x)>0$,

所以在区间$(x_0-\delta,x_0)$上$f'(x)>0$，即$f(x)$严格单调增，当$x\in(x_0,x_0+\delta)$时有$f'(x)<0$，所以在区间$(x_0,x_0+\delta)$上，$f'(x)<0$，即$f(x)$严格单调减．因此选(C)．

108　【答案】 C

【分析】 $x=0$和$x=-1$是铅直渐近线，注意$x=1$不是铅直渐近线．

109　【答案】 B

【分析】 $\lim\limits_{x\to\infty}y=\frac{\pi}{4}$，$\lim\limits_{x\to 0}y=\infty$，故$x=0$，$y=\frac{\pi}{4}$分别为其铅直渐近线和水平渐近线．注意：$\lim\limits_{x\to 1}y\neq\infty$，$\lim\limits_{x\to -2}y\neq\infty$，故$x=1$与$x=-2$并非铅直渐近线．

110　【答案】 D

【分析】 由于$\lim\limits_{x\to-\infty}\frac{1+x}{1-e^{-x}}=0$，则$y=0$是该曲线的一条水平渐近线；

$\lim\limits_{x\to 0}\frac{1+x}{1-e^{-x}}=\infty$，则$x=0$是该曲线的一条铅直渐近线；

$$\lim_{x\to+\infty}\frac{y}{x}=\lim_{x\to+\infty}\frac{1+x}{x(1-e^{-x})}=1=a,$$

$$\lim_{x\to+\infty}(y-ax)=\lim_{x\to+\infty}\frac{1+xe^{-x}}{1-e^{-x}}=1=b,$$

则$y=x+1$是该曲线的一条斜渐近线．

或者

$$y=\frac{1+x}{1-e^{-x}}=x+1+\frac{(1+x)e^{-x}}{1-e^{-x}},$$

而$\lim\limits_{x\to+\infty}\frac{(1+x)e^{-x}}{1-e^{-x}}=0$，则$y=x+1$是该曲线的一条斜渐近线．

111　【答案】 C

【分析】 由$f(x)$的一个原函数为$\arctan x$可知

$$\int f(x)\,dx=\arctan x+C,$$

则

$$\int xf(1-x^2)\,dx=-\frac{1}{2}\int f(1-x^2)\,d(1-x^2)=-\frac{1}{2}\arctan(1-x^2)+C.$$

故应选(C)．

112　【答案】 B

【分析】 因为$f'(\sin^2 x)=\cos^2 x=1-\sin^2 x$，令$\sin^2 x=t$，则$f'(t)=1-t$，所以$f(x)=x-\frac{1}{2}x^2+C$．故选(B)．

113　【答案】 A

【分析】

$$\int\frac{f(ax)}{a}dx=\frac{1}{a^2}\int f(ax)\,d(ax)=\frac{1}{a^2}\cdot\frac{\sin ax}{ax}+C.$$

故选(A)．

114 【答案】 D

【分析】 首先，

$$f(x)=\max\{x,x^2\}=\begin{cases}x^2, & x\leqslant 0,\\ x, & 0<x\leqslant 1,\\ x^2, & x>1,\end{cases}$$

$\lim\limits_{x\to 0^-}f(x)=\lim\limits_{x\to 0^-}x^2=0,\lim\limits_{x\to 0^+}f(x)=\lim\limits_{x\to 0^+}x=0=f(0)$，所以 $f(x)$ 在 $x=0$ 处连续，类似 $f(x)$ 在 $x=1$ 处也连续，即 $f(x)$ 是处处连续的函数，因而其原函数 $F(x)$ 连续且可导. 这表示选项(A) 是错的.

另外，

$$F(x)=\begin{cases}\dfrac{x^3}{3}, & x\leqslant 0,\\ \dfrac{x^2}{2}, & 0<x\leqslant 1,\\ \dfrac{1}{3}x^3+\dfrac{1}{6}, & x>1,\end{cases}$$

$F'_-(1)=1,F'_+(1)=1$，故 $x=1$ 不是 $F'(x)$ 的间断点. 这否定了选项(C). 同理 $x=0$ 也不是 $F'(x)$ 的间断点. 这否定了(B). 所以选项(D) 正确.

115 【答案】 C

【分析】 **直接法**

由于 $\ln(t+\sqrt{1+t^2})$ 是奇函数，则 $t\ln(t+\sqrt{1+t^2})$ 是偶函数，所以 $\int_0^x t\ln(t+\sqrt{1+t^2})\mathrm{d}t$ 必是奇函数，故应选(C).

排除法

对于选项(A) 中的函数 $f(x)=\int_a^x \sin t^2\mathrm{d}t$，如果 $a=0$，显然 $f(x)=\int_0^x\sin t^2\mathrm{d}t$ 是奇函数. 但是，若 $a=1$，此时 $f(x)=\int_1^x\sin t^2\mathrm{d}t,f(0)=\int_1^0\sin t^2\mathrm{d}t\neq 0$，则 $f(x)=\int_1^x\sin t^2\mathrm{d}t$ 不是奇函数，排除选项(A).

$\sin t^3$ 是奇函数，则 $\int_0^x\sin t^3\mathrm{d}t$ 是偶函数，所以排除选项(B).

$\sin t^2$ 是偶函数，则 $\int_0^y\sin t^2\mathrm{d}t$ 是奇函数，从而 $\int_0^x\left[\int_0^y\sin t^2\mathrm{d}t\right]\mathrm{d}y$ 是偶函数，所以排除选项(D).

故应选(C).

116 【答案】 C

【分析】 **直接法**

$$\int_{-x}^0 f(t)\mathrm{d}t\xlongequal{t=-u}\int_0^x f(-u)\mathrm{d}u,$$

则
$$\int_0^x f(t)\mathrm{d}t-\int_{-x}^0 f(t)\mathrm{d}t=\int_0^x f(t)\mathrm{d}t-\int_0^x f(-t)\mathrm{d}t=\int_0^x[f(t)-f(-t)]\mathrm{d}t.$$

由于 $f(x)$ 以 T 为周期，则 $f(-x)$ 也以 T 为周期，从而 $f(x)-f(-x)$ 也以 T 为周期，又 $f(x)-f(-x)$ 是奇函数，则 $f(x)-f(-x)$ 在其一个周期 $\left[-\dfrac{T}{2},\dfrac{T}{2}\right]$ 上的积分

$$\int_{-\frac{T}{2}}^{\frac{T}{2}}[f(x)-f(-x)]\mathrm{d}x=0.$$

而$\int_0^x [f(t)-f(-t)]\mathrm{d}t$是函数$f(x)-f(-x)$的一个原函数，则$\int_0^x [f(t)-f(-t)]\mathrm{d}t$是周期函数，故应选(C).

排除法

令$f(x)=1+\cos x$，显然$f(x)$是以2π为周期的周期函数，而

$$\int_0^x f(t)\mathrm{d}t=\int_0^x(1+\cos t)\mathrm{d}t=x+\sin x,$$

$$\int_{-x}^0 f(t)\mathrm{d}t=\int_{-x}^0(1+\cos t)\mathrm{d}t=x+\sin x,$$

$$\int_0^x f(t)\mathrm{d}t+\int_{-x}^0 f(t)\mathrm{d}t=2(x+\sin x),$$

而$x+\sin x$不是周期函数，所以排除选项(A)(B)(D)，故应选(C).

117 【答案】 B

【分析】 对于(A)，因为$f(x+T)=f(x)$，所以$f'(x+T)=f'(x)$. 所以$f'(x)$以T为周期. (A) 正确.

对于(B)，例如$f(x)=\cos^2 x$，周期为π，则$\int_0^x f(t)\mathrm{d}t=\int_0^x \cos^2 t\mathrm{d}t=\dfrac{x}{2}+\dfrac{1}{4}\sin 2x$不是周期函数，故(B) 错误.

对于(C)，令$F(x)=\int_0^x [f(t)-f(-t)]\mathrm{d}t$，则

$$\begin{aligned}F(x+T)&=\int_0^{x+T}[f(t)-f(-t)]\mathrm{d}t\\&=\int_0^x[f(t)-f(-t)]\mathrm{d}t+\int_x^{x+T}[f(t)-f(-t)]\mathrm{d}t.\end{aligned}$$

因为$f(x+T)=f(x)$，所以

$\int_x^{x+T}[f(t)-f(-t)]\mathrm{d}t=\int_{-\frac{T}{2}}^{\frac{T}{2}}[f(t)-f(-t)]\mathrm{d}t=0$(因$[f(t)-f(-t)]$为奇函数).

于是$F(x+T)=F(x)$. (C) 正确.

对于(D)，设$F(x)=\int_0^x f(t)\mathrm{d}t-\dfrac{x}{T}\int_0^T f(t)\mathrm{d}t$，则

$$\begin{aligned}F(x+T)&=\int_0^{x+T}f(t)\mathrm{d}t-\frac{T+x}{T}\int_0^T f(t)\mathrm{d}t=\int_0^{x+T}f(t)\mathrm{d}t-\int_0^T f(t)\mathrm{d}t-\frac{x}{T}\int_0^T f(t)\mathrm{d}t\\&=\int_0^x f(t)\mathrm{d}t-\frac{x}{T}\int_0^T f(t)\mathrm{d}t=F(x).\end{aligned}$$

(D) 正确.

118 【答案】 C

【分析】 **直接法** $F(x)=x^2\int_0^x f(t)\mathrm{d}t-\int_0^x t^2 f(t)\mathrm{d}t,$

则 $$F'(x)=2x\int_0^x f(t)\mathrm{d}t+x^2f(x)-x^2f(x)=2x\int_0^x f(t)\mathrm{d}t,$$

$$\begin{aligned}\lim_{x\to0}\frac{F'(x)}{x^k}&=\lim_{x\to0}\frac{2x\int_0^x f(t)\mathrm{d}t}{x^k}=\lim_{x\to0}\frac{2\int_0^x f(t)\mathrm{d}t}{x^{k-1}}\\&=\lim_{x\to0}\frac{2f(x)}{(k-1)x^{k-2}}.\end{aligned}$$ （洛必达法则）

由于当 $x\to 0$ 时,$F'(x)$ 与 x^k 为同阶无穷小,即该极限为非零常数,当且仅当 $k-2=1$,即 $k=3$ 时

$$\lim_{x\to 0}\frac{F'(x)}{x^k}=\lim_{x\to 0}\frac{2f(x)}{2x}=f'(0)\neq 0.$$

排除法 取 $f(x)=x$,显然满足题设条件,此时

$$F(x)=\int_0^x(x^2-t^2)t\mathrm{d}t=x^2\int_0^x t\mathrm{d}t-\int_0^x t^3\mathrm{d}t=\frac{x^4}{4},$$

$$F'(x)=x^3.$$

由题设当 $x\to 0$ 时,$F'(x)$ 与 x^k 为同阶无穷小,则排除选项(A)(B)(D),故应选(C).

119 【答案】 C

【分析】 令 $u=x-t$,则

$$\lim_{x\to 0}\frac{\int_0^x tf(x-t)\mathrm{d}t}{x\int_0^x f(x-t)\mathrm{d}t}=\lim_{x\to 0}\frac{\int_0^x(x-u)f(u)\mathrm{d}u}{x\int_0^x f(u)\mathrm{d}u}=\lim_{x\to 0}\frac{\int_0^x xf(u)\mathrm{d}u-\int_0^x uf(u)\mathrm{d}u}{x\int_0^x f(u)\mathrm{d}u}$$

$$=1-\lim_{x\to 0}\frac{\int_0^x uf(u)\mathrm{d}u}{x\int_0^x f(u)\mathrm{d}u}=1-\lim_{x\to 0}\frac{xf(x)}{\int_0^x f(u)\mathrm{d}u+xf(x)}$$

$$=1-\lim_{x\to 0}\frac{f(x)+xf'(x)}{f(x)+f(x)+xf'(x)}=1-\lim_{x\to 0}\frac{\frac{f(x)}{x^2}+\frac{f'(x)}{x}}{\frac{2f(x)}{x^2}+\frac{f'(x)}{x}},$$

而 $\lim\limits_{x\to 0}\dfrac{f'(x)}{x}=\lim\limits_{x\to 0}\dfrac{f'(x)-f'(0)}{x-0}=f''(0)$,$\lim\limits_{x\to 0}\dfrac{f(x)}{x^2}=\lim\limits_{x\to 0}\dfrac{f'(x)}{2x}=\dfrac{1}{2}f''(0)$,

所以原式 $=1-\dfrac{3}{4}=\dfrac{1}{4}$,选(C).

120 【答案】 D

【分析】 $F(x)=\int_{-1}^x f(t)\mathrm{d}t=\begin{cases}\int_{-1}^x \mathrm{e}^t\mathrm{d}t, & x\leqslant 0,\\ \int_{-1}^0 \mathrm{e}^t\mathrm{d}t+\int_0^x(t^2+a)\mathrm{d}t, & x>0\end{cases}=\begin{cases}\mathrm{e}^x-\mathrm{e}^{-1}, & x\leqslant 0,\\ 1-\mathrm{e}^{-1}+\frac{1}{3}x^3+ax, & x>0.\end{cases}$

$\lim\limits_{x\to 0^-}F(x)=1-\mathrm{e}^{-1}$,$\lim\limits_{x\to 0^+}F(x)=1-\mathrm{e}^{-1}$,知 $F(x)$ 在 $x=0$ 处连续.

$$F'_-(0)=\lim_{x\to 0^-}\frac{\mathrm{e}^x-\mathrm{e}^{-1}-1+\mathrm{e}^{-1}}{x}=\lim_{x\to 0^-}\frac{\mathrm{e}^x-1}{x}=1,$$

$$F'_+(0)=\lim_{x\to 0^+}\frac{1-\mathrm{e}^{-1}+\frac{1}{3}x^3+ax-1+\mathrm{e}^{-1}}{x}=a,$$

故当且仅当 $a=1$ 时可导,所以选(D).

121 【答案】 D

【分析】 **方法一** 先求 $g(x)$ 的表达式:当 $x\in(0,1)$ 时,

$$g(x)=\int_0^x\frac{1}{2}(t^2-1)\mathrm{d}t=\frac{1}{6}x^3-\frac{x}{2}.$$

当 $x\in[1,2)$ 时，$g(x)=\int_0^1\frac{1}{2}(t^2-1)\mathrm{d}t+\int_1^x\frac{1}{3}(t+1)\mathrm{d}t$

$$=-\frac{1}{3}+\left(\frac{t^2}{6}+\frac{t}{3}\right)\Big|_1^x=\frac{x^2}{6}+\frac{x}{3}-\frac{5}{6}.$$

而

$$\lim_{x\to1^-}g(x)=\lim_{x\to1^-}\left(\frac{x^3}{6}-\frac{x}{2}\right)=-\frac{1}{3},$$

$$\lim_{x\to1^+}g(x)=\lim_{x\to1^+}\left(\frac{x^2}{6}+\frac{x}{3}-\frac{5}{6}\right)=-\frac{1}{3},$$

且 $g(1)=-\frac{1}{3}$，故 $g(x)$ 在 $x=1$ 处连续. 又 $g(x)$ 在区间 $(0,1)$ 和 $[1,2)$ 内也都连续，所以 $g(x)$ 在 $(0,2)$ 内连续. 选(D).

方法二 显然 $x=1$ 为 $f(x)$ 的跳跃间断点(第一类间断点)，则 $f(x)$ 在区间 $[0,2]$ 上可积，从而 $g(x)=\int_0^x f(t)\mathrm{d}t$ 在区间 $[0,2]$ 上连续，故选(D).

122 【答案】 B

【分析】 ①②③ 正确，④ 不正确.

对于 ①，将 a 看成变量，两边对 a 求导，由 $\int_{-a}^{a}f(x)\mathrm{d}x=0\Rightarrow$

$$f(a)-[-f(-a)]=0\Rightarrow f(a)=-f(-a)\Rightarrow f(x)\text{ 为奇函数},$$

反之，设 $f(x)$ 为奇函数，$f(x)=-f(-x)\Rightarrow$

$$\int_{-a}^{a}f(x)\mathrm{d}x=\int_{a}^{-a}f(-x)\mathrm{d}(-x)\Rightarrow\int_{-a}^{a}f(x)\mathrm{d}x=\int_{a}^{-a}f(x)\mathrm{d}x\Rightarrow\int_{-a}^{a}f(x)\mathrm{d}x=0.$$

对于 ②，其证明与 ① 类似.

对于 ③，设 $\int_a^{a+\omega}f(x)\mathrm{d}x$ 与 a 无关，于是

$$\left(\int_a^{a+\omega}f(x)\mathrm{d}x\right)'_a=0\Rightarrow f(a+\omega)-f(a)=0\Rightarrow f(x)\text{ 具有周期 }\omega,$$

反之，设 $f(a+\omega)-f(a)=0\Rightarrow$

$$\left(\int_a^{a+\omega}f(x)\mathrm{d}x\right)'_a=f(a+\omega)-f(a)=0\Rightarrow\int_a^{a+\omega}f(x)\mathrm{d}x\text{ 与 }a\text{ 无关},$$

顺便可得出 $\int_a^{a+\omega}f(x)\mathrm{d}x=\int_0^{\omega}f(x)\mathrm{d}x=\int_{-\frac{\omega}{2}}^{\frac{\omega}{2}}f(x)\mathrm{d}x.$

对于 ④ 可举出反例. 例如 $f(x)=x-1$，$\int_0^2(x-1)\mathrm{d}x=0$，但 $\int_0^x f(t)\mathrm{d}t$ 并不是周期函数.

123 【答案】 B

【分析】 **方法一** 由 $|f(x)|\leqslant x^2$ 知，$f(0)=0$，又

$$f'(0)=\lim_{x\to0}\frac{f(x)}{x},$$

$$\left|\frac{f(x)}{x}\right|\leqslant\frac{x^2}{|x|}=|x|,$$

由夹逼准则知 $\lim\limits_{x\to0}\left|\frac{f(x)}{x}\right|=0$，则 $f'(0)=\lim\limits_{x\to0}\frac{f(x)}{x}=0$.

由 $f''(x)>0$ 可知 $f'(x)$ 单调增，又 $f'(0)=0$，$f(0)=0$，则

当 $-1\leqslant x<0$ 时，$f'(x)<0$，$f(x)$ 单调减，$f(x)>0$；

当 $0<x\leqslant1$ 时，$f'(x)>0$，$f(x)$ 单调增，$f(x)>0$.

则 $I=\int_{-1}^{1}f(x)\mathrm{d}x>0$,故应选(B).

方法二 由 $|f(x)|\leqslant x^2$ 知,$f(0)=0$,又由泰勒公式

$$f(x)=f(0)+f'(0)x+\frac{f''(\xi)}{2!}x^2=f'(0)x+\frac{f''(\xi)}{2!}x^2,$$

则
$$\int_{-1}^{1}f(x)\mathrm{d}x=f'(0)\int_{-1}^{1}x\mathrm{d}x+\frac{1}{2}\int_{-1}^{1}f''(\xi)x^2\mathrm{d}x>0.$$

故应选(B).

124 **【答案】** D

【分析】 $M=\int_{-\frac{\pi}{4}}^{\frac{\pi}{4}}\left(\frac{\tan x}{1+x^4}+x^8\right)\mathrm{d}x=\int_{-\frac{\pi}{4}}^{\frac{\pi}{4}}x^8\mathrm{d}x$,

$N=\int_{-\frac{\pi}{4}}^{\frac{\pi}{4}}[\sin^8x+\ln(x+\sqrt{x^2+1})]\mathrm{d}x=\int_{-\frac{\pi}{4}}^{\frac{\pi}{4}}\sin^8x\mathrm{d}x<\int_{-\frac{\pi}{4}}^{\frac{\pi}{4}}x^8\mathrm{d}x=M$,

$P=\int_{-\frac{\pi}{4}}^{\frac{\pi}{4}}[\tan^4x+(\mathrm{e}^x-\mathrm{e}^{-x})\cos x]\mathrm{d}x=\int_{-\frac{\pi}{4}}^{\frac{\pi}{4}}\tan^4x\mathrm{d}x>\int_{-\frac{\pi}{4}}^{\frac{\pi}{4}}x^4\mathrm{d}x>\int_{-\frac{\pi}{4}}^{\frac{\pi}{4}}x^8\mathrm{d}x=M$,

所以 $N<M<P$. 选(D).

125 **【答案】** B

【分析】 $f\left(\frac{1}{x}\right)=\int_1^{\frac{1}{x}}\frac{\ln(1+t)}{t}\mathrm{d}t\xlongequal{令u=\frac{1}{t}}\int_1^x\frac{\ln\left(1+\frac{1}{u}\right)}{\frac{1}{u}}\left(-\frac{\mathrm{d}u}{u^2}\right)$

$$=-\int_1^x\frac{\ln(1+u)-\ln u}{u}\mathrm{d}u,$$

于是 $f(x)+f\left(\frac{1}{x}\right)=\int_1^x\left[\frac{\ln(1+t)}{t}-\frac{\ln(1+t)-\ln t}{t}\right]\mathrm{d}t=\int_1^x\frac{\ln t}{t}\mathrm{d}t=\frac{1}{2}\ln^2x$,

当 $x=2$ 时,函数值为$\frac{1}{2}\ln^2 2$. 选(B).

126 **【答案】** D

【分析】 通过举出反例可得出不选(A)(B)(C).

例如 $f(x)=x$,$\int_{-1}^{1}f(x)\mathrm{d}x=0$,但$\int_{-1}^{1}f^2(x)\mathrm{d}x=2\int_0^1x^2\mathrm{d}x=\frac{2}{3}\neq0$,因此不选(A)(C).

例如 $f(x)=0$ 时,$\int_a^bf(x)\mathrm{d}x=0$,但$\int_a^bf^2(x)\mathrm{d}x=0$,因此不选(B).

由排除法,应选(D).

127 **【答案】** A

【分析】 $I_1=\int_0^ax^2f(x^2)x\mathrm{d}x=\frac{1}{2}\int_0^ax^2f(x^2)\mathrm{d}(x^2)=\frac{1}{2}\int_0^{a^2}uf(u)\mathrm{d}u=\frac{1}{2}I_2$,即 $2I_1=I_2$,

应选(A).

128 **【答案】** B

【分析】 令 $x=\sin t$,则

$$I_1=\int_0^1 f(x)\mathrm{d}x=\int_0^{\frac{\pi}{2}} f(\sin t)\cos t\mathrm{d}t<\int_0^{\frac{\pi}{2}} f(\sin t)\mathrm{d}t=I_2,$$

令 $x=\tan t$，则

$$I_1=\int_0^1 f(x)\mathrm{d}x=\int_0^{\frac{\pi}{4}} f(\tan t)\sec^2 t\mathrm{d}t>\int_0^{\frac{\pi}{4}} f(\tan t)\mathrm{d}t=I_3,$$

则 $I_3<I_1<I_2$，故应选(B).

129 【答案】 C

【分析】 令 $2x=t$，得 $\int_0^1 xf''(2x)\mathrm{d}x=\int_0^2 \frac{1}{2}tf''(t)\cdot\frac{1}{2}\mathrm{d}t=\frac{1}{4}\int_0^2 xf''(x)\mathrm{d}x$，故 $n=4$.

130 【答案】 B

【分析】 **方法一** 令 $x=\frac{1}{t}$，则

$$\text{原式}=\int_{+\infty}^0 \frac{-t^{-2}}{(1+t^{-\alpha})(1+t^{-2})}\mathrm{d}t=\int_0^{+\infty}\frac{t^\alpha}{(1+t^\alpha)(1+t^2)}\mathrm{d}t$$
$$=\int_0^{+\infty}\frac{\mathrm{d}t}{1+t^2}-\int_0^{+\infty}\frac{\mathrm{d}t}{(1+t^\alpha)(1+t^2)},$$

移项得

$$\int_0^{+\infty}\frac{\mathrm{d}x}{(1+x^2)(1+x^\alpha)}=\frac{1}{2}\int_0^{+\infty}\frac{\mathrm{d}t}{1+t^2}=\frac{\pi}{4}.$$

方法二 ① 当 $\alpha>0$ 时，有 $\lim\limits_{x\to+\infty}\frac{x^{2+\alpha}}{(1+x^2)(1+x^\alpha)}=1$，此时 $2+\alpha>1$，所以反常积分收敛.

② 当 $\alpha<0$ 时，有 $\lim\limits_{x\to+\infty}x^2\cdot\frac{1}{(1+x^2)(1+x^\alpha)}=1$，此时 $2>1$，反常积分收敛.

③ 当 $\alpha=0$ 时，反常积分显然收敛，故该反常积分的收敛性与 α 无关，应选(B).

131 【答案】 B

【分析】 $\forall A>1$，有 $f(A)=f(1)+\int_1^A f'(x)\mathrm{d}x$.

由题设知 $\lim\limits_{A\to+\infty}f(A)=f(1)+\lim\limits_{A\to+\infty}\int_1^A f'(x)\mathrm{d}x=f(1)+\int_1^{+\infty}f'(x)\mathrm{d}x=a$，其中 a 是一个常数.

又因为 $\int_1^{+\infty}f(x)\mathrm{d}x$ 收敛，且存在极限 $\lim\limits_{x\to+\infty}f(x)=a$，必有极限值 $a=0$，即 $\lim\limits_{x\to+\infty}f(x)=0$.

132 【答案】 A

【分析】 因 $\int_0^1\frac{\mathrm{d}x}{\sqrt{x}(1+x)}=2\int_0^1\frac{\mathrm{d}\sqrt{x}}{1+(\sqrt{x})^2}=2\arctan\sqrt{x}\Big|_0^1=\frac{\pi}{2}$，收敛.

同理 $\int_1^{+\infty}\frac{\mathrm{d}x}{\sqrt{x}(1+x)}=2\arctan\sqrt{x}\Big|_1^{+\infty}=\frac{\pi}{2}$，也收敛. 故选项(A)正确.

133 【答案】 B

【分析】 由旋转曲面求面积公式 $S=2\pi\int_a^b |y| \sqrt{1+y'^2}\mathrm{d}x$.

可得所求面积为

$$S=2\pi\int_1^2 2\sqrt{x-1}\cdot\sqrt{1+\left(\frac{1}{\sqrt{x-1}}\right)^2}\mathrm{d}x$$

$$=4\pi\int_1^2\sqrt{x}\mathrm{d}x=\frac{8\pi}{3}x^{\frac{3}{2}}\Big|_1^2=\frac{8\pi}{3}(2\sqrt{2}-1).$$

故应选(B).

134 【答案】 C

【分析】 因 $\int_0^{+\infty}\mathrm{e}^{|x|}\sin 2x\mathrm{d}x=\int_0^{+\infty}\mathrm{e}^x\sin 2x\mathrm{d}x=\frac{\mathrm{e}^x(\sin 2x-2\cos 2x)}{5}\Big|_0^{+\infty}$

$$=\lim_{x\to+\infty}\frac{\mathrm{e}^x(\sin 2x-2\cos 2x)}{5}+\frac{2}{5}.$$

又因 $\lim\limits_{x\to+\infty}\frac{\mathrm{e}^x(\sin 2x-2\cos 2x)}{5}$ 不存在,所以 $\int_0^{+\infty}\mathrm{e}^{|x|}\sin 2x\mathrm{d}x$ 发散,因此 $\int_{-\infty}^{+\infty}\mathrm{e}^{|x|}\sin 2x\mathrm{d}x$ 发散.

135 【答案】 B

【分析】 本题考查定积分的几何意义、定积分换元法、周期函数的定积分性质.先求 $g(x)$ 的表达式,由图形可知,线性函数 $g(x)$ 的斜率为 $k=\frac{0-1}{-\frac{1}{3}-0}=3$,因此 $g(x)=3x+1$,$g'(x)=3$.

在 $\int_0^2 f(g(x))\mathrm{d}x$ 中令 $g(x)=t$,则当 $x=0$ 时 $t=1$;$x=2$ 时 $t=7$ 且 $g'(x)\mathrm{d}x=\mathrm{d}t$.于是 $\int_0^2 f(g(x))\mathrm{d}x=\frac{1}{3}\int_1^7 f(t)\mathrm{d}t$.

由于函数 $f(x)$ 是以 2 为周期的连续函数,所以它在每一个周期上的积分相等,因此 $\int_1^7 f(t)\mathrm{d}t=3\int_0^2 f(t)\mathrm{d}t$.根据积分的几何意义,$\int_0^2 f(t)\mathrm{d}t=\frac{1}{2}\times 2\times 1=1$.

从而 $\int_0^2 f(g(x))\mathrm{d}x=\frac{1}{3}\int_1^7 f(t)\mathrm{d}t=\frac{1}{3}\times 3\int_0^2 f(t)\mathrm{d}t=1$,故正确选项为(B).

136 【答案】 D

【分析】 因为

$$f\left(\frac{1}{y},\frac{1}{x}\right)=\frac{xy-x^2}{x-2y}=\frac{\frac{1}{x}-\frac{1}{y}}{\frac{1}{xy}-\frac{2}{x^2}}.$$

令 $\frac{1}{y}=u$,$\frac{1}{x}=v$,则 $f(u,v)=\frac{v-u}{uv-2v^2}$,所以,$f(x,y)=\frac{y-x}{xy-2y^2}$.故选(D).

137 【答案】 C

【分析】 **直接法**

由于 $f'_x(x_0,y_0)$ 存在,则一元函数 $\varphi(x)=f(x,y_0)$ 在 $x=x_0$ 处可导,因此 $\varphi(x)=f(x,$

y_0) 在 $x=x_0$ 处连续,则 $\lim\limits_{x\to x_0}\varphi(x)=\lim\limits_{x\to x_0}f(x,y_0)=\varphi(x_0)=f(x_0,y_0)$,故 $\lim\limits_{x\to x_0}f(x,y_0)$ 存在.

排除法

令 $f(x,y)=\begin{cases}\dfrac{xy}{x^2+y^2}, & x^2+y^2\neq 0,\\ 0, & x^2+y^2=0,\end{cases}$ 则

$$f'_x(0,0)=\lim_{\Delta x\to 0}\frac{f(\Delta x,0)-f(0,0)}{\Delta x}=\lim_{\Delta x\to 0}\frac{0-0}{\Delta x}=0,$$

由对称性知 $f'_y(0,0)=0$. 但极限 $\lim\limits_{\substack{x\to 0\\y\to 0}}f(x,y)=\lim\limits_{\substack{x\to 0\\y\to 0}}\dfrac{xy}{x^2+y^2}$ 不存在. 则 $f(x,y)$ 在点 $(0,0)$ 处不连续,$f(x,y)$ 在点 $(0,0)$ 处必不可微,选项(A)(B)(D) 都不正确,故选(C).

138 【答案】 D

【分析】 由二元函数 $f(x,y)$ 在一点 (x_0,y_0) 处可微的定义知,全增量

$$\Delta z=A\Delta x+B\Delta y+o(\rho),$$

其中 $A=f'_x(x_0,y_0)$,$B=f'_y(x_0,y_0)$,$\rho=\sqrt{(\Delta x)^2+(\Delta y)^2}$.

函数可微可得出两个偏导数都存在,但两个偏导数都存在却不一定可微.

139 【答案】 D

【分析】 因为

$$\lim_{\substack{x\to 0\\y\to 0}}f(x,y)=\lim_{\substack{x\to 0\\y\to 0}}(x^2+y^2)^{\frac{3}{2}}\sin\frac{1}{\sqrt{x^4+y^4}}=0=f(0,0),$$

所以,$f(x,y)$ 在点 $(0,0)$ 处连续.

由偏导数定义得

$$f'_x(0,0)=\lim_{x\to 0}\frac{f(x,0)-f(0,0)}{x}=\lim_{x\to 0}x\,|x|\sin\frac{1}{x^2}=0,$$

$$f'_y(0,0)=\lim_{y\to 0}\frac{f(0,y)-f(0,0)}{y}=\lim_{y\to 0}y\,|y|\sin\frac{1}{y^2}=0,$$

于是,$f(x,y)$ 在点 $(0,0)$ 处偏导数存在.

由于

$$\lim_{\rho\to 0}\frac{\Delta z-[f'_x(0,0)\cdot\Delta x+f'_y(0,0)\cdot\Delta y]}{\rho}=\lim_{\rho\to 0}\frac{\rho^3}{\rho}\sin\frac{1}{\sqrt{(\Delta x)^4+(\Delta y)^4}}=0,$$

其中 $\rho=\sqrt{(\Delta x)^2+(\Delta y)^2}$.

故 $f(x,y)$ 在点 $(0,0)$ 处可微,且 $\mathrm{d}f(x,y)\Big|_{(0,0)}=0$.

140 【答案】 D

【分析】 由 $f(x,y)$ 在 $(0,0)$ 点连续,且 $\lim\limits_{\substack{x\to 0\\y\to 0}}\dfrac{f(x,y)+3x-4y}{(x^2+y^2)^\alpha}=2(\alpha>0)$,可知 $f(0,0)=0$.

若 $\alpha>\dfrac{1}{2}$,则

$$2=\lim_{\substack{x\to 0\\y\to 0}}\frac{f(x,y)+3x-4y}{(x^2+y^2)^\alpha}=\lim_{\substack{x\to 0\\y\to 0}}\frac{f(x,y)+3x-4y}{\sqrt{x^2+y^2}}\cdot\frac{1}{(x^2+y^2)^{\alpha-\frac{1}{2}}}.$$

由于 $\lim\limits_{\substack{x\to 0\\y\to 0}}\dfrac{1}{(x^2+y^2)^{\alpha-\frac{1}{2}}}=\infty$,则

$$\lim_{\substack{x\to 0\\ y\to 0}}\frac{f(x,y)+3x-4y}{\sqrt{x^2+y^2}}=0,$$

即 $f(x,y)+3x-4y=o(\rho)$，

$$f(x,y)-f(0,0)=-3x+4y+o(\rho),$$

故 $f(x,y)$ 在(0,0)点可微.

若 $\alpha=\frac{1}{2}$，则

$$\lim_{\substack{x\to 0\\ y\to 0}}\frac{f(x,y)+3x-4y}{(x^2+y^2)^{\frac{1}{2}}}=2.$$

在上式中令 $y=0$，则

$$\lim_{x\to 0}\frac{f(x,0)+3x}{|x|}=2,$$

即 $\lim\limits_{x\to 0^+}\frac{f(x,0)}{x}=-1$，$\lim\limits_{x\to 0^-}\frac{f(x,0)}{x}=-5$，又 $f(0,0)=0$，则

$$\lim_{x\to 0^+}\frac{f(x,0)-f(0,0)}{x}=-1,\lim_{x\to 0^-}\frac{f(x,0)-f(0,0)}{x}=-5,$$

从而 $f'_x(0,0)$ 不存在，则 $f(x,y)$ 在(0,0)点不可微.

同理可得，当 $\alpha<\frac{1}{2}$ 时，$f(x,y)$ 在(0,0)点不可微.

141 【答案】 C

【分析】 $\frac{\partial^2 z}{\partial x\partial y}=\frac{\partial}{\partial y}\left(\frac{\partial z}{\partial x}\right)=0$ 两边对 y 积分得 $\frac{\partial z}{\partial x}=C(x)$.

又 $z(x,0)=\sin x$，所以，

$$\left.\frac{\partial z}{\partial x}\right|_{y=0}=C(x)=\frac{\mathrm{d}}{\mathrm{d}x}z(x,0)=\cos x,$$

即

$$C(x)=\cos x,\frac{\partial z}{\partial x}=\cos x,$$

两边对 x 积分得

$$z(x,y)=\sin x+g(y),$$

又 $z(0,y)=g(y)=\sin y$，所以 $z(x,y)=\sin x+\sin y$.

142 【答案】 B

【分析】 由已知，$x=x_0$ 是函数 $g(x)=f(x,y_0)$ 的极大值点，则有

$$g'(x_0)=\left.\frac{\mathrm{d}}{\mathrm{d}x}f(x,y_0)\right|_{x=x_0}=\left.\frac{\partial f}{\partial x}\right|_{M_0}=0,$$

$$g''(x_0)=\left.\frac{\mathrm{d}^2}{\mathrm{d}x^2}f(x,y_0)\right|_{x=x_0}=\left.\frac{\partial^2 f}{\partial x^2}\right|_{M_0}\leqslant 0.$$

(若 $g''(x_0)>0$，则 $x=x_0$ 是 $g(x)$ 的极小值点，与已知相矛盾)

同理，$y=y_0$ 是函数 $h(y)=f(x_0,y)$ 的极大值点，且 $h''(y_0)=\frac{\mathrm{d}^2}{\mathrm{d}y^2}f(x_0,y)=\left.\frac{\partial^2 f}{\partial y^2}\right|_{M_0}\leqslant 0.$

因此，应选(B).

143 【答案】 B

【分析】 由 $x=0,y=0$，得 $z=0$. 在方程两边同时对变量 x 求偏导数，得

$$\mathrm{e}^{xy}+x\cdot\mathrm{e}^{xy}\cdot y+y\cdot 2z\cdot\frac{\partial z}{\partial x}=y\left(\frac{\partial z}{\partial x}\sin x+z\cos x\right)+\frac{\partial z}{\partial x},$$

所以，$\left.\frac{\partial z}{\partial x}\right|_{(x,y)=(0,0)}=1$.

在上述方程两边再对变量 x 求偏导数，得

$$e^{xy}\cdot y(1+xy)+e^{xy}\cdot y+y\cdot\left(2z\frac{\partial z}{\partial x}\right)'_x=y\left(\frac{\partial z}{\partial x}\sin x+z\cos x\right)'_x+\frac{\partial^2 z}{\partial x^2},$$

所以，$\left.\frac{\partial^2 z}{\partial x^2}\right|_{(x,y)=(0,0)}=0$.

144 【答案】C

【分析】由极限 $\lim\limits_{\substack{x\to0\\y\to0}}\frac{f(x,y)}{e^{(x+y)^2}-1}=\lim\limits_{\substack{x\to0\\y\to0}}\frac{f(x,y)}{(x+y)^2}=3$，得

$$f(0,0)=\lim_{\substack{x\to0\\y\to0}}f(x,y)=\lim_{\substack{x\to0\\y\to0}}\frac{f(x,y)}{(x+y)^2}(x+y)^2=3\cdot0=0.$$

且
$$\lim_{x\to0}\frac{f(x,0)}{x^2}=3,\lim_{y\to0}\frac{f(0,y)}{y^2}=3.$$

于是
$$f'_x(0,0)=\lim_{x\to0}\frac{f(x,0)-f(0,0)}{x}=\lim_{x\to0}\frac{f(x,0)}{x^2}\cdot x=0,$$
$$f'_y(0,0)=\lim_{y\to0}\frac{f(0,y)-f(0,0)}{y}=\lim_{y\to0}\frac{f(0,y)}{y^2}\cdot y=0.$$

故 $(0,0)$ 是 $f(x,y)$ 的驻点. 由极限的保号性，在点 $(0,0)$ 的某去心邻域内，$\frac{f(x,y)}{(x+y)^2}>0$，即 $f(x,y)>0=f(0,0)$，所以点 $(0,0)$ 是 $f(x,y)$ 的极小值点，故选(C).

145 【答案】D

【分析】令 $F(x,y,z)=xy-z\ln y+e^{xz}-1$，则

$$F'_x=y+ze^{xz},F'_y=x-\frac{z}{y},F'_z=-\ln y+xe^{xz},$$

且 $F'_x(0,1,1)=2,F'_y(0,1,1)=-1,F'_z(0,1,1)=0$. 由此可确定相应的隐函数 $x=x(y,z)$ 和 $y=y(x,z)$. 故应选(D).

146 【答案】D

【分析】由题设知

$$\frac{\partial f}{\partial x}=2x,\frac{\partial f}{\partial y}=-2y,$$

于是 $f(x,y)=x^2+C(y)$，且 $C'(y)=-2y$，从而 $C(y)=-y^2+C$.

再由 $f(0,0)=2$，得 $C=2$，故 $f(x,y)=x^2-y^2+2$.

令 $\frac{\partial f}{\partial x}=0,\frac{\partial f}{\partial y}=0$ 得可能极值点为 $x=0,y=0$，且

$$A=\left.\frac{\partial^2 f}{\partial x^2}\right|_{(0,0)}=2,\ B=\left.\frac{\partial^2 f}{\partial x\partial y}\right|_{(0,0)}=0,\ C=\left.\frac{\partial^2 f}{\partial y^2}\right|_{(0,0)}=-2,$$
$$\Delta=AC-B^2=-4<0,$$

所以点 $(0,0)$ 不是极值点，从而也非最值点.

再考虑其在边界曲线 $x^2+y^2=1$ 上的情形：令拉格朗日函数为

$$F(x,y,\lambda)=f(x,y)+\lambda(x^2+y^2-1).$$

解方程组

$$\begin{cases} F'_x = \dfrac{\partial f}{\partial x} + 2\lambda x = 2(1+\lambda)x = 0, \\ F'_y = \dfrac{\partial f}{\partial y} + 2\lambda y = -2(1-\lambda)y = 0, \\ F'_\lambda = x^2 + y^2 - 1 = 0, \end{cases}$$

得可能极值点 $x=0, y=\pm 1, \lambda = 1; x = \pm 1, y = 0, \lambda = -1$.

代入 $f(x,y)$ 得 $f(0,\pm 1) = 1, f(\pm 1, 0) = 3$.

可见 $z = f(x,y)$ 在区域 $D = \{(x,y) \mid x^2 + y^2 \leqslant 1\}$ 内的最大值为 3,最小值为 1.

147 【答案】 B

【分析】 因为积分区域 D 关于 x 轴对称,所以

$$\iint_D \sin^3 y \mathrm{d}x\mathrm{d}y = \iint_D xy^3 \mathrm{d}x\mathrm{d}y = 0,$$

而选项(A)(C)(D) 的等式右侧均不为 0,故选(B).

148 【答案】 C

【分析】 根据被积函数的特点,先对 y 积分后对 x 积分简单,所以,

$$I = \int_1^2 \mathrm{d}x \int_0^{\ln x} \frac{\mathrm{e}^{xy}}{x^x - 1} \mathrm{d}y = \int_1^2 \frac{1}{x(x^x-1)} \mathrm{e}^{xy} \Big|_0^{\ln x} \mathrm{d}x$$

$$= \int_1^2 \frac{1}{x(x^x-1)} (\mathrm{e}^{x\ln x} - 1) \mathrm{d}x = \int_1^2 \frac{\mathrm{d}x}{x} = \ln 2.$$

149 【答案】 A

【分析】 因为在积分区域 D 内有 $\frac{1}{2} < x + y < 1, \ln(x+y) < 0, (x+y)^2 > 0$,所以在 D 内有 $\ln(x+y) < (x+y)^2 < (x+y)$. 根据二重积分的性质知 $I_1 < I_2 < I_3$.

150 【答案】 C

【分析】 $I = \iint_D xy^2 \mathrm{d}x\mathrm{d}y + \iint_D 5\mathrm{e}^x \sin^3 y \mathrm{d}x\mathrm{d}y$

$$\xlongequal{\text{利用对称性}} 2\iint_{D_1} xy^2 \mathrm{d}x\mathrm{d}y + 0 \text{(其中 } D_1 \text{ 为 } D \text{ 的上半区域)}$$

$$= 2\int_0^{\frac{\pi}{2}} \mathrm{d}\theta \int_0^{2\cos\theta} r^4 \cos\theta \sin^2\theta \mathrm{d}r = 2\int_0^{\frac{\pi}{2}} \cos\theta \cdot \sin^2\theta \cdot \frac{1}{5} r^5 \Big|_0^{2\cos\theta} \mathrm{d}\theta$$

$$= \frac{64}{5} \int_0^{\frac{\pi}{2}} \cos^6\theta \sin^2\theta \mathrm{d}\theta = \frac{64}{5} \int_0^{\frac{\pi}{2}} (\cos^6\theta - \cos^8\theta) \mathrm{d}\theta = \frac{\pi}{4}.$$

151 【答案】 D

【分析】 由该题可知积分域如右图,则

$$\int_{\frac{\pi}{4}}^{\frac{\pi}{2}} \mathrm{d}\theta \int_0^{2\sin\theta} f(r\cos\theta, r\sin\theta) r\mathrm{d}r = \int_0^1 \mathrm{d}x \int_x^{1+\sqrt{1-x^2}} f(x,y)\mathrm{d}y.$$

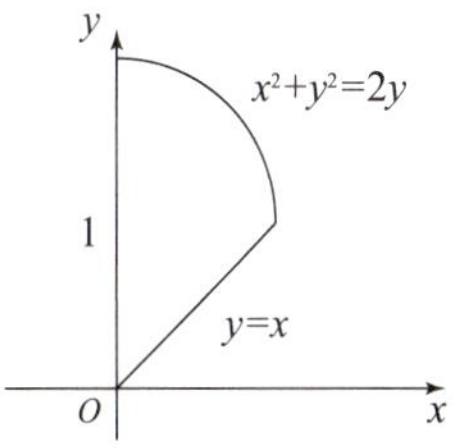

152 【答案】 B

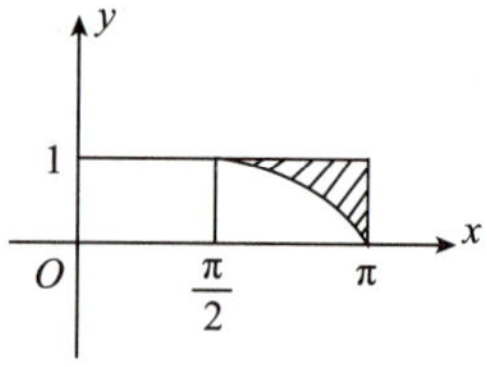

【分析】 该二次积分的积分区域为(图内阴影部分)

$$D:\begin{cases}\sin x\leqslant y\leqslant 1,\\ \dfrac{\pi}{2}\leqslant x\leqslant \pi,\end{cases}$$

注意,当 $x\in\left[\dfrac{\pi}{2},\pi\right]$时,函数 $y=\sin x$ 的反函数应为 $x=\pi-\arcsin y$,故有

$\int_{\frac{\pi}{2}}^{\pi}\mathrm{d}x\int_{\sin x}^{1}f(x,y)\mathrm{d}y=\int_{0}^{1}\mathrm{d}y\int_{\pi-\arcsin y}^{\pi}f(x,y)\mathrm{d}x$. 选(B).

153 【答案】 C

【分析】 等式 $f(x,y)=xy+\iint\limits_{D}f(u,v)\mathrm{d}u\mathrm{d}v$ 两端积分得

$$\begin{aligned}\iint\limits_{D}f(x,y)\mathrm{d}\sigma&=\iint\limits_{D}xy\,\mathrm{d}\sigma+\iint\limits_{D}f(u,v)\mathrm{d}\sigma\cdot\iint\limits_{D}\mathrm{d}\sigma\\&=\frac{1}{12}+\frac{1}{3}\iint\limits_{D}f(u,v)\mathrm{d}\sigma,\end{aligned}$$

则$\iint\limits_{D}f(u,v)\mathrm{d}u\mathrm{d}v=\dfrac{1}{8}$.

154 【答案】 D

【分析】 注意在 D 内 $a\leqslant x+y\leqslant 1$,则 $\ln^3(x+y)\leqslant 0$.

由于当 $0<x<\dfrac{\pi}{2}$ 时,$\sin x<x$,则在 D 内 $0<\sin^2(x+y)<\sin(x+y)<x+y$,故 $J<I<K$.

155 【答案】 D

【分析】 因为

$$\begin{aligned}\int_0^{\frac{2}{\pi}}\mathrm{d}x\int_0^{\pi}xf(\sin y)\mathrm{d}y&=\int_0^{\frac{2}{\pi}}x\mathrm{d}x\int_0^{\pi}f(\sin y)\mathrm{d}y=\left(\frac{1}{2}x^2\Big|_0^{\frac{2}{\pi}}\right)\int_0^{\pi}f(\sin y)\mathrm{d}y\\&=\frac{2}{\pi^2}\int_0^{\pi}f(\sin y)\mathrm{d}y=1,\end{aligned}$$

所以$\int_0^{\pi}f(\sin y)\mathrm{d}y=\dfrac{\pi^2}{2}$,而

$$\int_0^{\pi}f(\sin y)\mathrm{d}y\xlongequal{y=\frac{\pi}{2}+x}\int_{-\frac{\pi}{2}}^{\frac{\pi}{2}}f(\cos x)\mathrm{d}x=2\int_0^{\frac{\pi}{2}}f(\cos x)\mathrm{d}x=\frac{\pi^2}{2},$$

从而$\int_0^{\frac{\pi}{2}}f(\cos x)\mathrm{d}x=\dfrac{\pi^2}{4}$,故选(D).

156 【答案】 B

【分析】 积分区域是以原点为圆心,2 为半径的圆在 y 轴右边的部分,所以

$$\int_0^2\mathrm{d}x\int_{-\sqrt{4-x^2}}^{\sqrt{4-x^2}}f(x,y)\mathrm{d}y=\int_{-2}^{2}\mathrm{d}y\int_0^{\sqrt{4-y^2}}f(x,y)\mathrm{d}x.$$

157 【答案】 C

【分析】 积分区域 $D=D_1+D_2$，其中

$$D_1=\left\{(x,y)\middle|0\leqslant y\leqslant 2,\frac{y}{2}\leqslant x\leqslant\sqrt{y}\right\},$$

$$D_2=\left\{(x,y)\middle|2\leqslant y\leqslant 2\sqrt{2},\frac{y}{2}\leqslant x\leqslant\sqrt{2}\right\}.$$

于是 D 也可表示为 $D=\left\{(x,y)\middle|0\leqslant x\leqslant\sqrt{2},x^2\leqslant y\leqslant 2x\right\}$.

故

$$\int_0^2\mathrm{d}y\int_{\frac{y}{2}}^{\sqrt{y}}f(x,y)\mathrm{d}x+\int_2^{2\sqrt{2}}\mathrm{d}y\int_{\frac{y}{2}}^{\sqrt{2}}f(x,y)\mathrm{d}x=\int_0^{\sqrt{2}}\mathrm{d}x\int_{x^2}^{2x}f(x,y)\mathrm{d}y.$$

158 【答案】 D

【分析】 微分方程可写成 $y''+4y=\frac{1}{2}+\frac{1}{2}\cos 2x$，分解成 $y''+4y=\frac{1}{2}$ 及 $y''+4y=\frac{1}{2}\cos 2x$，前者有特解形式 $y_1^*=a$，后者有特解形式 $y_2^*=x(b\cos 2x+c\sin 2x)$. 由叠加原理知，原方程有特解形式为(D).

159 【答案】 C

【分析】 将(C)整理为 $C_1(2y_1-y_2-y_3)+C_2(y_2-y_3)+y_3$. 由于 y_1,y_2,y_3 均是原给方程的3个线性无关的解，所以 y_1-y_2,y_2-y_3,y_1-y_3 均是对应齐次方程的解，并且 $2y_1-y_2-y_3=(y_1-y_2)+(y_1-y_3)$ 与 (y_2-y_3) 是线性无关的. 于是知 $C_1(2y_1-y_2-y_3)+C_2(y_2-y_3)$ 是对应齐次方程的通解，$C_1(2y_1-y_2-y_3)+C_2(y_2-y_3)+y_3$ 是原方程的通解.

(A) 整理为 $C_1(y_1+y_2)+C_2(y_2-y_1-y_3)+y_3$；

(B) 整理为 $C_1(y_1-y_2+y_3)+C_2(y_2+y_3-y_1)$；

(D) 整理为 $C_1(y_1-y_2+y_3)+C_2(y_2-y_3)+y_3$，均不正确.

【评注】 设 $(2y_1-y_2-y_3)$ 与 (y_2-y_3) 线性相关，则存在不全为零的 k_1 与 k_2，使

$$k_1(2y_1-y_2-y_3)+k_2(y_2-y_3)=0，\text{即 } 2k_1y_1+(k_2-k_1)y_2-(k_1+k_2)y_3=0,$$

但因 y_1,y_2,y_3 线性无关，故推得 $k_1=0,k_2-k_1=0,k_1+k_2=0$，得 $k_1=k_2=0$，矛盾. 故 $(2y_1-y_2-y_3)$ 与 (y_2-y_3) 线性无关. 本题主要考查二阶线性非齐次方程与对应齐次方程的解的关系.

160 【答案】 C

【分析】 由 $y'+p(x)y=f(x)$ 的通解结构为齐次方程通解加上非齐次方程特解，可知其通解为 $y_1(x)+C_1y_2(x)$. 令 $C_1=-C$，故知(C)正确. 选(C).

161 【答案】 A

【分析】 特征方程 $\lambda^2+b\lambda+1=0$ 的根为 $\lambda_{1,2}=\frac{-b\pm\sqrt{b^2-4}}{2}=-\frac{b\mp\sqrt{b^2-4}}{2}$.

当 $b^2-4>0$ 时，微分方程的通解为 $y(x)=C_1\mathrm{e}^{-\frac{b+\sqrt{b^2-4}}{2}x}+C_2\mathrm{e}^{-\frac{b-\sqrt{b^2-4}}{2}x}$，

要使解 $y(x)$ 在 $(0,+\infty)$ 上有界，当且仅当 $b\pm\sqrt{b^2-4}\geqslant 0$，即 $b>2$；

当 $b^2-4<0$ 时，微分方程的通解为 $y(x)=e^{-\frac{b}{2}x}\left(C_1\cos\frac{\sqrt{4-b^2}}{2}x+C_2\sin\frac{\sqrt{4-b^2}}{2}x\right)$，要使解 $y(x)$ 在 $(0,+\infty)$ 上有界，当且仅当 $0\leqslant b<2$；

当 $b=2$ 时，解 $y(x)=(C_1+C_2x)e^{-x}$ 在区间 $(0,+\infty)$ 上有界；

当 $b=-2$ 时，解 $y(x)=(C_1+C_2x)e^{x}$ 在区间 $(0,+\infty)$ 上无界.

综上所述，当且仅当 $b\geqslant 0$ 时，微分方程 $y''+by'+y=0$ 的每一个解 $y(x)$ 都在区间 $(0,+\infty)$ 上有界，故选(A).

162 【答案】 B

【分析】 当 $y(0)=1,y'(0)=0$ 时，微分方程为 $y''(0)=1-a_2$，所以当 $a_2<1$，即 $y''(0)>0$ 时，$x=0$ 是极小值点，故选(B).

163 【答案】 D

【分析】 由题意知 $-1+i$ 为特征方程 $r^2+ar+b=0$ 的根，所以

$$(i-1)^2+a(i-1)+b=0,$$

实部和虚部对应相等得到 $a=2,b=2$. 选择 (D).

164 【答案】 C

【分析】 微分方程 $y''-6y'+9y=e^{3x}$ 对应的齐次方程的特征根为 $r_1=r_2=3$.

因此齐次方程的通解为 $y_0(x)=(C_1+C_2x)e^{3x}$.

设非齐次方程的特解为 $y^*=Ax^2e^{3x}$，代入 $y''-6y'+9y=e^{3x}$ 可求得 $A=\frac{1}{2}$，所以原微分方程的通解为 $y(x)=(C_1+C_2x)e^{3x}+\frac{1}{2}x^2e^{3x}$.

已知曲面 $y=y(x)$ 经过原点，所以 $C_1=0$.

又因为在原点的切线平行于直线 $2x-y-5=0$，所以 $y'(0)=2$，则有 $C_2=2$，

故通解为 $y(x)=2xe^{3x}+\frac{1}{2}x^2e^{3x}=\frac{x}{2}(x+4)e^{3x}$，选择(C).

165 【答案】 B

【分析】 令 $p=y'$，则方程化为

$$\frac{dp^2}{dy}-\frac{2}{y}p^2=2y\ln y,$$

这是一阶线性微分方程，由公式得，

$$p^2=e^{\int\frac{2}{y}dy}\left(C_1+\int 2y\ln y e^{\int\frac{-2}{y}dy}dy\right)=y^2(C_1+\ln^2 y).$$

由初始条件，当 $x=0$ 时，$y'\Big|_{x=0}=p\Big|_{x=0}=e,y\Big|_{x=0}=e$，代入得 $C_1=0$. 所以

$$p=y'=\pm y\ln y.$$

再由该初始条件知 $p=y'=y\ln y$. 即

$$\ln|\ln y|=x+C_2,\ln y=Ce^x.$$

再由初始条件得 $y=e^{e^x}$.

166 【答案】 D

【分析】 令 $y'=p$，则 $y''=p'$. 于是，$xp'+p=4x$，这是一个一阶线性微分方程.

由于 $(xp)'=4x$，两边积分，得 $px=2x^2+C_1$，从而 $p=y'=2x+\dfrac{C_1}{x}$.

再积分一次，即得原微分方程的通解为 $y=x^2+C_1\ln|x|+C_2$，其中 C_1,C_2 为任意常数.

167 【答案】 C

【分析】 $y_1=x^2e^x$ 是常系数齐次线性微分方程的一个解，知 1 至少是 3 重特征根.

$y_2=e^{2x}(3\cos 3x-2\sin 3x)$ 是常系数齐次线性微分方程的一个解，知 $2\pm 3i$ 是特征方程的根. 特征方程至少是 5 次方程，因而最小的 n 为 5，答案选(C).

168 【答案】 D

【分析】 齐次方程的特征方程的特征根为 $\lambda_1=1,\lambda_2=-1,\lambda_{3,4}=\pm i$，特征方程为

$$(\lambda-1)(\lambda+1)(\lambda+i)(\lambda-i)=0\text{，即 }\lambda^4-1=0,$$

所求微分方程为 $y^{(4)}-y=0$，答案选(D).

169 【答案】 C

【分析】 作 $PC\perp x$ 轴，交 x 轴于点 C. 设凸弧 $f(x)$ 的方程为 $y=f(x)$. 因梯形 $OAPC$ 的面积为 $\dfrac{1}{2}\cdot x\cdot[1+f(x)]$. 所以，

$$x^3=\int_0^x f(t)\mathrm{d}t-\frac{x}{2}[1+f(x)],$$

两边对 x 求导，得 $y=f(x)$ 所满足的微分方程 $xy'-y=-6x^2-1$，即 $y'-\dfrac{1}{x}y=-6x-\dfrac{1}{x}$，则其通解为

$$y=e^{\int\frac{1}{x}\mathrm{d}x}\left[C-\int\left(6x+\frac{1}{x}\right)e^{-\int\frac{1}{x}\mathrm{d}x}\mathrm{d}x\right]=x\left[C-\int\left(6+\frac{1}{x^2}\right)\mathrm{d}x\right]=Cx-6x^2+1,$$

其中 C 为任意常数.

由题设知，曲线过点 $B(1,0)$，即 $y(1)=0$. 代入通解中，得 $C=5$，故所求曲线为 $y=5x-6x^2+1$.

170 【答案】 B

【分析】 t 时刻物体的位置坐标为 $x(t)$，速度 $v=\dfrac{\mathrm{d}x}{\mathrm{d}t}$，加速度 $a=\dfrac{\mathrm{d}v}{\mathrm{d}t}=\dfrac{\mathrm{d}^2x}{\mathrm{d}t^2}$，物体受的力为重力 mg，空气阻力 $-kv^2$. 由牛顿第二定律得 $x(t)$ 满足：

$$m\frac{\mathrm{d}^2x}{\mathrm{d}t^2}=mg-k\left(\frac{\mathrm{d}x}{\mathrm{d}t}\right)^2,$$

相应地 $v(t)$ 满足

$$m\frac{\mathrm{d}v}{\mathrm{d}t}=mg-kv^2.$$

解　答　题

171 【解】 (1) 令 $f(x)=\ln(1+x)-x$.

$f'(x)=\dfrac{1}{1+x}-1$. 当 $x>0$ 时，$f'(x)<0$，故 $f(x)$ 在 $[0,+\infty)$ 上单调减少. 又由于 $f(0)=0$，故 $f(x)<f(0)=0$，即 $\ln(1+x)<x$.

令 $g(x)=\ln(1+x)-\dfrac{x}{1+x}=\ln(1+x)-1+\dfrac{1}{1+x}$.

$$g'(x)=\frac{1}{1+x}-\frac{1}{(1+x)^2}=\frac{x}{(1+x)^2}.$$

当 $x>0$ 时，$g'(x)>0$，故 $g(x)$ 在 $[0,+\infty)$ 上单调增加. 又由于 $g(0)=0$，故 $g(x)>g(0)=0$，即 $\dfrac{x}{1+x}<\ln(1+x)$.

综上所述，当 $x>0$ 时，$\dfrac{x}{1+x}<\ln(1+x)<x$.

(2) 注意到 $n^2-n+1,n^2-n+3,\cdots,n^2+n-1$ 构成首项为 n^2-n+1，公差为 2 的等差数列，故 $x_n=\prod\limits_{i=1}^{n}\left(1+\dfrac{n^2-n+2i-1}{n^3}\right)$，从而 $\ln x_n=\sum\limits_{i=1}^{n}\ln\left(1+\dfrac{n^2-n+2i-1}{n^3}\right)$.

由第(1)问的结论可得，

$$\frac{n^2-n+2i-1}{n^3+n^2+n}\leqslant\frac{n^2-n+2i-1}{n^3+n^2-n+2i-1}<\ln\left(1+\frac{n^2-n+2i-1}{n^3}\right)<\frac{n^2-n+2i-1}{n^3}.$$

于是，

$$\sum_{i=1}^{n}\frac{n^2-n+2i-1}{n^3+n^2+n}\leqslant\sum_{i=1}^{n}\ln\left(1+\frac{n^2-n+2i-1}{n^3}\right)\leqslant\sum_{i=1}^{n}\frac{n^2-n+2i-1}{n^3}.$$

因为 $\sum\limits_{i=1}^{n}(n^2-n+2i-1)=\dfrac{n^2-n+1+n^2+n-1}{2}\cdot n=n^3$，所以

$$\frac{n^3}{n^3+n^2+n}\leqslant\sum_{i=1}^{n}\ln\left(1+\frac{n^2-n+2i-1}{n^3}\right)\leqslant\frac{n^3}{n^3}=1.$$

令 $n\to\infty$，并由夹逼准则可得，$\lim\limits_{n\to\infty}\sum\limits_{i=1}^{n}\ln\left(1+\dfrac{n^2-n+2i-1}{n^3}\right)=1$，即 $\lim\limits_{n\to\infty}\ln x_n=1$.

因此，$\lim\limits_{n\to\infty}x_n=\mathrm{e}$.

172 【解】 (1) 令 $y_1=0,y_n=\ln\dfrac{x_n}{x_{n-1}}(n\geqslant2)$，则由已知条件，知 $\lim\limits_{n\to\infty}y_n=\ln L$.

由 Stolz 定理可知，

$$\lim_{n\to\infty}\frac{y_1+y_2+\cdots+y_n}{n}=\ln L.$$

而 $\dfrac{y_1+y_2+\cdots+y_n}{n}=\dfrac{1}{n}\left(\ln x_2+\ln\dfrac{x_3}{x_2}+\cdots+\ln\dfrac{x_n}{x_{n-1}}\right)=\ln\sqrt[n]{x_n}$，所以

$$\lim_{n\to\infty}\ln\sqrt[n]{x_n}=\ln L,\lim_{n\to\infty}\sqrt[n]{x_n}=L.$$

(2) 用数学归纳法证明.

当 $n=1$ 时，$x_1=\dfrac{a-b}{\sqrt5}$ 显然成立；

假设当 $n \leqslant k$ 时，$x_n = \dfrac{a^n - b^n}{\sqrt{5}}$，则当 $n = k+1$ 时，

$$x_{k+1} = x_k + x_{k-1} = \frac{a^k - b^k}{\sqrt{5}} + \frac{a^{k-1} - b^{k-1}}{\sqrt{5}}.$$

注意到 $a = \dfrac{1+\sqrt{5}}{2}, b = \dfrac{1-\sqrt{5}}{2}$，$ab = -1, a-1 = -b, b-1 = -a$，所以

$$x_{k+1} = \frac{a^k - b^k - ba^k + ab^k}{\sqrt{5}} = \frac{a^k(1-b) + b^k(a-1)}{\sqrt{5}} = \frac{a^{k+1} - b^{k+1}}{\sqrt{5}},$$

故 $x_n = \dfrac{a^n - b^n}{\sqrt{5}}$.

(3) 因为 $a = \dfrac{1+\sqrt{5}}{2} > 1$，而 $\dfrac{x_{n+1}}{x_n} = \dfrac{a^{n+1} - b^{n+1}}{a^n - b^n} = \dfrac{a^{n+1} - \left(-\dfrac{1}{a}\right)^{n+1}}{a^n - \left(-\dfrac{1}{a}\right)^n}$，故

$$\lim_{n\to\infty} \frac{x_{n+1}}{x_n} = \lim_{n\to\infty} \frac{a^{n+1} - \left(-\dfrac{1}{a}\right)^{n+1}}{a^n - \left(-\dfrac{1}{a}\right)^n} = a,$$

由(1)知，$\lim\limits_{n\to\infty} \sqrt[n]{x_n} = a$.

173 【解】 (1) 因为 $a_0 \in (-1,1)$，所以可记 $\theta = \arccos a_0, \theta \in (0,\pi)$. 则

$$a_1 = \sqrt{\frac{1+a_0}{2}} = \sqrt{\frac{1+\cos\theta}{2}} = \cos\frac{\theta}{2}.$$

假设 $a_{n-1} = \cos\dfrac{\theta}{2^{n-1}}$，则 $a_n = \sqrt{\dfrac{1+a_{n-1}}{2}} = \sqrt{\dfrac{1+\cos\dfrac{\theta}{2^{n-1}}}{2}} = \cos\dfrac{\theta}{2^n}$，所以根据数学归纳法有

$$a_n = \cos\frac{\theta}{2^n}, n = 1,2,\cdots.$$

$$\lim_{n\to\infty} 4^n(1-a_n) = \lim_{n\to\infty} 4^n\left(1-\cos\frac{\theta}{2^n}\right) = \lim_{n\to\infty} 4^n \cdot \frac{1}{2}\left(\frac{\theta}{2^n}\right)^2 = \frac{\theta^2}{2} = \frac{1}{2}(\arccos a_0)^2.$$

(2)
$$\begin{aligned}\lim_{n\to\infty}(a_1 a_2 \cdots a_n) &= \lim_{n\to\infty}\cos\frac{\theta}{2}\cos\frac{\theta}{2^2}\cdots\cos\frac{\theta}{2^n} \\ &= \lim_{n\to\infty}\frac{\cos\dfrac{\theta}{2}\cos\dfrac{\theta}{2^2}\cdots\cos\dfrac{\theta}{2^n}\cdot\sin\dfrac{\theta}{2^n}}{\sin\dfrac{\theta}{2^n}} \\ &= \lim_{n\to\infty}\frac{\dfrac{1}{2^n}\sin\theta}{\sin\dfrac{\theta}{2^n}} = \frac{\sin\theta}{\theta} \\ &= \frac{\sqrt{1-a_0^2}}{\arccos a_0}.\end{aligned}$$

174 【解】 由于 $0 < x_1 < \dfrac{\pi}{2}, 0 < \sin x_1 < 1$，故 $0 < x_2 = \sqrt{\dfrac{\pi}{2} x_1 \sin x_1} < \dfrac{\pi}{2}$.

由数学归纳法可得，对所有的正整数 n，都有 $0 < x_n < \frac{\pi}{2}$. 因此，数列 $\{x_n\}$ 有界.

下面考虑数列的单调性. 根据递推式可得，

$$\frac{x_{n+1}}{x_n} = \sqrt{\frac{\pi}{2}} \cdot \sqrt{\frac{\sin x_n}{x_n}}. \tag{1}$$

令 $f(x) = \frac{\sin x}{x}, x \in \left(0, \frac{\pi}{2}\right)$，则 $f'(x) = \frac{x\cos x - \sin x}{x^2}$. 注意到 $f'(x)$ 的分母恒大于 0，故考虑分子的符号.

令 $g(x) = x\cos x - \sin x, x \in \left(0, \frac{\pi}{2}\right)$，则

$$g'(x) = \cos x - x\sin x - \cos x = -x\sin x < 0.$$

于是，$g(x)$ 在 $\left(0, \frac{\pi}{2}\right)$ 内单调减少. 结合 $g(0) = 0$，可得 $g(x) < 0$，从而 $f'(x)$ 在 $\left(0, \frac{\pi}{2}\right)$ 内小于 0，$f(x)$ 在 $\left(0, \frac{\pi}{2}\right)$ 内单调减少. 因此，当 $x \in \left(0, \frac{\pi}{2}\right)$ 时，$f(x) > f\left(\frac{\pi}{2}\right) = \frac{2}{\pi}$，即 $\frac{\sin x}{x} > \frac{2}{\pi}$.

将 $\frac{\sin x}{x} > \frac{2}{\pi}$ 代入(1)式可得，$\frac{x_{n+1}}{x_n} > 1$. 因此，$\{x_n\}$ 单调增加.

根据单调有界准则，知数列 $\{x_n\}$ 的极限存在. 记 $\lim\limits_{n\to\infty} x_n = a$，则 $0 < x_1 \leqslant a \leqslant \frac{\pi}{2}$.

对 $x_{n+1} = \sqrt{\frac{\pi}{2} x_n \sin x_n}$ 两端关于 n 求极限可得，$a = \sqrt{\frac{\pi}{2} a \sin a}$，即 $\frac{\sin a}{a} = \frac{2}{\pi}$.

由对 $f(x)$ 的分析可知，$a = \frac{\pi}{2}$. 因此，

$$\lim_{n\to\infty} \frac{\sec x_n - \tan x_n}{\frac{\pi}{2} - x_n} \xlongequal{y_n = \frac{\pi}{2} - x_n} \lim_{n\to\infty} \frac{\csc y_n - \cot y_n}{y_n} = \lim_{n\to\infty} \frac{1 - \cos y_n}{y_n \sin y_n}$$

$$= \lim_{y\to 0} \frac{1 - \cos y}{y \sin y} = \lim_{y\to 0} \frac{\frac{y^2}{2}}{y^2} = \frac{1}{2}.$$

175 【证明】 利用单调有界准则.

$$a_{n+1} - a_n = \left(1 + \frac{1}{\sqrt{2}} + \cdots + \frac{1}{\sqrt{n+1}} - 2\sqrt{n+1}\right) - \left(1 + \frac{1}{\sqrt{2}} + \cdots + \frac{1}{\sqrt{n}} - 2\sqrt{n}\right)$$

$$= \frac{1}{\sqrt{n+1}} - 2\sqrt{n+1} + 2\sqrt{n} = \frac{1}{\sqrt{n+1}} - 2(\sqrt{n+1} - \sqrt{n})$$

$$= \frac{1}{\sqrt{n+1}} - \frac{2}{\sqrt{n+1} + \sqrt{n}} = \frac{2}{2\sqrt{n+1}} - \frac{2}{\sqrt{n+1} + \sqrt{n}} < 0.$$

于是，$\{a_n\}$ 单调减少.

下面证明 $\{a_n\}$ 有下界.

注意到 $\frac{1}{\sqrt{n}} < 2(\sqrt{n} - \sqrt{n-1}) = \frac{2}{\sqrt{n} + \sqrt{n-1}} < \frac{1}{\sqrt{n-1}}$. 因此，

$$\frac{1}{\sqrt{n}} < 2(\sqrt{n} - \sqrt{n-1}) < \frac{1}{\sqrt{n-1}},$$

$$\frac{1}{\sqrt{n-1}} < 2(\sqrt{n-1} - \sqrt{n-2}) < \frac{1}{\sqrt{n-2}},$$

…

$$\frac{1}{\sqrt{2}}<2(\sqrt{2}-\sqrt{1})<\frac{1}{\sqrt{1}}.$$

上述各式相加可得,

$$\frac{1}{\sqrt{2}}+\frac{1}{\sqrt{3}}+\cdots+\frac{1}{\sqrt{n}}<2\sqrt{n}-2<1+\frac{1}{\sqrt{2}}+\cdots+\frac{1}{\sqrt{n-1}}. \quad (1)$$

由(1)式可得,$1+\frac{1}{\sqrt{2}}+\cdots+\frac{1}{\sqrt{n}}-2\sqrt{n}>-2+\frac{1}{\sqrt{n}}>-2$,即 -2 为 $\{a_n\}$ 的一个下界.

由单调有界准则可知,$\{a_n\}$ 收敛.

176 【解】 (1) 利用洛必达法则.

$$\lim_{x\to+\infty}\frac{\arctan 2x-\arctan x}{\frac{\pi}{2}-\arctan x}=\lim_{x\to+\infty}\frac{\frac{2}{1+4x^2}-\frac{1}{1+x^2}}{-\frac{1}{1+x^2}}=\lim_{x\to+\infty}\left[-\frac{2(1+x^2)}{1+4x^2}+1\right]=\frac{1}{2}.$$

(2) 注意到

$$I=\lim_{x\to+\infty}\frac{\arctan 2x-\arctan x}{\frac{\pi}{2}-\arctan x}+b\lim_{x\to+\infty}\frac{\arctan x\cdot[1-f(x)]}{\frac{\pi}{2}-\arctan x}.$$

我们断言 $\lim\limits_{x\to+\infty}\frac{\arctan x\cdot[1-f(x)]}{\frac{\pi}{2}-\arctan x}$ 不存在. 否则,

$$\lim_{x\to+\infty}x[1-f(x)]=\lim_{x\to+\infty}\frac{\arctan x\cdot[1-f(x)]}{\frac{\pi}{2}-\arctan x}\cdot\frac{x\left(\frac{\pi}{2}-\arctan x\right)}{\arctan x}$$

$$=\frac{2}{\pi}\lim_{x\to+\infty}\frac{\arctan x\cdot[1-f(x)]}{\frac{\pi}{2}-\arctan x}\lim_{x\to+\infty}\frac{\frac{\pi}{2}-\arctan x}{\frac{1}{x}}$$

$$=\frac{2}{\pi}\lim_{x\to+\infty}\frac{\arctan x\cdot[1-f(x)]}{\frac{\pi}{2}-\arctan x}.$$

与 $\lim\limits_{x\to+\infty}x[1-f(x)]$ 不存在矛盾.

因此,若 I 存在,只能 $b=0$. 此时,$I=\frac{1}{2}$.

177 【解】 **方法一**

$$\lim_{x\to0}\frac{e^x(1+bx+cx^2)-1-ax}{x^4}\overset{洛}{=\!=}\lim_{x\to0}\frac{e^x(1+bx+cx^2)+e^x(b+2cx)-a}{4x^3},$$

若 $1+b-a\neq0$,则上式极限等于 ∞,与题设矛盾,故 $1+b-a=0$. 再用洛必达法则,

$$原式=\lim_{x\to0}\frac{e^x(1+bx+cx^2)+2e^x(b+2cx)+2ce^x}{12x^2},$$

仿上讨论有 $1+2b+2c=0$. 继续用洛必达法则,

$$原式=\lim_{x\to0}\frac{e^x(1+bx+cx^2)+3e^x(b+2cx)+6ce^x}{24x},$$

仿上讨论有 $1+3b+6c=0$. 综合之，由以上 3 个等式解得 $a=\frac{1}{3}, b=-\frac{2}{3}, c=\frac{1}{6}$.

以 a,b,c 之值代入，再由洛必达法则，可得原式极限为$\frac{1}{72}$.

方法二　将 e^x 在 $x_0=0$ 处按佩亚诺型余项泰勒公式展开到 $o(x^4)$，有

$$e^x=1+x+\frac{x^2}{2}+\frac{x^3}{6}+\frac{x^4}{24}+o(x^4),$$

于是

$$原式=\lim_{x\to 0}\frac{(1+b-a)x+\left(\frac{1}{2}+b+c\right)x^2+\left(\frac{1}{6}+\frac{b}{2}+c\right)x^3+\left(\frac{1}{24}+\frac{b}{6}+\frac{c}{2}\right)x^4+o(x^4)}{x^4}.$$

可见上述极限存在的充要条件是

$$1+b-a=0, \frac{1}{2}+b+c=0, \frac{1}{6}+\frac{b}{2}+c=0,$$

解得 a,b,c，以 a,b,c 之值代入，立即可得原式极限为$\frac{1}{72}$.

【评注】　若式中有待定系数且用洛必达法则时，必须步步讨论，方法二比方法一方便、快捷.

178　**【解】**　由$\lim\limits_{x\to 0}\frac{f(x)}{x}=0$ 知，$f(0)=0, f'(0)=0$.

由题设知 $\alpha>0$.

$$\lim_{x\to 0^+}\frac{\int_0^x f(t)\mathrm{d}t}{x^\alpha-\sin x}=\lim_{x\to 0^+}\frac{f(x)}{\alpha x^{\alpha-1}-\cos x}（由题设知 \alpha=1）$$

$$=\lim_{x\to 0^+}\frac{f(x)}{1-\cos x}=\lim_{x\to 0^+}\frac{f(x)}{\frac{1}{2}x^2}$$

$$=\lim_{x\to 0}\frac{f'(x)}{x}=f''(0)=\beta.$$

179　**【解】**　$x=k(k=1,2,\cdots)$，$x=-1$ 是 $f(x)$ 的间断点，$x=0$ 是可疑间断点，其余点都连续.

当 $x=k(k=1,3,4,\cdots)$ 时，

$$\lim_{x\to k}f(x)=\lim_{x\to k}\frac{x(x^2-4)}{\sin \pi x}=\infty,$$

则 $x=k(k=1,3,4,\cdots)$ 是 $f(x)$ 的无穷间断点，是第二类间断点.

当 $x=2$ 时，

$$\lim_{x\to 2}f(x)=\lim_{x\to 2}\frac{x(x^2-4)}{\sin \pi x}=8\lim_{x\to 2}\frac{x-2}{\sin \pi x}=8\lim_{x\to 2}\frac{1}{\pi\cos \pi x}=\frac{8}{\pi},$$

则 $x=2$ 是 $f(x)$ 的可去间断点，是第一类间断点.

当 $x=-1$ 时，

$$\lim_{x\to -1}f(x)=\lim_{x\to -1}\frac{x(x+1)}{x^2-1}=\lim_{x\to -1}\frac{x}{x-1}=\frac{1}{2},$$

则 $x=-1$ 是 $f(x)$ 的可去间断点，是第一类间断点.

当 $x=0$ 时，

$$\lim_{x\to 0^-} f(x) = \lim_{x\to 0^-} \frac{x(x+1)}{x^2-1} = 0,$$

$$\lim_{x\to 0^+} f(x) = \lim_{x\to 0^+} \frac{x(x^2-4)}{\sin \pi x} = \lim_{x\to 0^+} \frac{x(x^2-4)}{\pi x} = -\frac{4}{\pi},$$

则 $x=0$ 是 $f(x)$ 的跳跃间断点，是第一类间断点.

180 【证明】 令 $F(x)=f(x)-f\left(x+\frac{b-a}{2}\right)$，由于 $f(x)$ 在$[a,b]$上连续，则 $F(x)$ 在$\left[a,\frac{a+b}{2}\right]$上连续，又

$$F(a)=f(a)-f\left(\frac{a+b}{2}\right),$$

$$F\left(\frac{a+b}{2}\right)=f\left(\frac{a+b}{2}\right)-f(b)=f\left(\frac{a+b}{2}\right)-f(a),$$

若 $f(a)-f\left(\frac{a+b}{2}\right)=0$，原题结论显然成立. 若 $f(a)-f\left(\frac{a+b}{2}\right)\neq 0$，则 $F(a)$ 与 $F\left(\frac{a+b}{2}\right)$异号，由连续函数的零点定理可知，存在 $\xi\in\left(a,\frac{a+b}{2}\right)$，使得 $F(\xi)=0$，即

$$f(\xi)=f\left(\xi+\frac{b-a}{2}\right),$$

即存在一个$[\alpha,\beta]\subset[a,b]$，且 $\beta-\alpha=\frac{b-a}{2}$，使 $f(\alpha)=f(\beta)$. 这里 $\alpha=\xi,\beta=\xi+\frac{b-a}{2}$.

181 【证明】 $\lim\limits_{x\to 0}\frac{f(x)-f[\ln(1+x)]}{x^3}=\lim\limits_{x\to 0}\frac{f'(\xi)[x-\ln(1+x)]}{x^3}$(拉格朗日中值定理)，这里 ξ 介于 $\ln(1+x)$ 与 x 之间，从而这里$\frac{\xi}{x}$ 介于$\frac{\ln(1+x)}{x}$ 与$\frac{x}{x}$ 之间，则

$$\lim_{x\to 0}\frac{\xi}{x}=1,$$

$$\lim_{x\to 0}\frac{f'(\xi)}{x}=\lim_{x\to 0}\frac{\xi}{x}\cdot\frac{f'(\xi)-f'(0)}{\xi}=f''(0),$$

$$\lim_{x\to 0}\frac{x-\ln(1+x)}{x^2}=\lim_{x\to 0}\frac{\frac{1}{2}x^2}{x^2}=\frac{1}{2},$$

则 $\lim\limits_{x\to 0}\frac{f(x)-f[\ln(1+x)]}{x^3}=\frac{1}{2}f''(0).$

182 【解】 (1) 注意到$\int_0^1\sqrt{1+[f'(x)]^2}\,dx$ 为曲线 $y=f(x)$ 在$[0,1]$ 上的长度.

由于两点之间的直线段长度最小，故当 $y=f(x)$ 为直线时，$\int_0^1\sqrt{1+[f'(x)]^2}\,dx$ 最小，从而 $1+\frac{a}{\sqrt{2}}-\int_0^1\sqrt{1+[f'(x)]^2}\,dx$ 最大.

此时，直线方程为 $y-1=(a-1)x$，即 $f(x)=(a-1)x+1$.

(2)$[0,1]$上的直线段长度即点$(0,f(0))$与点$(1,f(1))$之间的距离，即$\sqrt{(a-1)^2+1}$. 于是，$g(a)=1+\frac{a}{\sqrt{2}}-\sqrt{(a-1)^2+1}$.

$$g'(a)=\frac{1}{\sqrt{2}}-\frac{a-1}{\sqrt{(a-1)^2+1}}.$$

令 $g'(a)=0$，可得 $\frac{a-1}{\sqrt{(a-1)^2+1}}=\frac{1}{\sqrt{2}}$，解得 $a=2$. 于是，$a=2$ 为 $g(a)$ 的唯一驻点.

$$g''(a)=-\frac{\sqrt{(a-1)^2+1}-(a-1)\cdot\frac{a-1}{\sqrt{(a-1)^2+1}}}{(a-1)^2+1}=-\frac{(a-1)^2-[(a-1)^2-1]}{[(a-1)^2+1]^{\frac{3}{2}}}$$

<0.

因此，$a=2$ 为极大值点，也为最大值点. 当 $a=2$ 时，$g(a)$ 取得最大值，最大值为 $g(2)=1$.

183 【解】 (1) 令 $\varphi(x)=x-\arctan x$，则 $\varphi(x)$ 在 $[0,+\infty)$ 上连续，$\varphi(0)=0$，

且 $x>0$ 时，$\varphi'(x)=1-\frac{1}{1+x^2}=\frac{x^2}{1+x^2}>0$.

于是，$\varphi(x)$ 在 $[0,+\infty)$ 单调增加，当 $x>0$ 时，$\varphi(x)>\varphi(0)=0$，即 $\arctan x<x$.

令 $\psi(x)=\arctan x-x+\frac{1}{3}x^3$，则 $\psi(x)$ 在 $[0,+\infty)$ 上连续，$\psi(0)=0$，

且 $x>0$ 时，$\psi'(x)=\frac{1}{1+x^2}-1+x^2=\frac{x^4}{1+x^2}>0$.

于是，$\psi(x)$ 在 $[0,+\infty)$ 单调增加，当 $x>0$ 时，$\psi(x)>\psi(0)=0$，即 $\arctan x>x-\frac{1}{3}x^3$.

因此，当 $x>0$ 时，$x-\frac{1}{3}x^3<\arctan x<x$.

(2) 由第(1) 问可知，

$$\sum_{k=1}^{n}\arctan\frac{n}{n^2+k^2}<\sum_{k=1}^{n}\frac{n}{n^2+k^2}.$$

$$\sum_{k=1}^{n}\arctan\frac{n}{n^2+k^2}>\sum_{k=1}^{n}\frac{n}{n^2+k^2}-\frac{1}{3}\sum_{k=1}^{n}\left(\frac{n}{n^2+k^2}\right)^3>\sum_{k=1}^{n}\frac{n}{n^2+k^2}-\frac{1}{3}\sum_{k=1}^{n}\frac{1}{n^3}.$$

因此，

$$\lim_{n\to\infty}\left(\sum_{k=1}^{n}\frac{n}{n^2+k^2}-\frac{1}{3}\sum_{k=1}^{n}\frac{1}{n^3}\right)\leqslant\lim_{n\to\infty}\sum_{k=1}^{n}\arctan\frac{n}{n^2+k^2}\leqslant\lim_{n\to\infty}\sum_{k=1}^{n}\frac{n}{n^2+k^2}.$$

注意到

$$\lim_{n\to\infty}\sum_{k=1}^{n}\frac{1}{n^3}=\lim_{n\to\infty}\frac{1}{n^3}\sum_{k=1}^{n}1=\lim_{n\to\infty}\frac{n}{n^3}=0,$$

故 $\lim\limits_{n\to\infty}\left(\sum_{k=1}^{n}\frac{n}{n^2+k^2}-\frac{1}{3}\sum_{k=1}^{n}\frac{1}{n^3}\right)=\lim\limits_{n\to\infty}\sum_{k=1}^{n}\frac{n}{n^2+k^2}$.

又因为 $\lim\limits_{n\to\infty}\sum_{k=1}^{n}\frac{n}{n^2+k^2}=\lim\limits_{n\to\infty}\frac{1}{n}\sum_{k=1}^{n}\frac{1}{1+\left(\frac{k}{n}\right)^2}=\int_0^1\frac{1}{1+x^2}dx=\arctan x\Big|_0^1=\frac{\pi}{4}$,

所以由夹逼准则可知，$\lim\limits_{n\to\infty}\sum_{k=1}^{n}\arctan\frac{n}{n^2+k^2}=\frac{\pi}{4}$.

184 【证明】 令 $f(x)=e^{-x}\sin x$，则 $f(x)$ 在 $\left[0,\frac{\pi}{2}\right]$ 上连续，在 $\left(0,\frac{\pi}{2}\right)$ 内可导，$f(0)=0$，$f\left(\frac{\pi}{2}\right)=e^{-\frac{\pi}{2}}$，$f'(x)=e^{-x}(\cos x-\sin x)$.

取 $c=\frac{1}{2}\left[f(0)+f\left(\frac{\pi}{2}\right)\right]=\frac{e^{-\frac{\pi}{2}}}{2}$，则由连续函数的介值定理可知，存在 $x_3\in\left(0,\frac{\pi}{2}\right)$，使得 $f(x_3)=\frac{e^{-\frac{\pi}{2}}}{2}$.

在区间 $[0,x_3]$ 和 $\left[x_3,\frac{\pi}{2}\right]$ 上分别对 $f(x)$ 使用拉格朗日中值定理，可得存在 $x_1\in(0,x_3)$，$x_2\in\left(x_3,\frac{\pi}{2}\right)$，使得

$$\frac{e^{-\frac{\pi}{2}}}{2}=f(x_3)-f(0)=f'(x_1)x_3,\frac{e^{-\frac{\pi}{2}}}{2}=f\left(\frac{\pi}{2}\right)-f(x_3)=f'(x_2)\left(\frac{\pi}{2}-x_3\right),$$

即 $[e^{-x_1}(\cos x_1-\sin x_1)]x_3=[e^{-x_2}(\cos x_2-\sin x_2)]\left(\frac{\pi}{2}-x_3\right)=\frac{e^{-\frac{\pi}{2}}}{2}$.

185 【证明】 在 $f(x+h)-f(x)=hf'\left(x+\frac{h}{2}\right)$ 中，令 $x=0$ 可得

$$f(h)=f(0)+hf'\left(\frac{h}{2}\right). \tag{*}$$

$f(x)$ 在 $(-\infty,+\infty)$ 上二阶连续可导，在等式 $f(x+h)-f(x)=hf'\left(x+\frac{h}{2}\right)$ 两边对 h 求导得

$$f'(x+h)=f'\left(x+\frac{h}{2}\right)+\frac{h}{2}f''\left(x+\frac{h}{2}\right),$$

令 $x=-\frac{h}{2}$，则 $f'\left(\frac{h}{2}\right)=f'(0)+\frac{h}{2}f''(0)$，代入 (*) 式，可得

$$f(h)=f(0)+h\left[f'(0)+\frac{h}{2}f''(0)\right]=f(0)+hf'(0)+\frac{h^2}{2}f''(0),$$

故 $f(x)=ax^2+bx+c$，其中 $a=\frac{1}{2}f''(0)$，$b=f'(0)$，$c=f(0)$ 为常数.

186 【解】 由题设可知 $f(0)=0$，将 $x=0,y=0$ 代入 $\int_\alpha^{y+x}e^{-t^2}dt=2y-\sin x$ 得 $\alpha=0$，等式 $\int_\alpha^{y+x}e^{-t^2}dt=2y-\sin x$ 两端对 x 求导得

$$e^{-(y+x)^2}(y'+1)=2y'-\cos x.$$

将 $x=0,y=0$ 代入上式得

$$y'(0)+1=2y'(0)-1,$$

则 $y'(0)=2$，从而 $f'(0)=2$.

又 $\lim\limits_{x\to0}\left[\frac{\ln(1+x)}{x^{1+\alpha}}\right]^{\frac{1}{f(x)}}=\lim\limits_{x\to0}\left[1+\frac{\ln(1+x)-x}{x}\right]^{\frac{1}{f(x)}}$，

$$\lim_{x\to0}\frac{\ln(1+x)-x}{xf(x)}=\lim_{x\to0}\frac{\ln(1+x)-x}{x^2}\cdot\lim_{x\to0}\frac{1}{\frac{f(x)-f(0)}{x}}$$

$$=-\frac{1}{2}\cdot\frac{1}{2}=-\frac{1}{4},$$

则 $\lim\limits_{x\to0}\left[\frac{\ln(1+x)}{x^{1+\alpha}}\right]^{\frac{1}{f(x)}}=e^{-\frac{1}{4}}$.

187 【证明】 $0<x<1$ 时，要证不等式$\sqrt{\frac{1-x}{1+x}}<\frac{\ln(1+x)}{\arcsin x}$，只要证明

$$\sqrt{1-x^2}\arcsin x<(1+x)\ln(1+x).$$

为此，令 $f(x)=(1+x)\ln(1+x)-\sqrt{1-x^2}\arcsin x, x\in[0,1)$. 显然，$f(x)$ 在$[0,1)$ 连续，$f(0)=0$，因此只要证明当 $0<x<1$ 时，$f'(x)>0$. 而

$$f'(x)=\ln(1+x)+1+\frac{x}{\sqrt{1-x^2}}\arcsin x-1$$

$$=\ln(1+x)+\frac{x}{\sqrt{1-x^2}}\arcsin x>0, x\in(0,1),$$

则 $f(x)$ 在$[0,1)$ 上单调增，又 $f(0)=0$，则当 $0<x<1$ 时，$f(x)>0$. 故原题得证.

188 【证明】 设 $f(x)=(x-4)e^{\frac{x}{2}}-(x-2)e^x+2$，有 $f(0)=0$，

$$f'(x)=\left(\frac{x}{2}-1\right)e^{\frac{x}{2}}-(x-1)e^x, f'(0)=0,$$

$$f''(x)=xe^{\frac{x}{2}}\left(\frac{1}{4}-e^{\frac{x}{2}}\right)<0(\text{当 } x>0),$$

由泰勒公式有

$$f(x)=f(0)+f'(0)x+\frac{1}{2}f''(\xi)x^2\leqslant 0,$$

当且仅当在 $x=0$ 时成立等号，证毕.

189 【证明】 (1) 设 $f'(0)=a>0$. 由拉格朗日型余项泰勒公式有

$$f(x)=f(0)+f'(0)x+\frac{1}{2}f''(\xi)x^2>f(0)+ax(\text{当 } x\neq 0),$$

于是当 $x>-\frac{f(0)}{a}$ 时 $f(x)>0$，所以在区间$(0,+\infty)$ 上至少有 1 个零点.

又因 $x>0$ 时 $f'(x)>f'(0)=a>0$，所以在$(0,+\infty)$ 上正好有 1 个零点.

同理可证，若 $a<0$，则在$(-\infty,0)$ 上 $f(x)$ 正好有 1 个零点.

若 $f'(0)=a=0$，则必存在 $\delta>0$，当 $x\in[0,\delta]$ 时 $f(x)<0$ 且 $f'(\delta)>0$. 在 $x=\delta$ 处按上述对 $x=0$ 讨论的办法，可知 $f(x)$ 在区间$(\delta,+\infty)$ 上正好有 1 个零点，从而在区间$(0,+\infty)$ 上正好有 1 个零点.

类似可知当 $a=0$ 时，在$(-\infty,0)$ 上 $f(x)$ 也正好有 1 个零点. 又因 $f''(x)>0$，无论 a 是什么情形，所以在$(-\infty,+\infty)$ 上 $f(x)$ 至多有 2 个零点，证毕.

(2) 上面已证不论 a 是哪种情形，$f(x)$ 在$(0,+\infty)$ 上或$(-\infty,0)$ 上正好有 1 个零点. 于是若 $f(x)$ 有 2 个零点，则此两个零点必反号.

190 【解】 由于$(t-2t^3)e^{-t^2}$ 是奇函数，则 $f(x)=\int_0^x(t-2t^3)e^{-t^2}dt$ 是偶函数. 显然 $f(0)=0$，所以只需确定 $f(x)$ 在区间$(0,+\infty)$ 上零点的个数.

令

$$f'(x)=(x-2x^3)e^{-x^2}=0, x\in(0,+\infty),$$

得 $x=\frac{1}{\sqrt{2}}$，则

当 $x\in\left(0,\frac{1}{\sqrt{2}}\right)$时，$f'(x)>0$，$f(x)$ 单调增；

当 $x \in \left(\frac{1}{\sqrt{2}}, +\infty\right)$ 时，$f'(x) < 0$，$f(x)$ 单调减，

则因 $f\left(\frac{1}{\sqrt{2}}\right) > 0$，$f(x)$ 在 $\left(0, \frac{1}{\sqrt{2}}\right)$ 内无零点，又

$$\lim_{x \to +\infty} f(x) = \int_0^{+\infty} (t - 2t^3) e^{-t^2} dt = \int_0^{+\infty} t e^{-t^2} dt + \int_0^{+\infty} t^2 de^{-t^2}$$
$$= \int_0^{+\infty} t e^{-t^2} dt + t^2 e^{-t^2} \Big|_0^{+\infty} - 2\int_0^{+\infty} t e^{-t^2} dt = -\int_0^{+\infty} t e^{-t^2} dt < 0,$$

则 $f(x)$ 在 $\left(\frac{1}{\sqrt{2}}, +\infty\right)$ 内有且仅有一个零点，故方程 $f(x) = 0$ 共有三个实根.

191 【分析】 注意要证明 $f'(\xi) + g(\xi) f(\xi) = 0$ 需构造辅助函数 $F(x) = f(x) e^{\int_a^x g(t) dt}$，则本题应构造辅助函数 $F(x) = f(x) e^{\int_a^x f(t) dt}$.

【证明】 令 $F(x) = f(x) e^{\int_a^x f(t) dt}$，由题设可知 $F(x)$ 在 $[a,b]$ 上满足罗尔定理条件，由罗尔定理知，存在 $\xi \in (a,b)$，使 $F'(\xi) = 0$，即

$$f'(\xi) e^{\int_a^\xi f(t) dt} + f^2(\xi) e^{\int_a^\xi f(t) dt} = 0,$$

而 $e^{\int_a^\xi f(t) dt} \neq 0$，则

$$f'(\xi) + f^2(\xi) = 0,$$

原题得证.

192 【分析】 已知函数 $f(x)$ 在三点的函数值，便可以根据它们构造一个二次多项式作为"过渡"到 $f(x)$ 的"桥梁".

【证明】 因 $f(0) = 0$，可令 $g(x) = x(ax + b)$，且过点 $(0,0)$，$(1,1)$，$(4,2)$，于是有

$$1 = g(1) = a + b,$$
$$2 = g(4) = 4(4a + b)，即\ 8a + 2b = 1,$$

解得 $a = -\frac{1}{6}$，$b = \frac{7}{6}$，即 $g(x) = x\left(-\frac{x}{6} + \frac{7}{6}\right)$.

设 $F(x) = f(x) - g(x) = f(x) - \frac{x}{6}(-x + 7)$，$x \in [0,4]$.

显然，$F(x)$ 在区间 $[0,4]$ 具有二阶导数.

$$F'(x) = f'(x) + \frac{x}{3} - \frac{7}{6}, F''(x) = f''(x) + \frac{1}{3},$$

且 $F(0) = F(1) = F(4) = 0$，在区间 $[0,1]$ 和 $[1,4]$ 上对 $F(x)$ 分别应用罗尔定理：存在 $\xi_1 \in (0,1)$ 和 $\xi_2 \in (1,4)$，使

$$F'(\xi_1) = 0, F'(\xi_2) = 0.$$

继续在区间 $[\xi_1, \xi_2] \subset (0,4)$ 上对 $F'(x)$ 应用罗尔定理：存在 $\xi \in (\xi_1, \xi_2) \subset (0,4)$，使 $F''(\xi) = 0$，即

$$f''(\xi) = -\frac{1}{3}.$$

193 【证明】 设在 $[0,1]$ 上 $f(x)$ 恒为某常数，即 $f(x)$ 恒为 0，结论显然成立.

设在 $[0,1]$ 上 $f(x) \neq 0$，则在 $(0,1)$ 上 $|f(x)|$ 存在最大值. 设 $x_0 \in (0,1)$ 有 $|f(x_0)| = M = \max\limits_{0 \leqslant x \leqslant 1} |f(x)|$，所以 $f(x_0)$ 不是 $f(x)$ 的最大值就是 $f(x)$ 的最小值，所以 $f'(x_0) = 0$. 将

$f(x)$ 在 x_0 处按泰勒公式展开：

$$0=f(0)=f(x_0)+f'(x_0)(-x_0)+\frac{1}{2}f''(\xi_1)x_0^2=f(x_0)+\frac{1}{2}f''(\xi_1)x_0^2(0<\xi_1<x_0),$$

$$0=f(1)=f(x_0)+f'(x_0)(1-x_0)+\frac{1}{2}f''(\xi_2)(1-x_0)^2$$

$$=f(x_0)+\frac{1}{2}f''(\xi_2)(1-x_0)^2(x_0<\xi_2<1),$$

所以有 $|f''(\xi_1)|=\dfrac{2M}{x_0^2}$ 及 $|f''(\xi_2)|=\dfrac{2M}{(1-x_0)^2}$.

若 $x_0\in\left(0,\dfrac{1}{2}\right)$，则存在 $\xi=\xi_1\in\left(0,\dfrac{1}{2}\right)$，使 $|f''(\xi)|>8M$，

若 $x_0\in\left[\dfrac{1}{2},1\right)$，则存在 $\xi=\xi_2\in\left[\dfrac{1}{2},1\right)$，使 $|f''(\xi)|\geqslant 8M$.

总之，至少存在一点 $\xi\in(0,1)$ 使 $|f''(\xi)|\geqslant 8M=8\max\limits_{0\leqslant x\leqslant 1}|f(x)|$.

194 【证明】 因为函数 $f(x)\neq 0,x\in(0,1)$，所以不妨假设 $f(x)>0,x\in(0,1)$.

有界闭区间$[0,1]$上的连续函数 $f(x)$ 存在最大值，记最大值为 $f(x_0)>0$，则由 $f(0)=f(1)=0$ 可知 $x_0\in(0,1)$，且

$$\int_0^1\left|\frac{f''(x)}{f(x)}\right|\mathrm{d}x>\frac{1}{f(x_0)}\int_0^1|f''(x)|\mathrm{d}x.$$

因为 $f(0)=f(1)=0$，所以由微分中值定理可知，存在 $\xi\in(0,x_0),\eta\in(x_0,1)$，使得

$$f(x_0)=f(0)+f'(\xi)x_0,f(x_0)=f(1)+f'(\eta)(x_0-1),$$

即 $f'(\xi)=\dfrac{f(x_0)}{x_0},f'(\eta)=\dfrac{f(x_0)}{x_0-1}$. 因为函数 $f(x)$ 在$[0,1]$上二阶连续可导，所以

$$\int_0^1|f''(x)|\mathrm{d}x\geqslant\int_\xi^\eta|f''(x)|\mathrm{d}x\geqslant\left|\int_\xi^\eta f''(x)\mathrm{d}x\right|$$

$$=|f'(\eta)-f'(\xi)|=\frac{f(x_0)}{x_0(1-x_0)}\geqslant 4f(x_0),$$

故$\displaystyle\int_0^1\left|\frac{f''(x)}{f(x)}\right|\mathrm{d}x>4$.

195 【证明】 由于 $g(x)$ 在$[a,b]$上有连续导数，且 $g'(x)\neq 0$，故由连续函数的性质可知，$g'(x)>0$ 或 $g'(x)<0$，$g(x)$ 在$[a,b]$上为单调函数.

令 $F(x)=\displaystyle\int_a^x f(t)\mathrm{d}t$，则 $F(a)=F(b)=0$. 由罗尔定理可得，存在 $\eta\in(a,b)$，使得

$$F'(\eta)=f(\eta)=0.$$

下面证明 $f(x)$ 在(a,b)内不可能只有唯一零点 η.

假设 $f(x)$ 在(a,b)内只有唯一零点 η.

一方面，由$\displaystyle\int_a^b f(x)\mathrm{d}x=0$ 以及$\displaystyle\int_a^b f(x)g(x)\mathrm{d}x=0$ 可得，

$$\int_a^b f(x)[g(x)-g(\eta)]\mathrm{d}x=\int_a^b f(x)g(x)\mathrm{d}x-g(\eta)\int_a^b f(x)\mathrm{d}x=0. \tag{1}$$

另一方面，将$[a,b]$划分为两个区间$[a,\eta]$，$[\eta,b]$. 由于$\displaystyle\int_a^b f(x)\mathrm{d}x=0$，故 $f(x)$ 在这两个区间上异号. 不妨假设在$[a,\eta]$上，$f(x)<0$，在$[\eta,b]$上，$f(x)>0$，$g(x)$ 在$[a,b]$上单调增加. 于是，

$$\int_a^b f(x)[g(x)-g(\eta)]\mathrm{d}x=\int_a^\eta f(x)[g(x)-g(\eta)]\mathrm{d}x+\int_\eta^b f(x)[g(x)-g(\eta)]\mathrm{d}x>0.$$

这与(1)式矛盾. 其余情形亦可推出矛盾.

因此,$f(x)$ 在(a,b)内至少存在两个零点，结论成立.

196 【解】 (1) $I_n+I_{n-1}=\int_0^{\frac{\pi}{2}}\dfrac{\cos(2n+1)x+\cos(2n-1)x}{\cos x}\mathrm{d}x$,而

$$\cos(2n+1)x+\cos(2n-1)x=2\cos 2nx\cdot\cos x,$$

所以 $I_n+I_{n-1}=\int_0^{\frac{\pi}{2}}2\cos 2nx\mathrm{d}x=0$,故

$$I_n=-I_{n-1}=(-1)^2I_{n-2}=\cdots=(-1)^nI_0=\frac{(-1)^n}{2}\pi.$$

(2) 由分部积分有

$$\int_0^{\frac{\pi}{2}}\cos 2nx\cdot\ln\cos x\mathrm{d}x=\frac{1}{2n}\sin 2nx\cdot\ln\cos x\Big|_0^{\frac{\pi}{2}}+\frac{1}{2n}\int_0^{\frac{\pi}{2}}\frac{\sin 2nx\cdot\sin x}{\cos x}\mathrm{d}x,$$

而 $\lim\limits_{x\to\frac{\pi}{2}^-}\dfrac{1}{2n}\sin 2nx\cdot\ln\cos x=0$,所以

$$\begin{aligned}\int_0^{\frac{\pi}{2}}\cos 2nx\cdot\ln\cos x\mathrm{d}x&=\frac{1}{2n}\int_0^{\frac{\pi}{2}}\frac{\sin 2nx\cdot\sin x}{\cos x}\mathrm{d}x\\&=-\frac{1}{4n}\int_0^{\frac{\pi}{2}}\frac{\cos(2n+1)x-\cos(2n-1)x}{\cos x}\mathrm{d}x=-\frac{1}{4n}(I_n-I_{n-1}).\end{aligned}$$

由(1)可得 $I_n=-I_{n-1}$,所以

$$\int_0^{\frac{\pi}{2}}\cos 2nx\cdot\ln\cos x\mathrm{d}x=-\frac{1}{2n}I_n=\frac{(-1)^{n+1}}{4n}\pi,$$

$$\lim_{n\to\infty}n\int_0^{\frac{\pi}{2}}\cos 2nx\cdot\ln\cos x\mathrm{d}x=\frac{(-1)^{n+1}}{4}\pi.$$

197 【解】 (1) 注意到 $x+1-[x+1]=x-[x]$，故 $x-[x]$ 是周期函数，且周期为 1.

$$\begin{aligned}\int_{k-1}^k(x-[x])\mathrm{d}x&\xlongequal{u=x-(k-1)}\int_0^1(u+k-1-[u+k-1])\mathrm{d}u=\int_0^1(u-[u])\mathrm{d}u\\&=\int_0^1u\mathrm{d}u=\frac{1}{2}.\end{aligned}$$

(2) 注意到 $\int_0^1(nx-[nx])f(x)\mathrm{d}x=\sum\limits_{k=1}^n\int_{\frac{k-1}{n}}^{\frac{k}{n}}(nx-[nx])f(x)\mathrm{d}x$.

由于 $f(x)$ 在$[0,1]$上单调减少，故

$$\begin{aligned}\sum_{k=1}^n\int_{\frac{k-1}{n}}^{\frac{k}{n}}(nx-[nx])f\left(\frac{k}{n}\right)\mathrm{d}x&\leqslant\sum_{k=1}^n\int_{\frac{k-1}{n}}^{\frac{k}{n}}(nx-[nx])f(x)\mathrm{d}x\\&\leqslant\sum_{k=1}^n\int_{\frac{k-1}{n}}^{\frac{k}{n}}(nx-[nx])f\left(\frac{k-1}{n}\right)\mathrm{d}x.\end{aligned}\qquad①$$

下面计算 $\int_{\frac{k-1}{n}}^{\frac{k}{n}}(nx-[nx])\mathrm{d}x$.

$$\int_{\frac{k-1}{n}}^{\frac{k}{n}}(nx-[nx])\mathrm{d}x\xlongequal{t=nx}\frac{1}{n}\int_{k-1}^k(t-[t])\mathrm{d}t\xlongequal[\text{的结论}]{\text{第(1)问}}\frac{1}{2n}.$$

于是，由①式可得，

$$\frac{1}{2n}\sum_{k=1}^{n} f\left(\frac{k}{n}\right) \leqslant \sum_{k=1}^{n}\int_{\frac{k-1}{n}}^{\frac{k}{n}}(nx-[nx])f(x)\mathrm{d}x \leqslant \frac{1}{2n}\sum_{k=1}^{n} f\left(\frac{k-1}{n}\right).$$

根据定积分的定义，$\lim\limits_{n\to\infty}\frac{1}{2n}\sum\limits_{k=1}^{n} f\left(\frac{k}{n}\right)=\lim\limits_{n\to\infty}\frac{1}{2n}\sum\limits_{k=1}^{n} f\left(\frac{k-1}{n}\right)=\frac{1}{2}\int_0^1 f(x)\mathrm{d}x=\frac{1}{2}$，故由夹逼准则可得

$$\lim_{n\to\infty}\sum_{k=1}^{n}\int_{\frac{k-1}{n}}^{\frac{k}{n}}(nx-[nx])f(x)\mathrm{d}x=\frac{1}{2}，即\lim_{n\to\infty}\int_0^1(nx-[nx])f(x)\mathrm{d}x=\frac{1}{2}.$$

198 【解】 先整理被积函数，再进行计算.

$$\begin{aligned}\int_0^{\sqrt{3}}\frac{x^4\arctan x}{x^2+1}\mathrm{d}x&=\int_0^{\sqrt{3}}\frac{(x^4-1+1)\arctan x}{x^2+1}\mathrm{d}x=\int_0^{\sqrt{3}}(x^2-1)\arctan x\mathrm{d}x+\int_0^{\sqrt{3}}\frac{\arctan x}{x^2+1}\mathrm{d}x\\&=\int_0^{\sqrt{3}}\arctan x\mathrm{d}\left(\frac{1}{3}x^3-x\right)+\int_0^{\sqrt{3}}\arctan x\mathrm{d}(\arctan x)\\&=\left(\frac{1}{3}x^3-x\right)\arctan x\Big|_0^{\sqrt{3}}-\frac{1}{3}\int_0^{\sqrt{3}}\frac{(x^2-3)x}{1+x^2}\mathrm{d}x+\frac{1}{2}\arctan^2 x\Big|_0^{\sqrt{3}}\\&=-\frac{1}{3}\int_0^{\sqrt{3}}\left(x-\frac{4x}{1+x^2}\right)\mathrm{d}x+\frac{\pi^2}{18}=-\frac{1}{3}\int_0^{\sqrt{3}}x\mathrm{d}x+\frac{2}{3}\int_0^{\sqrt{3}}\frac{\mathrm{d}(1+x^2)}{1+x^2}+\frac{\pi^2}{18}\\&=-\frac{1}{2}+\frac{2}{3}\ln(1+x^2)\Big|_0^{\sqrt{3}}+\frac{\pi^2}{18}=-\frac{1}{2}+\frac{4}{3}\ln 2+\frac{\pi^2}{18}.\end{aligned}$$

199 【证明】 (1) 设函数 $f(x)=(1+x^2)\mathrm{e}^{-x^2}$，则 $f(0)=1$. 由于 $f(x)$ 为偶函数，故只需证明在 $(0,+\infty)$ 上，$f(x)\leqslant 1$ 即可. $f(x)$ 在 $[0,+\infty)$ 上连续，当 $x>0$ 时，

$$f'(x)=2x\cdot\mathrm{e}^{-x^2}-2x[\mathrm{e}^{-x^2}(1+x^2)]=-2x^3\mathrm{e}^{-x^2}<0.$$

于是，$f(x)$ 在 $[0,+\infty)$ 上单调减少，$f(x)\leqslant f(0)=1$，即 $\mathrm{e}^{-x^2}\leqslant\frac{1}{1+x^2}$.

因此，对任意实数 x，均有 $\mathrm{e}^{-x^2}\leqslant\frac{1}{1+x^2}$.

(2) 由于 $\lim\limits_{x\to+\infty}\frac{x^2}{\mathrm{e}^{x^2}}\xlongequal{洛必达}\lim\limits_{x\to+\infty}\frac{2x}{2x\mathrm{e}^{x^2}}=0$，故由反常积分审敛法可知 $\int_0^{+\infty}\mathrm{e}^{-x^2}\mathrm{d}x$ 收敛.

由第(1)问可知，$\mathrm{e}^{-x^2}\leqslant\frac{1}{1+x^2}$，从而 $\mathrm{e}^{-nx^2}\leqslant\frac{1}{(1+x^2)^n}$. 于是，

$$\int_0^{+\infty}\mathrm{e}^{-nx^2}\mathrm{d}x\leqslant\int_0^{+\infty}\frac{1}{(1+x^2)^n}\mathrm{d}x. \qquad ①$$

令 $t=\sqrt{n}x$，则

$$\int_0^{+\infty}\mathrm{e}^{-nx^2}\mathrm{d}x=\frac{1}{\sqrt{n}}\int_0^{+\infty}\mathrm{e}^{-t^2}\mathrm{d}t=\frac{1}{\sqrt{n}}\int_0^{+\infty}\mathrm{e}^{-x^2}\mathrm{d}x. \qquad ②$$

下面计算 $\int_0^{+\infty}\frac{1}{(1+x^2)^n}\mathrm{d}x$. 记 $I_n=\int_0^{+\infty}\frac{1}{(1+x^2)^n}\mathrm{d}x$.

当 $n=1$ 时，$I_1=\int_0^{+\infty}\frac{1}{1+x^2}\mathrm{d}x=\arctan x\Big|_0^{+\infty}=\frac{\pi}{2}$.

当 $n\geqslant 2$ 时，

$$\begin{aligned}I_n&=\int_0^{+\infty}\frac{1}{(1+x^2)^n}\mathrm{d}x=\int_0^{+\infty}\frac{1+x^2-x^2}{(1+x^2)^n}\mathrm{d}x=\int_0^{+\infty}\frac{1}{(1+x^2)^{n-1}}\mathrm{d}x-\int_0^{+\infty}\frac{x^2}{(1+x^2)^n}\mathrm{d}x\\&=I_{n-1}-\left[-\frac{1}{2(n-1)}\right]\int_0^{+\infty}x\mathrm{d}[(1+x^2)^{-(n-1)}]\end{aligned}$$

$$= I_{n-1} + \frac{1}{2(n-1)} \cdot \frac{x}{(1+x^2)^{n-1}}\Bigg|_0^{+\infty} - \frac{1}{2(n-1)}\int_0^{+\infty} \frac{1}{(1+x^2)^{n-1}}\mathrm{d}x$$

$$= I_{n-1} - \frac{1}{2n-2}I_{n-1} = \frac{2n-3}{2n-2}I_{n-1}.$$

因此，对 $n \geqslant 2$，

$$I_n = \frac{I_n}{I_{n-1}} \cdot \frac{I_{n-1}}{I_{n-2}} \cdots \frac{I_2}{I_1} \cdot I_1 = \frac{\pi}{2} \cdot \frac{(2n-3)!!}{(2n-2)!!}.$$

结合 ① 式，② 式，可得 $\int_0^{+\infty} \mathrm{e}^{-x^2}\mathrm{d}x \leqslant \frac{\pi\sqrt{n}}{2} \cdot \frac{(2n-3)!!}{(2n-2)!!}$.

200 【解】 因函数 $f(x)$ 是偶函数，故只需在 $[0,+\infty)$ 上求即可.

令 $f'(x) = (2-x^2)\mathrm{e}^{-x^2} \cdot 2x = 0$，在区间 $(0,+\infty)$ 内得唯一驻点 $x = \sqrt{2}$.

当 $0 < x < \sqrt{2}$ 时，$f'(x) > 0$；当 $\sqrt{2} < x$ 时，$f'(x) < 0$. 故 $x = \sqrt{2}$ 是极大值点. 极大值为

$$f(\sqrt{2}) = \int_0^2 (2-x)\mathrm{e}^{-x}\mathrm{d}x = -(2-x)\mathrm{e}^{-x}\Big|_0^2 - \int_0^2 \mathrm{e}^{-x}\mathrm{d}x = 1 + \mathrm{e}^{-2}.$$

又 $f(+\infty) = -(2-x)\mathrm{e}^{-x}\Big|_0^{+\infty} - \int_0^{+\infty} \mathrm{e}^{-x}\mathrm{d}x = 2 - 1 = 1, f(0) = 0$，

故 $f(x)$ 的最大值为 $f(\pm\sqrt{2}) = 1 + \mathrm{e}^{-2}$，最小值为 $f(0) = 0$.

201 【解】

$$\begin{aligned}\lim_{x\to+\infty}\int_0^x t^2 G(t)\mathrm{d}t &= \lim_{x\to+\infty}\int_0^x G(t)\mathrm{d}\left(\frac{t^3}{3}\right) \\ &= \lim_{x\to+\infty}\left[G(t) \cdot \frac{t^3}{3}\Big|_0^x - \int_0^x \frac{t^3}{3}\mathrm{d}G(t)\right] \\ &= \lim_{x\to+\infty}\left[G(x) \cdot \frac{x^3}{3} - \int_0^x \frac{t^3}{3} \cdot \mathrm{e}^{-t^2}\mathrm{d}t\right] \\ &= \lim_{x\to+\infty}\left[G(x) \cdot \frac{x^3}{3} + \frac{1}{6}\int_0^x t^2\mathrm{d}\mathrm{e}^{-t^2}\right] \\ &= \lim_{x\to+\infty}\left[G(x) \cdot \frac{x^3}{3} + \frac{1}{6}\left(t^2\mathrm{e}^{-t^2}\Big|_0^x - \int_0^x \mathrm{e}^{-t^2}\mathrm{d}t^2\right)\right] \\ &= \lim_{x\to+\infty}\left[G(x) \cdot \frac{x^3}{3} + \frac{1}{6}x^2\mathrm{e}^{-x^2} + \frac{1}{6}\mathrm{e}^{-x^2} - \frac{1}{6}\right] \\ &= -\frac{1}{6}.\end{aligned}$$

【评注】

$$\begin{aligned}\lim_{x\to+\infty} G(x) \cdot \frac{x^3}{3} &= \lim_{x\to+\infty}\frac{G(x)}{3x^{-3}} \xlongequal{\text{洛}} \lim_{x\to+\infty}\frac{G'(x)}{-9x^{-4}} \\ &= \lim_{x\to+\infty}\frac{\mathrm{e}^{-x^2}}{-9x^{-4}} = -\frac{1}{9}\lim_{x\to+\infty}\frac{x^4}{\mathrm{e}^{x^2}} \\ &\xlongequal{\text{洛}} -\frac{1}{9}\lim_{x\to+\infty}\frac{4x^3}{2x\mathrm{e}^{x^2}} = -\frac{2}{9}\lim_{x\to+\infty}\frac{x^2}{\mathrm{e}^{x^2}} \\ &\xlongequal{\text{洛}} -\frac{2}{9}\lim_{x\to+\infty}\frac{1}{\mathrm{e}^{x^2}} = 0.\end{aligned}$$

202 【证明】 设 $F(x) = (1-x)\int_0^x f(t)\mathrm{d}t, x \in [0,1]$.

显然，因 $f(x)$ 在$[0,1]$上连续，则 $F(x)$ 在$[0,1]$上连续，在$(0,1)$ 内可导，且 $F(0)=F(1)=0$，满足罗尔定理的条件，故存在 $\xi\in(0,1)$，使 $F'(\xi)=0$，而

$$F'(\xi)=-\int_0^{\xi}f(t)\mathrm{d}t+(1-\xi)f(\xi)=0,$$

故$\int_0^{\xi}f(t)\mathrm{d}t=(1-\xi)f(\xi)$.

用反证法证明：当 $f(x)>0$，且单调减少时，上述 ξ 是唯一的.

设若同时存在 $\xi_1,\xi_2\in(0,1)$，$\xi_1<\xi_2$，满足

$$\int_0^{\xi_1}f(t)\mathrm{d}t=(1-\xi_1)f(\xi_1),\int_0^{\xi_2}f(t)\mathrm{d}t=(1-\xi_2)f(\xi_2),$$

两式相减，得

$$\begin{aligned}\int_{\xi_1}^{\xi_2}f(t)\mathrm{d}t&=f(\xi_2)-f(\xi_1)-\xi_2f(\xi_2)+\xi_1f(\xi_1)\\&=(1-\xi_2)[f(\xi_2)-f(\xi_1)]-(\xi_2-\xi_1)f(\xi_1),\end{aligned}$$

由所给条件知，$\int_{\xi_1}^{\xi_2}f(t)\mathrm{d}t>0$，

$$(1-\xi_2)[f(\xi_2)-f(\xi_1)]-(\xi_2-\xi_1)f(\xi_1)<0,$$

矛盾！即满足等式的 ξ 是唯一的.

203 【证明】 **方法一** 令 $F(x)=\int_0^x(x^2-t^2)f(t)\mathrm{d}t$，则

$$F(0)=F(1)=0.$$

由罗尔定理知 $\exists\,\xi\in(0,1)$，使 $F'(\xi)=0$.

$$F(x)=x^2\int_0^x f(t)\mathrm{d}t-\int_0^x t^2f(t)\mathrm{d}t,$$

$$F'(x)=2x\int_0^x f(t)\mathrm{d}t+x^2f(x)-x^2f(x)=2x\int_0^x f(t)\mathrm{d}t,$$

则 $\int_0^{\xi}f(x)\mathrm{d}x=0$.

方法二

$$\begin{aligned}\int_0^1 x^2f(x)\mathrm{d}x&=\int_0^1 x^2\mathrm{d}\left[\int_0^x f(t)\mathrm{d}t\right]\\&=x^2\int_0^x f(t)\mathrm{d}t\Big|_0^1-2\int_0^1\left[x\int_0^x f(t)\mathrm{d}t\right]\mathrm{d}x\\&=\int_0^1 f(t)\mathrm{d}t-2\int_0^1\left[x\int_0^x f(t)\mathrm{d}t\right]\mathrm{d}x,\end{aligned}$$

则$\int_0^1\left[x\int_0^x f(t)\mathrm{d}t\right]\mathrm{d}x=0$.

由积分中值定理得 $\int_0^1\left[x\int_0^x f(t)\mathrm{d}t\right]\mathrm{d}x=\xi\int_0^{\xi}f(t)\mathrm{d}t,\xi\in(0,1)$,

则 $\int_0^{\xi}f(x)\mathrm{d}x=0$.

204 【解】 依题意可知 $V(t)=\pi\int_1^t f^2(x)\mathrm{d}x=\frac{\pi}{3}[t^2f(t)-f(1)]$. 即

$$3\int_1^t f^2(x)\mathrm{d}x=t^2f(t)-f(1)(t>1).$$

由上式可知 $f(t)$ 可导，两端对 t 求导，得

$$3f^2(t)=2tf(t)+t^2f'(t),$$

即 $y=f(x)$ 是满足初值问题$\begin{cases}3y^2=2xy+x^2y',\\ y(1)=-\dfrac{1}{2}\end{cases}$ 的解. 化简得

$$x^2y'=3y^2-2xy,y'=3\left(\frac{y}{x}\right)^2-2\frac{y}{x}.$$

令 $u=\dfrac{y}{x}$,得 $u+x\dfrac{\mathrm{d}u}{\mathrm{d}x}=3u^2-2u$,即

$$x\frac{\mathrm{d}u}{\mathrm{d}x}=3u^2-3u=3u(u-1).$$

当 $u\neq 0,u\neq 1$ 时,有$\dfrac{\mathrm{d}u}{u(u-1)}=\dfrac{3\mathrm{d}x}{x}$,即

$$\left(\frac{1}{u-1}-\frac{1}{u}\right)\mathrm{d}u=\frac{3}{x}\mathrm{d}x,$$

两边积分,得$\dfrac{u-1}{u}=Cx^3$,代入 $u=\dfrac{y}{x}$,得 $y-x=Cx^3y$.

由 $y(1)=-\dfrac{1}{2}$,得 $C=3$.

总之,$f(x)=\dfrac{x}{1-3x^3}(x\geqslant 1)$.

205 【分析】 对于充分性,令 $u=ax+by,v=y$,得 $x=\dfrac{u-bv}{a}$,$y=v$ 转化为证明函数 $z=f\left(\dfrac{u-bv}{a},v\right)$与 v 无关,只是关于 u 的函数,即证明$\dfrac{\partial z}{\partial v}=0$.

【证明】 必要性. 由 $f(x,y)=g(ax+by)$,得

$$\frac{\partial z}{\partial x}=ag',\frac{\partial z}{\partial y}=bg',$$

所以,有

$$b\frac{\partial z}{\partial x}=a\frac{\partial z}{\partial y}.$$

充分性. 令 $u=ax+by,v=y$,得 $x=\dfrac{u-bv}{a},y=v$,

$$z=f(x,y)=f\left(\frac{u-bv}{a},v\right),\frac{\partial z}{\partial v}=-\frac{b}{a}f'_x+f'_y=\frac{1}{a}\left(-b\frac{\partial z}{\partial x}+a\frac{\partial z}{\partial y}\right)=0.$$

所以 $z=f(x,y)=f\left(\dfrac{u-bv}{a},v\right)$与 v 无关,只是关于 u 的函数,即存在可微函数 $g(u)$,使 $f(x,y)=g(ax+by)$.

206 【解】 (1) 由于

$$|f(x,y)-f(0,0)|=|f(x,y)-0|=\left|(x^2+y^2)\sin\frac{1}{\sqrt{x^2+y^2}}\right|$$
$$\leqslant x^2+y^2\to 0(x\to 0,y\to 0),$$

所以 $f(x,y)$ 在点$(0,0)$ 处连续.

(2) 由偏导数定义得

$$f'_x(0,0)=\lim_{x\to 0}\frac{f(x,0)-f(0,0)}{x}=\lim_{x\to 0}x\sin\frac{1}{\sqrt{x^2}}=0,$$

$$f'_y(0,0)=\lim_{y\to 0}\frac{f(0,y)-f(0,0)}{y}=\lim_{y\to 0}y\sin\frac{1}{\sqrt{y^2}}=0,$$

于是，$f(x,y)$ 在点 $(0,0)$ 处偏导数存在.

(3) 由于 $\lim\limits_{\rho\to 0}\dfrac{\Delta z-[f'_x(0,0)\cdot\Delta x+f'_y(0,0)\cdot\Delta y]}{\rho}=\lim\limits_{\rho\to 0}\dfrac{\rho^2}{\rho}\sin\dfrac{1}{\rho}=0$，

其中 $\rho=\sqrt{(\Delta x)^2+(\Delta y)^2}$. 故 $f(x,y)$ 在点 $(0,0)$ 处可微，且 $\mathrm{d}f(x,y)\Big|_{(0,0)}=0$.

207 【分析】 利用可微的定义，如：$g(x,y)-g(0,0)=g'_x(0,0)x+g'_y(0,0)y+o(\sqrt{x^2+y^2})$.

【证明】 由 $\mathrm{d}g(0,0)=0$，可得 $g'_x(0,0)=g'_y(0,0)=0$，因而

$$g(x,y)-g(0,0)=g'_x(0,0)x+g'_y(0,0)y+o(\sqrt{x^2+y^2}),$$

即

$$g(x,y)=o(\sqrt{x^2+y^2}).$$

用偏导数的定义

$$f'_x(0,0)=\lim_{x\to 0}\frac{f(x,0)-f(0,0)}{x}=\lim_{x\to 0}\frac{g(x,0)}{x}\sin\frac{1}{\sqrt{x^2}}$$

$$=\lim_{x\to 0}\frac{o(\sqrt{x^2})}{x}\sin\frac{1}{\sqrt{x^2}}=\lim_{x\to 0}\frac{o(\sqrt{x^2})}{\sqrt{x^2}}\cdot\frac{\sqrt{x^2}}{x}\sin\frac{1}{\sqrt{x^2}}=0,$$

同理

$$f'_y(0,0)=0,$$

由于 $\lim\limits_{\rho\to 0}\dfrac{f(x,y)-f(0,0)-[f'_x(0,0)\cdot x+f'_y(0,0)\cdot y]}{\rho}=\lim\limits_{\rho\to 0}\dfrac{g(x,y)}{\rho}\sin\dfrac{1}{\sqrt{x^2+y^2}}=0$，

其中 $\rho=\sqrt{x^2+y^2}$. 故 $f(x,y)$ 在点 $(0,0)$ 处可微，且 $\mathrm{d}f(0,0)=0$.

208 【证明】 由于极限 $\lim\limits_{\substack{x\to 0\\ y\to 0}}f(x,y)$ 存在，设 $\lim\limits_{\substack{x\to 0\\ y\to 0}}f(x,y)=c$，则 $f(x,y)=c+\alpha(x,y)$，其中 $\lim\limits_{\substack{x\to 0\\ y\to 0}}\alpha(x,y)=0$.

又 $g(x,y)$ 在点 $(0,0)$ 处可微，且 $g(0,0)=0$. 则

$$g(x,y)-g(0,0)=g(x,y)=ax+by+o(\rho).$$

因此

$$\begin{aligned}z(x,y)-z(0,0)&=f(x,y)g(x,y)-f(0,0)g(0,0)\\&=f(x,y)g(x,y)\\&=[c+\alpha(x,y)][ax+by+o(\rho)]\\&=acx+bcy+\{\alpha(x,y)[ax+by+o(\rho)]+c\cdot o(\rho)\},\end{aligned}$$

又 $\left|\dfrac{\alpha(x,y)(ax+by)}{\rho}\right|\leqslant|\alpha(x,y)|(|a|+|b|)$，则

$$\lim_{\substack{x\to 0\\ y\to 0}}\frac{\alpha(x,y)(ax+by)}{\rho}=0,$$

从而 $\lim\limits_{\substack{x\to 0\\ y\to 0}}\dfrac{\alpha(x,y)[ax+by+o(\rho)]+c\cdot o(\rho)}{\rho}=0$，即

$$z(x,y)-z(0,0)=acx+bcy+o(\rho)=Ax+By+o(\rho),$$

则 $z=f(x,y)\cdot g(x,y)$ 在 $(0,0)$ 处可微.

209 【解】

$$\frac{\partial z}{\partial x}=2f'+g'_1+yg'_2,$$

$$\frac{\partial^2 z}{\partial x\partial y}=-2f''+xg''_{12}+xyg''_{22}+g'_2.$$

210 【解】 $\frac{\partial u}{\partial x}=f_1'+ye^{x^2y^2}f_3'$,

$$\frac{\partial^2 u}{\partial x\partial y}=f_{12}''+xe^{x^2y^2}f_{13}''+e^{x^2y^2}f_3'+2x^2y^2e^{x^2y^2}f_3'+ye^{x^2y^2}(f_{32}''+xe^{x^2y^2}f_{33}'').$$

211 【解】 $dz=2xdx-2ydy=d(x^2-y^2)$,则 $z=x^2-y^2+C$.

由 $f(1,1)=2$ 知,$C=2$,$f(x,y)=x^2-y^2+2$,令

$$\begin{cases}f_x'=2x=0,\\ f_y'=-2y=0,\end{cases}$$

得驻点$(0,0)$,$f(0,0)=2$.

在边界 $x^2+\frac{y^2}{4}=1$ 上,$y^2=4-4x^2$ 即 $z=x^2-y^2+2=5x^2-2$,$x\in[-1,1]$.

显然 $x=0$ 时取最小值 -2,$x=\pm1$ 时取最大值 3,故

$$f_{\max}=f(1,0)=f(-1,0)=3,f_{\min}=f(0,2)=f(0,-2)=-2.$$

212 【分析】 本题是求三元函数在区域 $D=\{(x,y,z)\mid x,y,z\geqslant0,x+y+z=\pi\}$ 上的最值.显然三元函数 $f(x,y,z)$ 在有界闭区域 D 上连续,一定能取到最大值和最小值,需求 D 内部的驻点及边界上的最值进行比较.可看出在 D 的内部$\{(x,y,z)\mid x,y,z>0,x+y+z=\pi\}$,$x,y,z$ 恰为三角形的三个内角.

【解】 在 D 的内部,利用拉格朗日乘数法.

令 $$F(x,y,z)=2\cos x+3\cos y+4\cos z+\lambda(x+y+z-\pi),$$

由$\begin{cases}\frac{\partial F}{\partial x}=-2\sin x+\lambda=0,\\ \frac{\partial F}{\partial y}=-3\sin y+\lambda=0,\\ \frac{\partial F}{\partial z}=-4\sin z+\lambda=0,\\ \frac{\partial F}{\partial \lambda}=x+y+z-\pi=0,\end{cases}$ 得 $\sin x:\sin y:\sin z=\frac{1}{2}:\frac{1}{3}:\frac{1}{4}=6:4:3$,

而 x,y,z 恰为三角形的三个内角,用正弦定理:设三角形的三边为 a,b,c 有

$$a:b:c=\sin x:\sin y:\sin z=6:4:3.$$

再用余弦定理:$a^2=b^2+c^2-2bc\cos x$,有 $36=16+9-24\cos x$,计算得 $\cos x=-\frac{11}{24}$,

同理 $\cos y=\frac{29}{36}$,$\cos z=\frac{43}{48}$,此时,$f(x,y,z)=2\cos x+3\cos y+4\cos z=\frac{61}{12}$,这是 D 的内部可能取得的最值.

在 D 的边界 $z=0$,$x+y=\pi$ 上,

$f(x,y,z)=2\cos x+3\cos(\pi-x)+4=4-\cos x(0\leqslant x\leqslant\pi)$,最小值为 3,最大值为 5;

在 D 的边界 $y=0$,$x+z=\pi$ 上,

$f(x,y,z)=2\cos x+4\cos(\pi-x)+3=3-2\cos x(0\leqslant x\leqslant\pi)$,最小值为 1,最大值为 5;

在 D 的边界 $x=0$,$y+z=\pi$ 上,

$f(x,y,z)=2+3\cos y+4\cos(\pi-y)=2-\cos y(0\leqslant y\leqslant\pi)$,最小值为 1,最大值为 3.

综上所述,所求函数的最小值为 1,最大值为$\frac{61}{12}$.

【评注】 1.根据题目的特殊性，本题借助于三角形求出了 $\cos x=-\frac{11}{24}$，$\cos y=\frac{29}{36}$，$\cos z=\frac{43}{48}$，其实也可解方程组求得.

由 $\begin{cases}\frac{\partial F}{\partial x}=-2\sin x+\lambda=0,\\ \frac{\partial F}{\partial y}=-3\sin y+\lambda=0,\\ \frac{\partial F}{\partial z}=-4\sin z+\lambda=0,\\ \frac{\partial F}{\partial \lambda}=x+y+z-\pi=0,\end{cases}$ 得 $\begin{cases}2\sin x=3\sin y,\\ \sin x=2\sin(x+y),\end{cases}$

即
$$\begin{cases}2\sin x=3\sin y, & (1)\\ \sin x=2\sin x\cos y+2\cos x\sin y, & (2)\end{cases}$$

(1) 代入(2) 得

$\sin x=2\sin x\cos y+\frac{4}{3}\cos x\sin x$，亦有 $2\cos y=1-\frac{4}{3}\cos x(\sin x\neq 0)$，进而
$$4\cos^2 y=1-\frac{8}{3}\cos x+\frac{16}{9}\cos^2 x, \tag{3}$$

由(1) 知 $\cos^2 y=1-\frac{4}{9}\sin^2 x=\frac{5}{9}+\frac{4}{9}\cos^2 x$，代入(3) 得 $\cos x=-\frac{11}{24}$.

进一步可求得 $\cos y=\frac{29}{36}$，$\cos z=\frac{43}{48}$.

2.题目还可转化为二元函数 $g(x,y)=2\cos x+3\cos y-4\cos(x+y)$ 在平面有界闭区域 $D=\{(x,y)\mid 0\leqslant x+y\leqslant\pi,0\leqslant x,y\leqslant\pi\}$ 的最值问题.

213 【解】
$$\frac{\partial u}{\partial x}=e^{ax+by}\frac{\partial v}{\partial x}+ae^{ax+by}v(x,y),$$
$$\frac{\partial^2 u}{\partial x^2}=e^{ax+by}\frac{\partial^2 v}{\partial x^2}+2ae^{ax+by}\frac{\partial v}{\partial x}+a^2e^{ax+by}v(x,y),$$
$$\frac{\partial u}{\partial y}=e^{ax+by}\frac{\partial v}{\partial y}+be^{ax+by}v(x,y),$$
$$\frac{\partial^2 u}{\partial y^2}=e^{ax+by}\frac{\partial^2 v}{\partial y^2}+2be^{ax+by}\frac{\partial v}{\partial y}+b^2e^{ax+by}v(x,y),$$

代入 $\frac{\partial^2 u}{\partial x^2}-\frac{\partial^2 u}{\partial y^2}+\frac{\partial u}{\partial x}+\frac{\partial u}{\partial y}=0$，并令 $\frac{\partial v}{\partial x}$，$\frac{\partial v}{\partial y}$ 的系数为零，得
$$a=-\frac{1}{2},b=\frac{1}{2}.$$

此时有 $\frac{\partial^2 v}{\partial x^2}-\frac{\partial^2 v}{\partial y^2}=0$.

214 【解】 如图1，

$D=D_1\cup D_2=\{(x,y)\mid 0\leqslant x\leqslant 1,0\leqslant y\leqslant x\}\cup\{(x,y)\mid 0\leqslant x\leqslant 1,x\leqslant y\leqslant 1\}$，

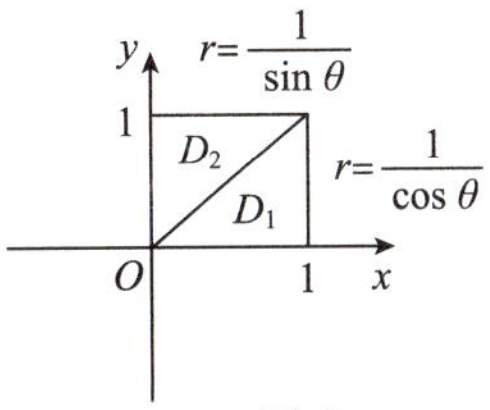

图 1

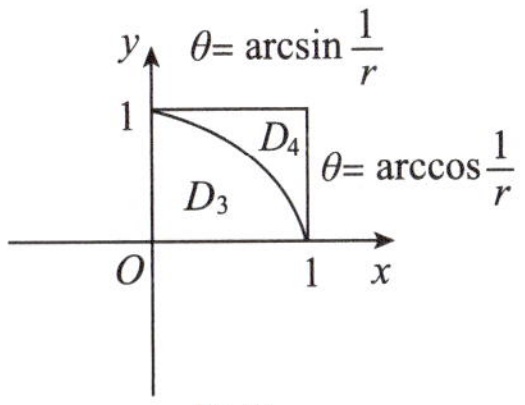

图 2

在极坐标系下,直线 $x=1,y=1$ 的方程分别为 $r=\dfrac{1}{\cos\theta},r=\dfrac{1}{\sin\theta}$,则

$$D_1=\left\{(r,\theta)\,\middle|\,0\leqslant\theta\leqslant\frac{\pi}{4},0\leqslant r\leqslant\frac{1}{\cos\theta}\right\},D_2=\left\{(r,\theta)\,\middle|\,\frac{\pi}{4}\leqslant\theta\leqslant\frac{\pi}{2},0\leqslant r\leqslant\frac{1}{\sin\theta}\right\},$$

于是
$$\begin{aligned}I&=\iint_D f(x,y)\mathrm{d}x\mathrm{d}y\\&=\int_0^{\frac{\pi}{4}}\mathrm{d}\theta\int_0^{\frac{1}{\cos\theta}}f(r\cos\theta,r\sin\theta)r\mathrm{d}r+\int_{\frac{\pi}{4}}^{\frac{\pi}{2}}\mathrm{d}\theta\int_0^{\frac{1}{\sin\theta}}f(r\cos\theta,r\sin\theta)r\mathrm{d}r.\end{aligned}$$

类似地有先 θ 后 r 的极坐标系下的二次积分形式,积分区域如图 2,$D=D_3\cup D_4$,其中

$$D_3=\left\{(r,\theta)\,\middle|\,0\leqslant r\leqslant 1,0\leqslant\theta\leqslant\frac{\pi}{2},\right\},D_4=\left\{(r,\theta)\,\middle|\,1\leqslant r\leqslant\sqrt{2},\arccos\frac{1}{r}\leqslant\theta\leqslant\arcsin\frac{1}{r}\right\},$$

因而
$$\begin{aligned}I&=\iint_D f(x,y)\mathrm{d}x\mathrm{d}y\\&=\int_0^1 r\mathrm{d}r\int_0^{\frac{\pi}{2}}f(r\cos\theta,r\sin\theta)\mathrm{d}\theta+\int_1^{\sqrt{2}}r\mathrm{d}r\int_{\arccos\frac{1}{r}}^{\arcsin\frac{1}{r}}f(r\cos\theta,r\sin\theta)\mathrm{d}\theta.\end{aligned}$$

215 【解】
$$\begin{aligned}&\iint_D(\sqrt{x^2+y^2}+x)\mathrm{d}\sigma\\&=\iint_D\sqrt{x^2+y^2}\mathrm{d}\sigma+\iint_D x\mathrm{d}\sigma\quad(\text{利用对称性得}\iint_D x\mathrm{d}\sigma=0)\\&=\iint_{x^2+y^2\leqslant 4}\sqrt{x^2+y^2}\mathrm{d}\sigma-\iint_{x^2+(y+1)^2\leqslant 1}\sqrt{x^2+y^2}\mathrm{d}\sigma\\&=\int_0^{2\pi}\mathrm{d}\theta\int_0^2 r^2\mathrm{d}r-\int_{-\pi}^0\mathrm{d}\theta\int_0^{-2\sin\theta}r^2\mathrm{d}r=\frac{16}{9}(3\pi-2).\end{aligned}$$

216 【分析】 需把形式上的二次积分化为

$$I=-\int_0^1\mathrm{d}y\int_y^1(\mathrm{e}^{-x^2}+\mathrm{e}^x\sin x)\mathrm{d}x,$$

其中 $\int_0^1\mathrm{d}y\int_y^1(\mathrm{e}^{-x^2}+\mathrm{e}^x\sin x)\mathrm{d}x$ 是积分区域 $D=\{(x,y)\mid 0\leqslant y\leqslant 1,y\leqslant x\leqslant 1\}$ 上的二次积分,再交换积分次序计算.

【解】 交换积分次序

$$\begin{aligned}I&=-\int_0^1\mathrm{d}y\int_y^1(\mathrm{e}^{-x^2}+\mathrm{e}^x\sin x)\mathrm{d}x=-\int_0^1\mathrm{d}x\int_0^x(\mathrm{e}^{-x^2}+\mathrm{e}^x\sin x)\mathrm{d}y\\&=-\int_0^1 x(\mathrm{e}^{-x^2}+\mathrm{e}^x\sin x)\mathrm{d}x=-\int_0^1 x\mathrm{e}^{-x^2}\mathrm{d}x-\int_0^1 x\mathrm{e}^x\sin x\mathrm{d}x,\end{aligned}$$

而
$$\int_0^1 x\mathrm{e}^{-x^2}\mathrm{d}x=-\frac{1}{2}\mathrm{e}^{-x^2}\Big|_0^1=\frac{1}{2}(1-\mathrm{e}^{-1}),$$

$$\int_0^1 x\mathrm{e}^x\sin x\mathrm{d}x=\frac{1}{2}\int_0^1 x\mathrm{d}[\mathrm{e}^x(\sin x-\cos x)]$$

$$= \frac{1}{2}xe^x(\sin x - \cos x)\Big|_0^1 - \frac{1}{2}\int_0^1 e^x(\sin x - \cos x)dx$$

$$= \frac{1}{2}e(\sin 1 - \cos 1) - \frac{1}{2}\int_0^1 e^x(\sin x - \cos x)dx$$

$$= \frac{1}{2}e(\sin 1 - \cos 1) + \frac{1}{2}e^x\cos x\Big|_0^1 = \frac{1}{2}e\sin 1 - \frac{1}{2}.$$

所以 $I = \int_0^1 dy\int_1^y (e^{-x^2} + e^x\sin x)dx = \frac{1}{2}e^{-1} - \frac{1}{2}e\sin 1.$

【评注】 解答中用到了如下不定积分的结果

$$\int e^x\sin x dx = \frac{1}{2}e^x(\sin x - \cos x) + C, \int e^x\cos x dx = \frac{1}{2}e^x(\sin x + \cos x) + C.$$

217 【解】 为消除被积函数上的绝对值号，需将区域 D 分成两部分. 以直线 $x + y = \frac{\pi}{2}$ 将 D 分成 D_1 与 D_2，则

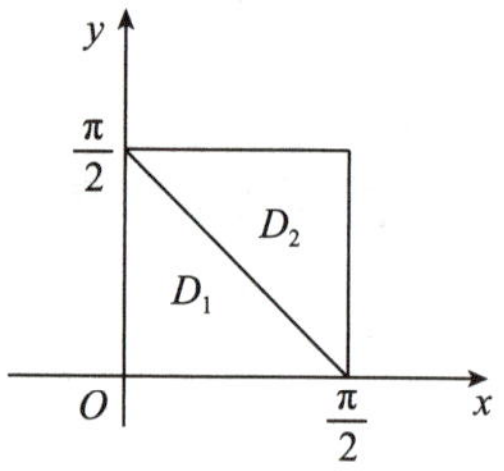

$$\iint_D |\cos(x+y)|dxdy = \iint_{D_1}\cos(x+y)dxdy - \iint_{D_2}\cos(x+y)dxdy,$$

其中 $\iint_{D_1}\cos(x+y)dxdy = \int_0^{\frac{\pi}{2}}dx\int_0^{\frac{\pi}{2}-x}\cos(x+y)dy$

$$= \int_0^{\frac{\pi}{2}}(1 - \sin x)dx = \frac{\pi}{2} - 1;$$

$$\iint_{D_2}\cos(x+y)dxdy = \int_0^{\frac{\pi}{2}}dx\int_{\frac{\pi}{2}-x}^{\frac{\pi}{2}}\cos(x+y)dy = \int_0^{\frac{\pi}{2}}\sin(x+y)\Big|_{\frac{\pi}{2}-x}^{\frac{\pi}{2}}dx$$

$$= \int_0^{\frac{\pi}{2}}(\cos x - 1)dx = 1 - \frac{\pi}{2}.$$

所以 $\iint_D |\cos(x+y)|dxdy = \frac{\pi}{2} - 1 - \left(1 - \frac{\pi}{2}\right) = \pi - 2.$

218 【解】 积分域如右图阴影部分所示，

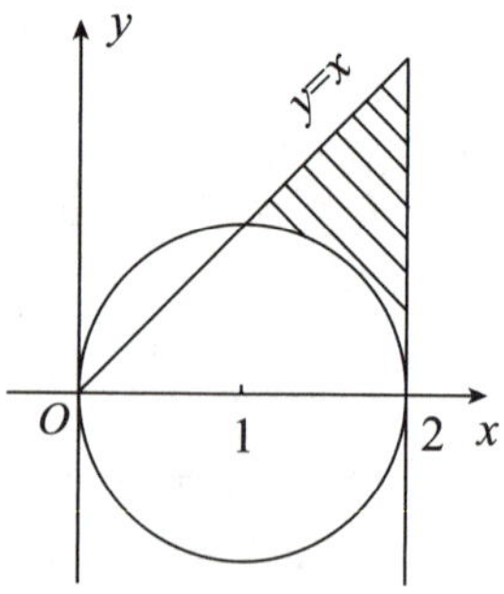

$$\iint_D f(x,y)dxdy = \int_1^2 dx\int_{\sqrt{2x-x^2}}^x x^2 ydy$$

$$= \frac{1}{2}\int_1^2[x^4 - x^2(2x - x^2)]dx$$

$$= \frac{49}{20}.$$

219 【解】 积分区域关于 y 轴对称，有

$$\iint_D y^2\ln(x + \sqrt{1+x^2})dxdy = 0, \iint_D 2xydxdy = 0.$$

所以 $I = \iint_D (x^2 + 2xy + y^2)dxdy + 0 = \iint_D (x^2 + y^2)dxdy = 2\iint_{D_1}(x^2 + y^2)dxdy$

$$= 2\int_0^{\frac{\pi}{2}}d\theta\int_{a\sin\theta}^{2a\sin\theta}r^2 \cdot rdr = \frac{15a^4}{2}\int_0^{\frac{\pi}{2}}\sin^4\theta d\theta = \frac{45}{32}\pi a^4,$$

其中 D_1 由 D 中 $x \geqslant 0$ 部分的区域组成.

220 【解】 用极坐标,则

$$I = \int_0^{2\pi} d\theta \int_0^1 |3r\cos\theta + 4r\sin\theta| r dr = \int_0^{2\pi} |3\cos\theta + 4\sin\theta| d\theta \int_0^1 r^2 dr$$
$$= \frac{1}{3}\int_0^{2\pi} |3\cos\theta + 4\sin\theta| d\theta = \frac{5}{3}\int_0^{2\pi} \left|\frac{3}{5}\cos\theta + \frac{4}{5}\sin\theta\right| d\theta$$
$$= \frac{5}{3}\int_0^{2\pi} |\sin(\theta+\theta_0)| d\theta \left(\text{其中 } \sin\theta_0 = \frac{3}{5}, \cos\theta_0 = \frac{4}{5}\right)$$
$$\xlongequal{\theta+\theta_0 = t} \frac{5}{3}\int_{\theta_0}^{\theta_0+2\pi} |\sin t| dt = \frac{10}{3}\int_0^{\pi} |\sin t| dt = \frac{20}{3}.$$

221 【解】 由 $u = y\cos x$ 两边对 x 求导,得

$$u' = y'\cos x - y\sin x, u'' = y''\cos x - 2y'\sin x - y\cos x,$$

代入原方程得

$$u'' + 4u = e^x. \qquad (*)$$

解方程(*),其特征方程为

$$r^2 + 4 = 0,$$

$r = \pm 2i$,其对应齐次方程的通解为

$$\bar{u} = C_1\cos 2x + C_2\sin 2x.$$

设其特解为 $u^* = ae^x$. 求导后代入方程(*)得 $a = \frac{1}{5}$.

于是(*)的通解为

$$u = C_1\cos 2x + C_2\sin 2x + \frac{1}{5}e^x (C_1, C_2 \text{ 为任意常数}).$$

原方程的通解为

$$y = C_1\frac{\cos 2x}{\cos x} + C_2\frac{\sin 2x}{\cos x} + \frac{e^x}{5\cos x}.$$

222 【解】 $f(t) = \int_0^{\frac{\pi}{2}} d\theta \int_0^t r\cos\theta\left[1 + \frac{f(r)}{r^2}\right] r dr = \int_0^t [r^2 + f(r)] dr$,

两端对 t 求导

$$f'(t) = t^2 + f(t),$$

这是非齐次线性方程,由通解公式知

$$f(t) = e^{\int dt}\left[\int t^2 e^{-\int dt} dt + C\right]$$
$$= e^t[-t^2e^{-t} - 2te^{-t} - 2e^{-t} + C]$$
$$= Ce^t - t^2 - 2t - 2.$$

由 $f(0) = 0$ 知 $C = 2$, $f(t) = 2e^t - t^2 - 2t - 2$.

223 【解】 该微分方程的特征方程为 $r^2 + a^2 = 0$,得 $r_{1,2} = \pm ai$,故该微分方程对应的齐次方程的通解为 $Y = C_1\cos ax + C_2\sin ax$.

当 $a \neq 1$ 时,设特解 $y^* = A\cos x + B\sin x$,代入原方程可得 $A = 0, B = \frac{1}{a^2 - 1}$,于是此时方程的通解 $y = C_1\cos ax + C_2\sin ax + \frac{1}{a^2-1}\sin x$.

当 $a=1$ 时，设特解 $y^*=Cx\cos x+Dx\sin x$，代入原方程可得 $C=-\dfrac{1}{2}$，$D=0$. 于是此时方程的通解 $y=C_1\cos x+C_2\sin x-\dfrac{1}{2}x\cos x$.

224 【解】 将题设方程两边对 x 求导，得

$$f'(x)g(f(x))+f(x)=(2x+x^2)\mathrm{e}^x.$$

因 $g(x)$ 为 $f(x)$ 在 $[0,+\infty)$ 上的反函数，所以 $g(f(x))=x$，代入方程得

$$xf'(x)+f(x)=(2x+x^2)\mathrm{e}^x.$$

以 $x=0$ 代入上述等式左、右两边，得 $f(0)=0$.

又从上述方程可以看出

$$(xf(x))'=(2x+x^2)\mathrm{e}^x,$$

从而

$$xf(x)=\int(2x+x^2)\mathrm{e}^x\mathrm{d}x+C=x^2\mathrm{e}^x+C,$$

$$f(x)=x\mathrm{e}^x+\frac{C}{x}.$$

题设 $f(x)$ 在 $x=0$ 处连续，所以 $C=0$. 故 $f(x)=x\mathrm{e}^x$.

225 【解】 由题设有 $f(0)=-1$，

$$\begin{aligned}f(x)&=-1+x+2\int_0^x(x-t)f(t)f'(t)\mathrm{d}t\\&=-1+x+2x\int_0^x f(t)f'(t)\mathrm{d}t-2\int_0^x tf(t)f'(t)\mathrm{d}t\\&=-1+x+x\int_0^x\mathrm{d}(f(t))^2-\int_0^x t\mathrm{d}(f(t))^2\\&=-1+x+x\left[(f(x))^2-(f(0))^2\right]-\left[tf^2(t)\Big|_0^x-\int_0^x f^2(t)\mathrm{d}t\right]\\&=-1+x+xf^2(x)-x-xf^2(x)+\int_0^x f^2(t)\mathrm{d}t\\&=-1+\int_0^x f^2(t)\mathrm{d}t,\end{aligned}$$

将上述等式左、右两边对 x 求导，得 $f'(x)=f^2(x)$.

记 $y=f(x)$，得 $\dfrac{\mathrm{d}y}{\mathrm{d}x}=y^2$. 分离变量解得 $-\dfrac{1}{y}=x+C$.

以 $x=0$ 时 $y=-1$ 代入，得 $C=1$，得解 $y=-\dfrac{1}{x+1}$，即 $f(x)=-\dfrac{1}{x+1}$.

226 【解】 因为 $x=\tan t$，$y=u\sec t$，所以

$$\frac{\mathrm{d}y}{\mathrm{d}x}=\frac{\mathrm{d}y}{\mathrm{d}t}\cdot\frac{\mathrm{d}t}{\mathrm{d}x}=\left(\frac{\mathrm{d}u}{\mathrm{d}t}\sec t+u\sec t\tan t\right)\frac{1}{\sec^2 t}=u\sin t+\cos t\,\frac{\mathrm{d}u}{\mathrm{d}t},$$

$$\frac{\mathrm{d}^2y}{\mathrm{d}x^2}=\frac{\mathrm{d}}{\mathrm{d}t}\left(\frac{\mathrm{d}y}{\mathrm{d}x}\right)\frac{\mathrm{d}t}{\mathrm{d}x}=u\cos^3 t+\cos^3 t\,\frac{\mathrm{d}^2u}{\mathrm{d}t^2},$$

故原方程 $(1+x^2)^2\dfrac{\mathrm{d}^2y}{\mathrm{d}x^2}=y$ 可化为

$$(1+\tan^2 t)^2\left(u\cos^3 t+\cos^3 t\,\frac{\mathrm{d}^2u}{\mathrm{d}t^2}\right)=u\sec t，即\frac{\mathrm{d}^2u}{\mathrm{d}t^2}=0,$$

可得通解 $u=C_1t+C_2$，即得 $y=(C_1t+C_2)\sec t$.

由 $x=\tan t$，得出 $t=\arctan x$，故有 $y=(C_1\arctan x+C_2)\sqrt{x^2+1}$.

又 $y\Big|_{x=0}=0,\dfrac{\mathrm{d}y}{\mathrm{d}x}\Big|_{x=0}=1\Rightarrow C_1=1,C_2=0$. 可得出 $y=\sqrt{1+x^2}\arctan x$.

227 【解】 因为对任意 $x,y\in(-\infty,+\infty)$，恒有 $f(x+y)=f(x)f(y)$，取 $x=y=0$，有 $f(0)=f^2(0)$，又 $f(x)\neq 0$，可得 $f(0)=1$. 于是

$$f'(x)=\lim_{\Delta x\to 0}\frac{f(x+\Delta x)-f(x)}{\Delta x}=\lim_{\Delta x\to 0}\frac{f(x)\cdot f(\Delta x)-f(x)}{\Delta x}$$

$$=\lim_{\Delta x\to 0}\left[f(x)\frac{f(\Delta x)-1}{\Delta x}\right]=\lim_{\Delta x\to 0}\left[f(x)\frac{f(\Delta x)-f(0)}{\Delta x}\right]=f(x)f'(0).$$

因为 $f'(0)$ 存在，所以 $f'(x)$ 存在.

$f'(x)=f'(0)f(x)$. 又 $f'(0)=a$，故有 $f'(x)-af(x)=0$，于是可解得 $f(x)=Ce^{ax}$，由 $f(0)=1$ 可求得 $C=1$，所以 $f(x)=e^{ax}$.

228 【分析】 利用反函数的求导法则与复合函数的求导法则求出 $\dfrac{\mathrm{d}x}{\mathrm{d}y},\dfrac{\mathrm{d}^2x}{\mathrm{d}y^2}$ 的表达式. 代入原微分方程，即得所求的微分方程. 然后再求此方程满足初始条件的解.

【解】 (1) 由反函数的求导法则，知 $\dfrac{\mathrm{d}x}{\mathrm{d}y}=\dfrac{1}{y'}$，即 $y'\dfrac{\mathrm{d}x}{\mathrm{d}y}=1$.

在上式两边同时对变量 x 求导，得 $y''\dfrac{\mathrm{d}x}{\mathrm{d}y}+\dfrac{\mathrm{d}^2x}{\mathrm{d}y^2}(y')^2=0$，即 $\dfrac{\mathrm{d}^2x}{\mathrm{d}y^2}=-\dfrac{y''}{(y')^3}$. 代入原微分方程，得 $y''-y=\sin x$.

(2) 对应的齐次微分方程 $y''-y=0$ 的通解为 $\bar{y}=C_1e^x+C_2e^{-x}$，其中 C_1,C_2 为任意常数.

非齐次微分方程的特解可设为 $y^*=A\cos x+B\sin x$，代入到微分方程中，得 $A=0$，$B=-\dfrac{1}{2}$，故有 $y^*=-\dfrac{1}{2}\sin x$，从而微分方程的通解为 $y=C_1e^x+C_2e^{-x}-\dfrac{1}{2}\sin x$，其中 C_1，C_2 为任意常数.

由条件 $y(0)=0,y'(0)=\dfrac{1}{2}$ 得 $C_1=\dfrac{1}{2},C_2=-\dfrac{1}{2}$.

因此，所求初值问题的解为 $y=\dfrac{1}{2}e^x-\dfrac{1}{2}e^{-x}-\dfrac{1}{2}\sin x$.

229 【分析】 根据已知条件得到关于 $f(x)$ 或 $g(x)$ 的二阶常系数微分方程，求出 $f(x)$ 及 $g(x)$，再计算定积分. 实际上，可看到

$$\int_0^{\frac{\pi}{2}}\left[\frac{g(x)}{1+x}-\frac{f(x)}{(1+x)^2}\right]\mathrm{d}x=\int_0^{\frac{\pi}{2}}\frac{(1+x)f'(x)-f(x)}{(1+x)^2}\mathrm{d}x=\frac{f(x)}{1+x}\Big|_0^{\frac{\pi}{2}}.$$

故只需求出 $f(x)$ 即可.

【解】 由条件 $f'(x)=g(x)$，得 $f''(x)=g'(x)=4e^x-f(x)$，求解二阶常系数微分方程

$$\begin{cases}f''(x)+f(x)=4e^x,\\ f(0)=0,f'(0)=g(0)=0.\end{cases}$$

对应齐次微分方程的特征方程为 $\lambda^2+1=0$，解得 $\lambda=\pm i$，通解为

$$\bar{f}(x)=C_1\cos x+C_2\sin x,$$

其中 C_1,C_2 为任意常数.

非齐次微分方程的特解可设为 $f^*(x)=Ae^x$，用待定系数得 $A=2$.

于是，非齐次微分方程的通解为 $f(x)=C_1\cos x+C_2\sin x+2e^x$，

由 $f(0)=f'(0)=0$，得 $C_1=C_2=-2$，故 $f(x)=-2\sin x-2\cos x+2e^x$，从而

$$I=\int_0^{\frac{\pi}{2}}\left[\frac{g(x)}{1+x}-\frac{f(x)}{(1+x)^2}\right]dx=\int_0^{\frac{\pi}{2}}\frac{(1+x)f'(x)-f(x)}{(1+x)^2}dx=\frac{f(x)}{1+x}\Bigg|_0^{\frac{\pi}{2}}$$

$$=\frac{f(\frac{\pi}{2})}{1+\frac{\pi}{2}}-\frac{f(0)}{1+0}=\frac{4(e^{\frac{\pi}{2}}-1)}{2+\pi}.$$

230 【解】 设过定点 $P(x,y)$ 的切线方程为 $Y-y=y'(x)(X-x)$，与 x 轴的交点为 $\left(x-\frac{y}{y'},0\right)$. 且由题设，知 $y(x)>0$.

因为 $S_1=\frac{1}{2}y\left|x-\left(x-\frac{y}{y'}\right)\right|=\frac{y^2}{2y'}$，且 $S_2=\int_0^x y(t)dt$.

由条件 $2S_1-S_2=1$，得 $\frac{y^2}{y'}-\int_0^x y(t)dt=1$，两边对 x 求导得 $yy''=y'^2$，且 $y(0)=1,y'(0)=1$.

令 $y'=\frac{dy}{dx}=p$，则 $y''=\frac{d^2y}{dx^2}=\frac{dy'}{dy}\frac{dy}{dx}=p\frac{dp}{dy}$.

于是，$yp\frac{dp}{dy}=p^2$，即 $y\frac{dp}{dy}=p$，$p=C_1y$，进而得通解为 $y=C_2e^{C_1x}$，其中 C_1,C_2 为任意常数. 于是，满足特定条件的特解为 $y=e^x$. 所求的曲线方程为 $y=e^x$.

线性代数

填　空　题

231　【答案】　-3

【分析】　由行列式的定义知含有 x^3 的有两项，一项为 $a_{14}a_{23}a_{32}a_{41}=x^3(x-2)=x^4-2x^3$，符号为正，另一项为 $a_{13}a_{24}a_{32}a_{41}=x^2(x-2)=x^3-2x^2$，符号为负，从而 x^3 的系数为 -3.
本题也可以利用行列式的性质与展开定理计算出四阶行列式的值，再得出结果.

232　【答案】　20

【分析】　由行列式性质，找出 $|\boldsymbol{A}|$ 和 $|\boldsymbol{B}|$ 的联系.

$$\begin{aligned}|\boldsymbol{B}|&=|\boldsymbol{\alpha}_1-3\boldsymbol{\alpha}_2+2\boldsymbol{\alpha}_3,\boldsymbol{\alpha}_2-2\boldsymbol{\alpha}_3,2\boldsymbol{\alpha}_2+\boldsymbol{\alpha}_3|\\&=|\boldsymbol{\alpha}_1-2\boldsymbol{\alpha}_2,\boldsymbol{\alpha}_2-2\boldsymbol{\alpha}_3,5\boldsymbol{\alpha}_3|\\&=5|\boldsymbol{\alpha}_1-2\boldsymbol{\alpha}_2,\boldsymbol{\alpha}_2,\boldsymbol{\alpha}_3|\\&=5|\boldsymbol{\alpha}_1,\boldsymbol{\alpha}_2,\boldsymbol{\alpha}_3|=20.\end{aligned}$$

或者，利用分块矩阵乘法

$$\begin{aligned}\boldsymbol{B}&=[\boldsymbol{\alpha}_1-3\boldsymbol{\alpha}_2+2\boldsymbol{\alpha}_3,\boldsymbol{\alpha}_2-2\boldsymbol{\alpha}_3,2\boldsymbol{\alpha}_2+\boldsymbol{\alpha}_3]\\&=[\boldsymbol{\alpha}_1,\boldsymbol{\alpha}_2,\boldsymbol{\alpha}_3]\begin{bmatrix}1&0&0\\-3&1&2\\2&-2&1\end{bmatrix},\end{aligned}$$

有 $|\boldsymbol{B}|=|\boldsymbol{A}|\cdot\begin{vmatrix}1&0&0\\-3&1&2\\2&-2&1\end{vmatrix}=4\begin{vmatrix}1&2\\-2&1\end{vmatrix}=20.$

233　【答案】　$-\dfrac{1}{2}$

【分析】　由 $\boldsymbol{BA}=\boldsymbol{B}+2\boldsymbol{E}$ 有 $\boldsymbol{B}(\boldsymbol{A}-\boldsymbol{E})=2\boldsymbol{E}$. 故

$$|\boldsymbol{B}|\cdot|\boldsymbol{A}-\boldsymbol{E}|=|2\boldsymbol{E}|=2^3|\boldsymbol{E}|=8.$$

又 $|\boldsymbol{A}-\boldsymbol{E}|=\begin{vmatrix}0&-2&0\\2&0&3\\0&1&1\end{vmatrix}=4$，得 $|\boldsymbol{B}|=2$.

所以 $\left|\left(\dfrac{1}{3}\boldsymbol{B}\right)^{-1}-2\boldsymbol{B}^*\right|=|3\boldsymbol{B}^{-1}-2|\boldsymbol{B}|\boldsymbol{B}^{-1}|=|-\boldsymbol{B}^{-1}|=(-1)^3|\boldsymbol{B}^{-1}|=-\dfrac{1}{2}.$

234　【答案】　192

【分析】　由 $|\boldsymbol{A}|=\prod\lambda_i$ 知 $|\boldsymbol{A}|=-2$，又 $|\boldsymbol{A}^*|=|\boldsymbol{A}|^{n-1}$，有 $|\boldsymbol{A}^*|=(-2)^2=4$.
又 $\boldsymbol{B}=\boldsymbol{A}^2(\boldsymbol{A}+2\boldsymbol{E})$，因 $\boldsymbol{A}$ 的特征值是 $1,2,-1$，知 $\boldsymbol{A}+2\boldsymbol{E}$ 的特征值是 $3,4,1$，从而

$$|\boldsymbol{B}|=|\boldsymbol{A}|^2|\boldsymbol{A}+2\boldsymbol{E}|=4\cdot12=48,$$

或者，由 $\boldsymbol{A\alpha}=\lambda\boldsymbol{\alpha}$ 有 $\boldsymbol{A}^n\boldsymbol{\alpha}=\lambda^n\boldsymbol{\alpha}$，于是 $\boldsymbol{B\alpha}=(\boldsymbol{A}^3+2\boldsymbol{A}^2)\boldsymbol{\alpha}=(\lambda^3+2\lambda^2)\boldsymbol{\alpha}$，得 $\boldsymbol{B}$ 的特征值是

3,16,1. 亦有 $|\boldsymbol{B}|=48$.

所以 $|\boldsymbol{A}^*\boldsymbol{B}^{\mathrm{T}}|=|\boldsymbol{A}^*|\cdot|\boldsymbol{B}^{\mathrm{T}}|=|\boldsymbol{A}^*|\cdot|\boldsymbol{B}|=192$.

235 【答案】 $\begin{bmatrix}1 & 2\cdot 2^{10} & 3\\ 7 & 8\cdot 2^{10} & 9\\ 4 & 5\cdot 2^{10} & 6\end{bmatrix}$

【分析】 $\begin{bmatrix}1&0&0\\0&0&1\\0&1&0\end{bmatrix}$ 和 $\begin{bmatrix}1&0&0\\0&2&0\\0&0&1\end{bmatrix}$ 都是初等矩阵.

$$\begin{bmatrix}1&0&0\\0&0&1\\0&1&0\end{bmatrix}^9=\begin{bmatrix}1&0&0\\0&0&1\\0&1&0\end{bmatrix},\begin{bmatrix}1&0&0\\0&2&0\\0&0&1\end{bmatrix}^{10}=\begin{bmatrix}1&0&0\\0&2^{10}&0\\0&0&1\end{bmatrix},$$

故
$$\boldsymbol{A}=\begin{bmatrix}1&0&0\\0&0&1\\0&1&0\end{bmatrix}\begin{bmatrix}1&2&3\\4&5&6\\7&8&9\end{bmatrix}\begin{bmatrix}1&0&0\\0&2^{10}&0\\0&0&1\end{bmatrix}=\begin{bmatrix}1&2&3\\7&8&9\\4&5&6\end{bmatrix}\begin{bmatrix}1&0&0\\0&2^{10}&0\\0&0&1\end{bmatrix}$$
$$=\begin{bmatrix}1 & 2\cdot 2^{10} & 3\\ 7 & 8\cdot 2^{10} & 9\\ 4 & 5\cdot 2^{10} & 6\end{bmatrix}.$$

236 【答案】 $\neq -2$

【分析】 $\boldsymbol{A}\cong\boldsymbol{B}\Leftrightarrow r(\boldsymbol{A})=r(\boldsymbol{B})$.

$$|\boldsymbol{A}|=\begin{vmatrix}1&-2&-2\\1&a&a\\a&4&a\end{vmatrix}=(a-4)(a+2),\ |\boldsymbol{B}|=\begin{vmatrix}1&2&8\\2&3&a\\1&2&2a\end{vmatrix}=8-2a.$$

当 $a=4$ 时，$r(\boldsymbol{A})=r(\boldsymbol{B})=2$，当 $a\neq 4$ 且 $a\neq -2$ 时，$r(\boldsymbol{A})=r(\boldsymbol{B})=3$，仅 $a=-2$ 时，$r(\boldsymbol{A})=2$，$r(\boldsymbol{B})=3$，故 $a\neq -2$ 时矩阵 $\boldsymbol{A}$ 和 $\boldsymbol{B}$ 等价.

237 【答案】 $\begin{bmatrix}1&0&-3+3\cdot 2^4\\0&1&-2+2\cdot 2^4\\0&0&2^4\end{bmatrix}$

【分析】 由 $\boldsymbol{X}(\boldsymbol{A}-2\boldsymbol{E})=(\boldsymbol{A}-2\boldsymbol{E})\boldsymbol{B}$,

又 $\boldsymbol{A}-2\boldsymbol{E}=\begin{bmatrix}1&2&3\\0&-1&2\\0&0&1\end{bmatrix}$ 可逆，于是 $\boldsymbol{X}=(\boldsymbol{A}-2\boldsymbol{E})\boldsymbol{B}(\boldsymbol{A}-2\boldsymbol{E})^{-1}$.

$$\boldsymbol{X}^4=(\boldsymbol{A}-2\boldsymbol{E})\boldsymbol{B}^4(\boldsymbol{A}-2\boldsymbol{E})^{-1}$$
$$=\begin{bmatrix}1&2&3\\0&-1&2\\0&0&1\end{bmatrix}\begin{bmatrix}1&0&0\\0&1&0\\0&0&2^4\end{bmatrix}\begin{bmatrix}1&2&-7\\0&-1&2\\0&0&1\end{bmatrix}$$
$$=\begin{bmatrix}1&0&-3+3\cdot 2^4\\0&1&-2+2\cdot 2^4\\0&0&2^4\end{bmatrix}.$$

238 【答案】 $\begin{bmatrix}-2k_1&k_1&k_1\\-2k_2&k_2&k_2\\-2k_3&k_3&k_3\end{bmatrix}$，$k_1,k_2,k_3$ 不全为零

【分析】 由 $\boldsymbol{BA}=\boldsymbol{O}$,有 $r(\boldsymbol{A})+r(\boldsymbol{B})\leqslant 3$. 由 $\boldsymbol{B}\neq\boldsymbol{O}$ 有 $r(\boldsymbol{B})\geqslant 1$.

$\boldsymbol{A}$ 中有 2 阶子式非零,$r(\boldsymbol{A})\geqslant 2$,从而 $r(\boldsymbol{A})=2$,$r(\boldsymbol{B})=1$.

于是 $|\boldsymbol{A}|=\begin{vmatrix}1&2&1\\0&2&a\\2&a&0\end{vmatrix}=-(a-2)^2=0$,即 $a=2$.

因 $\boldsymbol{A}^{\mathrm{T}}\boldsymbol{B}^{\mathrm{T}}=\boldsymbol{O}$,$\boldsymbol{B}^{\mathrm{T}}$ 的列向量是 $\boldsymbol{A}^{\mathrm{T}}\boldsymbol{x}=\boldsymbol{0}$ 的解.

$$\boldsymbol{A}^{\mathrm{T}}=\begin{bmatrix}1&0&2\\2&2&2\\1&2&0\end{bmatrix}\to\begin{bmatrix}1&0&2\\0&1&-1\\0&0&0\end{bmatrix},$$

$\boldsymbol{A}^{\mathrm{T}}\boldsymbol{x}=\boldsymbol{0}$ 的通解:$k(-2,1,1)^{\mathrm{T}}$,k 为任意常数.

从而 $\boldsymbol{B}=\begin{bmatrix}-2k_1&k_1&k_1\\-2k_2&k_2&k_2\\-2k_3&k_3&k_3\end{bmatrix}$,$k_i(i=1,2,3)$ 不全为零.

239 【答案】 $\dfrac{1}{18}(7\boldsymbol{E}-\boldsymbol{A})$

【分析】 先求出 $\boldsymbol{A}$ 满足的关系式,再利用逆矩阵的定义求$(\boldsymbol{A}+2\boldsymbol{E})^{-1}$. 因为

$$\begin{aligned}\boldsymbol{A}^2&=(\boldsymbol{E}+\boldsymbol{\alpha\beta}^{\mathrm{T}})(\boldsymbol{E}+\boldsymbol{\alpha\beta}^{\mathrm{T}})=\boldsymbol{E}+2\boldsymbol{\alpha\beta}^{\mathrm{T}}+\boldsymbol{\alpha\beta}^{\mathrm{T}}\boldsymbol{\alpha\beta}^{\mathrm{T}}\\&=\boldsymbol{E}+2\boldsymbol{\alpha\beta}^{\mathrm{T}}+\boldsymbol{\alpha}(\boldsymbol{\beta}^{\mathrm{T}}\boldsymbol{\alpha})\boldsymbol{\beta}^{\mathrm{T}}=\boldsymbol{E}+2\boldsymbol{\alpha\beta}^{\mathrm{T}}+\boldsymbol{\alpha}(\boldsymbol{\alpha}^{\mathrm{T}}\boldsymbol{\beta})\boldsymbol{\beta}^{\mathrm{T}}\\&=\boldsymbol{E}+5\boldsymbol{\alpha\beta}^{\mathrm{T}}=5(\boldsymbol{E}+\boldsymbol{\alpha\beta}^{\mathrm{T}})-4\boldsymbol{E}=5\boldsymbol{A}-4\boldsymbol{E},\end{aligned}$$

即 $\boldsymbol{A}$ 满足关系式
$$\boldsymbol{A}^2-5\boldsymbol{A}+4\boldsymbol{E}=\boldsymbol{O}.$$

将关系式化作$(\boldsymbol{A}+2\boldsymbol{E})\boldsymbol{X}=\boldsymbol{E}$,求出 $\boldsymbol{A}+2\boldsymbol{E}$ 的逆矩阵 $\boldsymbol{X}$.

那么
$$(\boldsymbol{A}+2\boldsymbol{E})(\boldsymbol{A}-7\boldsymbol{E})+18\boldsymbol{E}=\boldsymbol{O},$$

得
$$(\boldsymbol{A}+2\boldsymbol{E})\cdot\frac{1}{18}(7\boldsymbol{E}-\boldsymbol{A})=\boldsymbol{E},$$

故$(\boldsymbol{A}+2\boldsymbol{E})^{-1}=\dfrac{1}{18}(7\boldsymbol{E}-\boldsymbol{A})$.

240 【答案】 $abc=0$

【分析】 n 个 n 维向量 $\boldsymbol{\alpha}_1,\boldsymbol{\alpha}_2,\cdots,\boldsymbol{\alpha}_n$ 线性相关 $\Leftrightarrow|\boldsymbol{\alpha}_1,\boldsymbol{\alpha}_2,\cdots,\boldsymbol{\alpha}_n|=0$.

$$|\boldsymbol{\alpha}_1,\boldsymbol{\alpha}_2,\boldsymbol{\alpha}_3|=\begin{vmatrix}a&0&c\\0&a&b\\b&c&0\end{vmatrix}=-abc-abc=-2abc.$$

241 【答案】 $-\dfrac{1}{3}$

【分析】 $\boldsymbol{\beta}+\boldsymbol{\alpha}_1,\boldsymbol{\beta}+\boldsymbol{\alpha}_2,a\boldsymbol{\beta}+\boldsymbol{\alpha}_3$ 线性相关,存在不全为零的数 k_1,k_2,k_3,使得

$$k_1(\boldsymbol{\beta}+\boldsymbol{\alpha}_1)+k_2(\boldsymbol{\beta}+\boldsymbol{\alpha}_2)+k_3(a\boldsymbol{\beta}+\boldsymbol{\alpha}_3)=\boldsymbol{0},$$

整理有
$$(k_1+k_2+k_3a)\boldsymbol{\beta}+(k_1\boldsymbol{\alpha}_1+k_2\boldsymbol{\alpha}_2+k_3\boldsymbol{\alpha}_3)=\boldsymbol{0}.$$

因已知 $2\boldsymbol{\alpha}_1-\boldsymbol{\alpha}_2+3\boldsymbol{\alpha}_3=\boldsymbol{0}$,且 $\boldsymbol{\beta}$ 是任意向量,故上式成立只需取 $k_1=2,k_2=-1,k_3=3$,则有 $2\boldsymbol{\alpha}_1-\boldsymbol{\alpha}_2+3\boldsymbol{\alpha}_3=\boldsymbol{0}$,且令 $\boldsymbol{\beta}$ 的系数为 0,即 $k_1+k_2+ak_3=2-1+3a=0$,即 $a=-\dfrac{1}{3}$.

242 【答案】 8

【分析】 $\forall t$,$\boldsymbol{\alpha}_1$ 与 $\boldsymbol{\alpha}_2$ 的坐标一定不成比例,即 $\boldsymbol{\alpha}_1,\boldsymbol{\alpha}_2$ 必线性无关,那么 $\boldsymbol{\alpha}_1,\boldsymbol{\alpha}_2$ 是向量组

$\boldsymbol{\alpha}_1,\boldsymbol{\alpha}_2,\boldsymbol{\alpha}_3,\boldsymbol{\alpha}_4$ 的极大线性无关组，可以推出 $\boldsymbol{\alpha}_3,\boldsymbol{\alpha}_4$ 都可由 $\boldsymbol{\alpha}_1,\boldsymbol{\alpha}_2$ 线性表示.

$$[\boldsymbol{\alpha}_1,\boldsymbol{\alpha}_2 \mid \boldsymbol{\alpha}_3,\boldsymbol{\alpha}_4]=\left[\begin{array}{cc:cc}1&2&2&t\\1&4&6&14\\-1&t-6&6&t-4\end{array}\right]\to\left[\begin{array}{cc:cc}1&2&2&t\\0&2&4&14-t\\0&t-4&8&2t-4\end{array}\right]$$

$$\to\left[\begin{array}{cc:cc}1&2&2&t\\0&2&4&14-t\\0&0&32-4t&t^2-14t+48\end{array}\right],$$

仅 $t=8$ 时，$\boldsymbol{\alpha}_3,\boldsymbol{\alpha}_4$ 都可由 $\boldsymbol{\alpha}_1,\boldsymbol{\alpha}_2$ 线性表示，故 $t=8$.

243 【答案】 $k_1(0,-1,1,0)^{\mathrm{T}}+k_2(-1,0,0,1)^{\mathrm{T}}$（$k_1,k_2$ 为任意常数）

【分析】 对矩阵 $\boldsymbol{A}$ 分块，记

$$\boldsymbol{A}=\left[\begin{array}{cc:cc}1&0&0&1\\0&1&1&0\\\hdashline 0&1&1&0\\1&0&0&1\end{array}\right]=\begin{bmatrix}\boldsymbol{E}&\boldsymbol{G}\\\boldsymbol{G}&\boldsymbol{E}\end{bmatrix}.$$

由于 $\boldsymbol{G}^2=\begin{bmatrix}0&1\\1&0\end{bmatrix}\begin{bmatrix}0&1\\1&0\end{bmatrix}=\begin{bmatrix}1&0\\0&1\end{bmatrix}=\boldsymbol{E}$，有

$$\boldsymbol{A}^2=\begin{bmatrix}\boldsymbol{E}&\boldsymbol{G}\\\boldsymbol{G}&\boldsymbol{E}\end{bmatrix}\begin{bmatrix}\boldsymbol{E}&\boldsymbol{G}\\\boldsymbol{G}&\boldsymbol{E}\end{bmatrix}=\begin{bmatrix}2\boldsymbol{E}&2\boldsymbol{G}\\2\boldsymbol{G}&2\boldsymbol{E}\end{bmatrix}=2\boldsymbol{A}.$$

$$\Rightarrow\boldsymbol{A}^n=2^{n-1}\boldsymbol{A},$$

所以 $\boldsymbol{A}^n\boldsymbol{x}=\mathbf{0}$ 与 $\boldsymbol{A}\boldsymbol{x}=\mathbf{0}$ 同解，而

$$\boldsymbol{A}\to\begin{bmatrix}1&0&0&1\\0&1&1&0\\0&0&0&0\\0&0&0&0\end{bmatrix},$$

故通解为 $k_1(0,-1,1,0)^{\mathrm{T}}+k_2(-1,0,0,1)^{\mathrm{T}}$，$k_1,k_2$ 为任意常数.

244 【答案】 $k_1(-3,1,1,1)^{\mathrm{T}}+k_2(1,-3,1,1)^{\mathrm{T}}+k_3(1,1,-3,1)^{\mathrm{T}}$，$k_1,k_2,k_3$ 是任意常数

【分析】 因 $\boldsymbol{\alpha}$ 是 $\boldsymbol{A}\boldsymbol{x}=\mathbf{0}$ 的基础解系，知 $n-r(\boldsymbol{A})=1$，于是 $r(\boldsymbol{A})=3$.

又 $|\boldsymbol{A}|=(a+3)(a-1)^3$，若 $a=1$，有 $r(\boldsymbol{A})=1$，故 $a=-3$.

由 $r(\boldsymbol{A})=3$ 知 $r(\boldsymbol{A}^*)=1$，$n-r(\boldsymbol{A}^*)=3$.

因 $\boldsymbol{A}^*\boldsymbol{A}=|\boldsymbol{A}|\boldsymbol{E}=\boldsymbol{O}$，知 $\boldsymbol{A}$ 的列向量是 $\boldsymbol{A}^*\boldsymbol{x}=\mathbf{0}$ 的解.

因 $\begin{vmatrix}-3&1&1\\1&-3&1\\1&1&-3\end{vmatrix}\neq 0$，$\begin{bmatrix}-3\\1\\1\end{bmatrix},\begin{bmatrix}1\\-3\\1\end{bmatrix},\begin{bmatrix}1\\1\\-3\end{bmatrix}$ 线性无关.

从而 $\boldsymbol{\alpha}_1=(-3,1,1,1)^{\mathrm{T}}$，$\boldsymbol{\alpha}_2=(1,-3,1,1)^{\mathrm{T}}$，$\boldsymbol{\alpha}_3=(1,1,-3,1)^{\mathrm{T}}$ 必线性无关.

那么 $\boldsymbol{\alpha}_1,\boldsymbol{\alpha}_2,\boldsymbol{\alpha}_3$ 是 $\boldsymbol{A}^*\boldsymbol{x}=\mathbf{0}$ 的基础解系.

245 【答案】 $k(3,-2,1)^{\mathrm{T}}$，k 为任意常数

【分析】 $\boldsymbol{A}$ 是实对称矩阵，$\boldsymbol{\alpha}_1$ 和 $\boldsymbol{\alpha}_2$ 是不同特征值的特征向量，相互正交，则

$\boldsymbol{\alpha}_1^{\mathrm{T}}\boldsymbol{\alpha}_2=1+4a-5=0$，得 $a=1$.

由矩阵 $\boldsymbol{A}$ 不可逆，知 $|\boldsymbol{A}|=0$，故 $\lambda=0$ 是 $\boldsymbol{A}$ 的特征值.

设 $\boldsymbol{\alpha}=(x_1,x_2,x_3)^{\mathrm{T}}$ 是 $\lambda=0$ 的特征向量. 于是

$$\begin{cases}\boldsymbol{\alpha}^{\mathrm{T}}\boldsymbol{\alpha}_1 = x_1 + x_2 - x_3 = 0, \\ \boldsymbol{\alpha}^{\mathrm{T}}\boldsymbol{\alpha}_2 = x_1 + 4x_2 + 5x_3 = 0,\end{cases}$$

得基础解系 $(3,-2,1)^{\mathrm{T}}$，从而 $\boldsymbol{Ax}=\mathbf{0}$ 的通解为 $k(3,-2,1)^{\mathrm{T}}, k\in\mathbf{R}$.

注意，$\boldsymbol{A\alpha}=0\boldsymbol{\alpha}=\mathbf{0}$，即 $\lambda=0$ 的特征向量就是 $\boldsymbol{Ax}=\mathbf{0}$ 的解. 又 $\boldsymbol{A}\sim\begin{bmatrix}1 & & \\ & 2 & \\ & & 0\end{bmatrix}=\boldsymbol{\Lambda}$，有 $r(\boldsymbol{A})=r(\boldsymbol{\Lambda})=2, n-r(\boldsymbol{A})=3-2=1$，从而 $\boldsymbol{\alpha}$ 是 $\boldsymbol{Ax}=\mathbf{0}$ 的基础解系.

246 【答案】 $\begin{bmatrix}-2k & -2l & -2\lambda \\ -k & -l & -\lambda \\ k & l & \lambda\end{bmatrix}$，其中 k,l,λ 是任意常数

【分析】 将 $\boldsymbol{B}$ 按列分块，设 $\boldsymbol{B}=[\boldsymbol{\beta}_1,\boldsymbol{\beta}_2,\boldsymbol{\beta}_3]$，则

$\boldsymbol{AB}=\boldsymbol{A}[\boldsymbol{\beta}_1,\boldsymbol{\beta}_2,\boldsymbol{\beta}_3]=[\boldsymbol{A\beta}_1,\boldsymbol{A\beta}_2,\boldsymbol{A\beta}_3]=\boldsymbol{O}\Leftrightarrow\boldsymbol{A\beta}_1=\mathbf{0},\boldsymbol{A\beta}_2=\mathbf{0},\boldsymbol{A\beta}_3=\mathbf{0}$，故 $\boldsymbol{\beta}_1,\boldsymbol{\beta}_2,\boldsymbol{\beta}_3$ 都是齐次线性方程组 $\boldsymbol{Ax}=\mathbf{0}$ 的解向量.

作齐次线性方程组 $\boldsymbol{Ax}=\mathbf{0}$，并求出通解.

$$\boldsymbol{A}=\begin{bmatrix}1 & -2 & 0 \\ 2 & 1 & 5 \\ 0 & 1 & 1\end{bmatrix}\to\begin{bmatrix}1 & -2 & 0 \\ 0 & 5 & 5 \\ 0 & 1 & 1\end{bmatrix}\to\begin{bmatrix}1 & -2 & 0 \\ 0 & 1 & 1 \\ 0 & 0 & 0\end{bmatrix}.$$

$\boldsymbol{Ax}=\mathbf{0}$ 有通解 $k(-2,-1,1)^{\mathrm{T}}$，取 $\boldsymbol{\beta}_i(i=1,2,3)$ 为 $\boldsymbol{Ax}=\mathbf{0}$ 的通解，再合并成 $\boldsymbol{B}$，得

$$\boldsymbol{B}=\begin{bmatrix}-2k & -2l & -2\lambda \\ -k & -l & -\lambda \\ k & l & \lambda\end{bmatrix}，其中 k,l,\lambda 是任意常数.$$

【评注】 $\boldsymbol{AB}=\boldsymbol{O}$ 时，$\boldsymbol{B}$ 的每一列都是 $\boldsymbol{Ax}=\mathbf{0}$ 的解，反之将 $\boldsymbol{Ax}=\mathbf{0}$ 的解合并成矩阵 $\boldsymbol{B}$，则有 $\boldsymbol{AB}=\boldsymbol{O}$，题设要求所有满足 $\boldsymbol{AB}=\boldsymbol{O}$ 的 $\boldsymbol{B}$，故应取任意常数 k,l,λ，将 $\boldsymbol{Ax}=\mathbf{0}$ 和 $\boldsymbol{AB}=\boldsymbol{O}$ 联系起来是重要的.

本题若已知 $\boldsymbol{A}$，求满足 $\boldsymbol{BA}=\boldsymbol{O}$ 的所有的 $\boldsymbol{B}$，该如何求？

247 【答案】 $k(-3,-1,1,2)^{\mathrm{T}}+(-2,1,4,2)^{\mathrm{T}}$，其中 k 是任意常数

【分析】 方程组(Ⅰ)$\boldsymbol{Ax}=\boldsymbol{b}$ 有唯一解 $\boldsymbol{\xi}=(1,2,3)^{\mathrm{T}}$，故 $r(\boldsymbol{A})=r(\boldsymbol{A}\mid\boldsymbol{b})=3$.

$\boldsymbol{By}=\boldsymbol{b}$ 有特解 $\boldsymbol{\eta}=(-2,1,4,2)^{\mathrm{T}}$，显然 $r(\boldsymbol{B})=r(\boldsymbol{B}\mid\boldsymbol{b})=3$，且 $\boldsymbol{\eta}_1=(1,2,3,0)^{\mathrm{T}}$ 是方程组 $\boldsymbol{B}_{3\times4}\boldsymbol{y}=\boldsymbol{b}$ 的另一个特解.

$\boldsymbol{B}$ 是 3×4 矩阵，故对应齐次方程组 $\boldsymbol{Bx}=\mathbf{0}$ 的基础解系只有一个线性无关向量，且是 $\boldsymbol{\eta}-\boldsymbol{\eta}_1$，故(Ⅱ)的通解为

$$k(\boldsymbol{\eta}-\boldsymbol{\eta}_1)+\boldsymbol{\eta}=k(-3,-1,1,2)^{\mathrm{T}}+(-2,1,4,2)^{\mathrm{T}}，k 是任意常数.$$

248 【答案】 1

【分析】 所谓两个方程组(Ⅰ)与(Ⅱ)同解，即(Ⅰ)的解全是(Ⅱ)的解，(Ⅱ)的解也全是(Ⅰ)的解. 对(Ⅰ)求出其通解是

$$(3,2,0)^{\mathrm{T}}+k(3,-1,1)^{\mathrm{T}}=(3k+3,2-k,k)^{\mathrm{T}}.$$

把 $x_1=3+3k, x_2=2-k, x_3=k$ 代入方程组(Ⅱ)，有

$$\begin{cases}a(3+3k)+4(2-k)+k=11, \\ 2(3+3k)+5(2-k)-ak=16,\end{cases}$$

整理为

$$\begin{cases}(k+1)(a-1)=0,\\ k(1-a)=0.\end{cases}$$

因为 k 为任意常数，故 $a=1$. 此时方程组（Ⅰ）的解全是方程组（Ⅱ）的解.

故当 $a=1$ 时，方程组（Ⅱ）为

$$\begin{cases}x_1+4x_2+x_3=11,\\ 2x_1+5x_2-x_3=16,\end{cases}$$

由 $r(\boldsymbol{A}_2)=2$，从解的结构知（Ⅱ）的通解形式为 $\boldsymbol{\alpha}+k\boldsymbol{\eta}$ 和（Ⅰ）的相同，（Ⅰ）的通解已满足（Ⅱ），也是（Ⅱ）的通解，故（Ⅰ）与（Ⅱ）同解.

或者易于验算 $\boldsymbol{\alpha}=(3,2,0)^{\mathrm{T}}$ 是 $\boldsymbol{A}_2\boldsymbol{x}=\boldsymbol{b}$ 的解，$\boldsymbol{\eta}=(3,-1,1)^{\mathrm{T}}$ 是 $\boldsymbol{A}_2\boldsymbol{x}=\boldsymbol{0}$ 的解.

所以（Ⅰ）与（Ⅱ）同解.

249 【答案】 $a-1,a,a+2$

【分析】 特征多项式

$$|\lambda\boldsymbol{E}-\boldsymbol{A}|=\begin{vmatrix}\lambda-a & 0 & 1\\ 0 & \lambda-a & -1\\ 1 & -1 & \lambda-a-1\end{vmatrix}=\begin{vmatrix}0 & \lambda-a & 1-(\lambda-a-1)(\lambda-a)\\ 0 & \lambda-a & -1\\ 1 & -1 & \lambda-a-1\end{vmatrix}$$

$$=\begin{vmatrix}\lambda-a & 1-(\lambda-a-1)(\lambda-a)\\ \lambda-a & -1\end{vmatrix}=(\lambda-a)(\lambda-a-2)(\lambda-a+1).$$

250 【答案】 $6,3,2$

【分析】 由 $\boldsymbol{A}^{-1}\boldsymbol{BA}=6\boldsymbol{A}+\boldsymbol{BA}\Rightarrow\boldsymbol{A}^{-1}\boldsymbol{B}=6\boldsymbol{E}+\boldsymbol{B}\Rightarrow(\boldsymbol{A}^{-1}-\boldsymbol{E})\boldsymbol{B}=6\boldsymbol{E}$，知

$$\boldsymbol{B}=6(\boldsymbol{A}^{-1}-\boldsymbol{E})^{-1}.$$

因为 $\boldsymbol{A}$ 的特征值是 $\frac{1}{2},\frac{1}{3},\frac{1}{4}\Rightarrow\boldsymbol{A}^{-1}$ 的特征值是 $2,3,4\Rightarrow\boldsymbol{A}^{-1}-\boldsymbol{E}$ 的特征值是 $1,2,3$

$$\Rightarrow(\boldsymbol{A}^{-1}-\boldsymbol{E})^{-1}\text{ 的特征值是 }1,\frac{1}{2},\frac{1}{3}.$$

所以矩阵 $\boldsymbol{B}$ 的特征值：$6,3,2$.

251 【答案】 $1,1,1$

【分析】 由已知条件，有

$$\boldsymbol{A}[\boldsymbol{\alpha}_1,\boldsymbol{\alpha}_2,\boldsymbol{\alpha}_3]=[\boldsymbol{\alpha}_1,-\boldsymbol{\alpha}_3,\boldsymbol{\alpha}_2+2\boldsymbol{\alpha}_3]=[\boldsymbol{\alpha}_1,\boldsymbol{\alpha}_2,\boldsymbol{\alpha}_3]\begin{bmatrix}1 & 0 & 0\\ 0 & 0 & 1\\ 0 & -1 & 2\end{bmatrix}.$$

因为 $\boldsymbol{\alpha}_1,\boldsymbol{\alpha}_2,\boldsymbol{\alpha}_3$ 线性无关，所以矩阵 $\boldsymbol{P}=[\boldsymbol{\alpha}_1,\boldsymbol{\alpha}_2,\boldsymbol{\alpha}_3]$ 可逆. 记 $\boldsymbol{B}=\begin{bmatrix}1 & 0 & 0\\ 0 & 0 & 1\\ 0 & -1 & 2\end{bmatrix}$，那么由 $\boldsymbol{AP}=\boldsymbol{PB}$ 得 $\boldsymbol{P}^{-1}\boldsymbol{AP}=\boldsymbol{B}$，即 $\boldsymbol{A}\sim\boldsymbol{B}$.

因为 $$|\lambda\boldsymbol{E}-\boldsymbol{B}|=\begin{vmatrix}\lambda-1 & 0 & 0\\ 0 & \lambda & -1\\ 0 & 1 & \lambda-2\end{vmatrix}=(\lambda-1)\begin{vmatrix}\lambda & -1\\ 1 & \lambda-2\end{vmatrix}=(\lambda-1)^3,$$

所以矩阵 $\boldsymbol{B}$ 的特征值为 $1,1,1$，因相似矩阵有相同的特征值，所以矩阵 $\boldsymbol{A}$ 的特征值为 $1,1,1$.

【评注】 由题设条件可得 $\boldsymbol{A\alpha}_1=\boldsymbol{\alpha}_1,\boldsymbol{A}(\boldsymbol{\alpha}_2+\boldsymbol{\alpha}_3)=\boldsymbol{\alpha}_2+\boldsymbol{\alpha}_3,\boldsymbol{A}(\boldsymbol{\alpha}_1+\boldsymbol{\alpha}_2+\boldsymbol{\alpha}_3)=\boldsymbol{\alpha}_1+\boldsymbol{\alpha}_2+\boldsymbol{\alpha}_3$，能得出 $\boldsymbol{A}$ 有三重特征值 1 吗？（结论不成立，说明理由）.

252 【答案】 0

【分析】 $\boldsymbol{A}\sim\boldsymbol{\Lambda}\Leftrightarrow\boldsymbol{A}$ 有 n 个线性无关的特征向量.

由 $|\lambda\boldsymbol{E}-\boldsymbol{A}|=\begin{vmatrix}\lambda-3 & -2 & 2\\ k & \lambda+1 & -k\\ -4 & -2 & \lambda+3\end{vmatrix}=\begin{vmatrix}\lambda-1 & -2 & 2\\ 0 & \lambda+1 & -k\\ \lambda-1 & -2 & \lambda+3\end{vmatrix}$

$$=\begin{vmatrix}\lambda-1 & -2 & 2\\ 0 & \lambda+1 & -k\\ 0 & 0 & \lambda+1\end{vmatrix}$$

$=(\lambda-1)(\lambda+1)^2$.

矩阵 $\boldsymbol{A}$ 的特征值:$1,-1,-1$.

因 $\boldsymbol{A}\sim\boldsymbol{\Lambda}$,故 $\lambda=-1$ 必有 2 个线性无关的特征向量,从而秩 $r(-\boldsymbol{E}-\boldsymbol{A})=1$.

$$-\boldsymbol{E}-\boldsymbol{A}=\begin{bmatrix}-4 & -2 & 2\\ k & 0 & -k\\ -4 & -2 & 2\end{bmatrix}\to\begin{bmatrix}2 & 1 & -1\\ k & 0 & -k\\ 0 & 0 & 0\end{bmatrix},$$

所以 $k=0$.

253 【答案】 $\begin{bmatrix}0 & 0 & 0\\ 0 & 1 & 0\\ 0 & 0 & -1\end{bmatrix}$

【分析】 $\boldsymbol{\xi},\boldsymbol{\alpha},\boldsymbol{\beta}$ 线性无关,都是非零向量,$\boldsymbol{Ax}=\boldsymbol{0}$ 有解 $\boldsymbol{\xi}$,即 $\boldsymbol{A\xi}=\boldsymbol{0}=0\boldsymbol{\xi}$,故 $\boldsymbol{A}$ 有特征值 $\lambda_1=0$(对应的特征向量为 $\boldsymbol{\xi}$). 又 $\boldsymbol{Ax}=\boldsymbol{\beta}$ 有解 $\boldsymbol{\alpha}$,即 $\boldsymbol{A\alpha}=\boldsymbol{\beta}$;$\boldsymbol{Ax}=\boldsymbol{\alpha}$ 有解 $\boldsymbol{\beta}$,即 $\boldsymbol{A\beta}=\boldsymbol{\alpha}$,故 $\boldsymbol{A}(-\boldsymbol{\beta})=-\boldsymbol{\alpha}$. 从而有

$$\boldsymbol{A}(\boldsymbol{\alpha}+\boldsymbol{\beta})=\boldsymbol{\beta}+\boldsymbol{\alpha}=(\boldsymbol{\alpha}+\boldsymbol{\beta}),$$
$$\boldsymbol{A}(\boldsymbol{\alpha}-\boldsymbol{\beta})=\boldsymbol{\beta}-\boldsymbol{\alpha}=-(\boldsymbol{\alpha}-\boldsymbol{\beta}),$$

故知 $\boldsymbol{A}$ 有特征值 $\lambda_2=1,\lambda_3=-1$($\boldsymbol{\alpha}+\boldsymbol{\beta},\boldsymbol{\alpha}-\boldsymbol{\beta}$ 均是非零向量,是对应的特征向量),三阶矩阵 $\boldsymbol{A}$ 有三个不同的特征值:$0,1,-1$. 故

$$\boldsymbol{A}\sim\begin{bmatrix}0 & 0 & 0\\ 0 & 1 & 0\\ 0 & 0 & -1\end{bmatrix}.$$

254 【答案】 $\begin{bmatrix}3 & & \\ & 3 & \\ & & -1\end{bmatrix}$

【分析】 设 $\boldsymbol{A\alpha}=\lambda\boldsymbol{\alpha},\boldsymbol{\alpha}\neq\boldsymbol{0}$. 由 $\boldsymbol{A}^2-2\boldsymbol{A}=3\boldsymbol{E}$ 有$(\lambda^2-2\lambda-3)\boldsymbol{\alpha}=\boldsymbol{0}$,即

$$\lambda^2-2\lambda-3=0,$$

所以矩阵 $\boldsymbol{A}$ 的特征值为 3 或 -1.

因为 $\boldsymbol{A}$ 是实对称矩阵,且 $r(\boldsymbol{A}+\boldsymbol{E})=2$,所以

$$\boldsymbol{A}\sim\begin{bmatrix}3 & & \\ & 3 & \\ & & -1\end{bmatrix}.$$

255 【答案】 $2,\dfrac{3}{2}$

【分析】 $|\lambda\boldsymbol{E}-\boldsymbol{A}|=\begin{vmatrix}\lambda & 2 & -2\\ -2 & \lambda-4 & 2\\ -a & -2 & \lambda\end{vmatrix}=\begin{vmatrix}\lambda & 2 & 0\\ -2 & \lambda-4 & \lambda-2\\ -a & -2 & \lambda-2\end{vmatrix}$

$$=\begin{vmatrix}\lambda & 2 & 0\\ a-2 & \lambda-2 & 0\\ -a & -2 & \lambda-2\end{vmatrix}=(\lambda-2)[\lambda^2-2\lambda-2(a-2)]=0.$$

若 $\lambda=2$ 是二重根，则有 $\lambda^2-2\lambda-2(a-2)\Big|_{\lambda=2}=0$，得 $a=2$.

若 $\lambda^2-2\lambda-2(a-2)=0$ 是完全平方，则有 $(\lambda-1)^2=0$（即 $\lambda=1$ 是二重根），则有 $-2(a-2)=1$，得 $a=\dfrac{3}{2}$.

256 【答案】 -7

【分析】 由伴随矩阵定义

$$\boldsymbol{A}^*=\begin{bmatrix}A_{11} & A_{21} & A_{31}\\ A_{12} & A_{22} & A_{32}\\ A_{13} & A_{23} & A_{33}\end{bmatrix}.$$

又 $\sum a_{ii}=\sum\lambda_i$，故只需求出伴随矩阵 $\boldsymbol{A}^*$ 的特征值之和也就是代数余子式 $A_{11}+A_{22}+A_{33}$ 之和.

由 $|\boldsymbol{A}|=\prod\lambda_i=1\cdot2\cdot(-3)$，故 $\boldsymbol{A}^*$ 的特征值 $\dfrac{|\boldsymbol{A}|}{\lambda}$：$-6,-3,2$，故

$$A_{11}+A_{22}+A_{33}=(-6)+(-3)+2=-7.$$

257 【答案】 1

【分析】 二次型的矩阵 $\boldsymbol{A}=\begin{bmatrix}1 & a & 1\\ a & -5 & b\\ 1 & b & 1\end{bmatrix}$，由题设 $\boldsymbol{A\alpha}=\lambda\boldsymbol{\alpha}$，即 $\begin{bmatrix}1 & a & 1\\ a & -5 & b\\ 1 & b & 1\end{bmatrix}\begin{bmatrix}2\\1\\2\end{bmatrix}=\lambda\begin{bmatrix}2\\1\\2\end{bmatrix}$，

于是 $\begin{cases}2+a+2=2\lambda,\\ 2a-5+2b=\lambda,\\ 2+b+2=2\lambda,\end{cases}$ 解得 $a=b=2,\lambda=3$，于是 $\boldsymbol{A}=\begin{bmatrix}1 & 2 & 1\\ 2 & -5 & 2\\ 1 & 2 & 1\end{bmatrix}$.

$$|\lambda\boldsymbol{E}-\boldsymbol{A}|=\begin{vmatrix}\lambda-1 & -2 & -1\\ -2 & \lambda+5 & -2\\ -1 & -2 & \lambda-1\end{vmatrix}=\begin{vmatrix}\lambda & 0 & -\lambda\\ -2 & \lambda+5 & -2\\ -1 & -2 & \lambda-1\end{vmatrix}=\begin{vmatrix}\lambda & 0 & 0\\ -2 & \lambda+5 & -4\\ -1 & -2 & \lambda-2\end{vmatrix}$$

$=\lambda(\lambda+6)(\lambda-3)$.

所以矩阵 $\boldsymbol{A}$ 的特征值为 $-6,0,3$，正惯性指数为 1.

求出 $a=b=2$ 后，也可以用配方法求出正惯性指数.

$$\begin{aligned}\boldsymbol{x}^{\mathrm{T}}\boldsymbol{Ax}&=x_1^2-5x_2^2+x_3^2+4x_1x_2+2x_1x_3+4x_2x_3\\&=x_1^2+2x_1(2x_2+x_3)+(2x_2+x_3)^2-(2x_2+x_3)^2-5x_2^2+x_3^2+4x_2x_3\\&=(x_1+2x_2+x_3)^2-9x_2^2.\end{aligned}$$

258 【答案】 $-1<a<2$

【分析】 由特征多项式

$$|\lambda\boldsymbol{E}-\boldsymbol{A}|=\begin{vmatrix}\lambda-a & -1 & -1\\ -1 & \lambda-a & 1\\ -1 & 1 & \lambda-a\end{vmatrix}=\begin{vmatrix}\lambda-a-1 & \lambda-a-1 & 0\\ -1 & \lambda-a & 1\\ -1 & 1 & \lambda-a\end{vmatrix}$$

$$= \begin{vmatrix} \lambda-a-1 & 0 & 0 \\ -1 & \lambda-a+1 & 1 \\ -1 & 2 & \lambda-a \end{vmatrix}$$
$$= (\lambda-a-1)^2(\lambda-a+2).$$

$\boldsymbol{A}$ 的特征值:$a+1,a+1,a-2$.

因规范形是 $y_1^2+y_2^2-y_3^2$,故特征值符号应为 $+,+,-$.

即 $\begin{cases} a+1>0, \\ a-2<0, \end{cases}$ 所以 $-1<a<2$.

259 【答案】 $a<0$

【分析】 矩阵 $\boldsymbol{A}$ 与 $\boldsymbol{B}$ 合同 $\Leftrightarrow \boldsymbol{x}^{\mathrm{T}}\boldsymbol{A}\boldsymbol{x}$ 与 $\boldsymbol{x}^{\mathrm{T}}\boldsymbol{B}\boldsymbol{x}$ 有相同的正、负惯性指数.

由于
$$|\lambda\boldsymbol{E}-\boldsymbol{A}| = \begin{vmatrix} \lambda-1 & -1 & 2 \\ -1 & \lambda+2 & -1 \\ 2 & -1 & \lambda-1 \end{vmatrix} = \lambda(\lambda-3)(\lambda+3).$$

可见 $p_A=1,q_A=1$. 因而 $\boldsymbol{x}^{\mathrm{T}}\boldsymbol{B}\boldsymbol{x}=3x_1^2+ax_2^2$ 的 $p_B=1,q_B=1$ 时,矩阵 $\boldsymbol{A}$ 和 $\boldsymbol{B}$ 合同.

所以 $a<0$ 即可.

【评注】 不要误以为 $a=-3$. 当 $a=-3$ 时,矩阵 $\boldsymbol{A}$ 和 $\boldsymbol{B}$ 不仅合同而且相似.

260 【答案】 $\sqrt{5}y_1^2-\sqrt{5}y_2^2$

【分析】 二次型矩阵 $\boldsymbol{A}=\begin{bmatrix} 0 & 1 & 2 \\ 1 & 0 & 0 \\ 2 & 0 & 0 \end{bmatrix}$,

$$|\lambda\boldsymbol{E}-\boldsymbol{A}| = \begin{vmatrix} \lambda & -1 & -2 \\ -1 & \lambda & 0 \\ -2 & 0 & \lambda \end{vmatrix} = \begin{vmatrix} \lambda & -1 & -2 \\ -1 & \lambda & 0 \\ 0 & -2\lambda & \lambda \end{vmatrix} = \begin{vmatrix} \lambda & -5 & -2 \\ -1 & \lambda & 0 \\ 0 & 0 & \lambda \end{vmatrix} = \lambda(\lambda^2-5).$$

矩阵 $\boldsymbol{A}$ 的特征值是$\sqrt{5},-\sqrt{5},0$,故正交变换下的标准形为$\sqrt{5}y_1^2-\sqrt{5}y_2^2$.

261 【答案】 $t\neq 1$

【分析】 由于 $\boldsymbol{x}^{\mathrm{T}}(\boldsymbol{A}^{\mathrm{T}}\boldsymbol{A})\boldsymbol{x}=(\boldsymbol{A}\boldsymbol{x})^{\mathrm{T}}(\boldsymbol{A}\boldsymbol{x})\geqslant 0$,所以二次型 $f(x_1,x_2,x_3)$ 正定 $\Leftrightarrow$ 对任意向量 $\boldsymbol{x}\neq\boldsymbol{0}$ 均有 $\boldsymbol{A}\boldsymbol{x}\neq\boldsymbol{0}\Leftrightarrow r(\boldsymbol{A})=3$.

$$\boldsymbol{A}=\begin{bmatrix} 1 & 1 & 2 \\ 1 & 0 & 1 \\ 0 & 1 & t \end{bmatrix} \to \begin{bmatrix} 1 & 1 & 2 \\ 0 & -1 & -1 \\ 0 & 1 & t \end{bmatrix} \to \begin{bmatrix} 1 & 1 & 2 \\ 0 & -1 & -1 \\ 0 & 0 & t-1 \end{bmatrix},$$

故 t 满足的条件为 $t\neq 1$.

本题也可以通过计算 $\boldsymbol{A}^{\mathrm{T}}\boldsymbol{A}$ 的顺序主子式求解,但计算量较大.

262 【答案】 3

【分析】 矩阵 $\boldsymbol{A}\cong\boldsymbol{B}\Leftrightarrow r(\boldsymbol{A})=r(\boldsymbol{B})$.

$\boldsymbol{A}$ 中有 2 阶子式 $\begin{vmatrix} 1 & 2 \\ 2 & 3 \end{vmatrix}\neq 0$,知 $r(\boldsymbol{A})\geqslant 2$,而 $r(\boldsymbol{B})\leqslant 2$,因此本题

$$\boldsymbol{A}\cong\boldsymbol{B}\Leftrightarrow r(\boldsymbol{A})=2,a+1\neq 0.$$

由 $\begin{vmatrix} 1 & 2 & 1 \\ 2 & 3 & a+2 \\ 1 & a & -2 \end{vmatrix} = -(a+1)(a-3)$，得 $a=3$.

263 【答案】 1

【分析】 因 $\boldsymbol{A} \sim \boldsymbol{\Lambda} = \boldsymbol{B}$，故 $\lambda = 1$ 是 $\boldsymbol{A}$ 的二重特征值，故 $\lambda = 1$ 必有 2 个线性无关的特征向量.

亦即 $(\boldsymbol{E}-\boldsymbol{A})\boldsymbol{x} = \boldsymbol{0}$ 有 2 个线性无关的解，

从而 $n - r(\boldsymbol{E}-\boldsymbol{A}) = 3 - r(\boldsymbol{E}-\boldsymbol{A}) = 2$，即 $r(\boldsymbol{E}-\boldsymbol{A}) = 1$.

又 $\boldsymbol{E}-\boldsymbol{A} = \begin{bmatrix} 1 & 0 & -1 \\ -a & 0 & 1 \\ -1 & 0 & 1 \end{bmatrix} \to \begin{bmatrix} 1 & 0 & -1 \\ 1-a & 0 & 0 \\ 0 & 0 & 0 \end{bmatrix}$，得 $a=1$.

264 【答案】 5

【分析】 由 $\boldsymbol{A} \sim \boldsymbol{B}$，知 $\sum a_{ii} = \sum b_{ii}$ 且 $|\boldsymbol{A}| = |\boldsymbol{B}|$，得

$$\begin{cases} 1+4+a = 2+2+b, \\ 6(a-1) = 4b, \end{cases}$$

解出 $a=5$.

265 【答案】 $\begin{bmatrix} 1 & 0 & 1 \\ 0 & 1 & 0 \\ 1 & 0 & -1 \end{bmatrix}$ 或 $\begin{bmatrix} 1 & 0 & -1 \\ 0 & 1 & 0 \\ 1 & 0 & 1 \end{bmatrix}$

【分析】 二次型 $\boldsymbol{x}^{\mathrm{T}}\boldsymbol{A}\boldsymbol{x}$ 经坐标变换（或称可逆线性变换）$\boldsymbol{x} = \boldsymbol{C}\boldsymbol{y}$ 得 $\boldsymbol{x}^{\mathrm{T}}\boldsymbol{A}\boldsymbol{x} = \boldsymbol{y}^{\mathrm{T}}\boldsymbol{B}\boldsymbol{y}$，就有 $\boldsymbol{A}$ 和 $\boldsymbol{B}$ 合同，其中 $\boldsymbol{B} = \boldsymbol{C}^{\mathrm{T}}\boldsymbol{A}\boldsymbol{C}$，那么求矩阵 $\boldsymbol{C}$ 就是求所用坐标变换（由于本题矩阵 $\boldsymbol{A}$ 和 $\boldsymbol{B}$ 不相似，若先用正交变换过渡是可行的，但比较麻烦）.

对二次型 $\boldsymbol{x}^{\mathrm{T}}\boldsymbol{A}\boldsymbol{x} = 2x_1x_3 + x_2^2$，用配方法，令

$$\begin{cases} x_1 = y_1 + y_3, \\ x_2 = y_2, \\ x_3 = y_1 - y_3, \end{cases}$$

即令 $\boldsymbol{x} = \boldsymbol{C}\boldsymbol{y}$，其中 $\boldsymbol{C} = \begin{bmatrix} 1 & 0 & 1 \\ 0 & 1 & 0 \\ 1 & 0 & -1 \end{bmatrix}$，即有

$$\boldsymbol{x}^{\mathrm{T}}\boldsymbol{A}\boldsymbol{x} = 2(y_1+y_3)(y_1-y_3) + y_2^2 = 2y_1^2 + y_2^2 - 2y_3^2,$$

可见经坐标变换 $\begin{bmatrix} x_1 \\ x_2 \\ x_3 \end{bmatrix} = \begin{bmatrix} 1 & 0 & 1 \\ 0 & 1 & 0 \\ 1 & 0 & -1 \end{bmatrix} \begin{bmatrix} y_1 \\ y_2 \\ y_3 \end{bmatrix}$，就有矩阵 $\boldsymbol{A}$ 和 $\boldsymbol{B}$ 合同，所以 $\boldsymbol{C} = \begin{bmatrix} 1 & 0 & 1 \\ 0 & 1 & 0 \\ 1 & 0 & -1 \end{bmatrix}$.

【评注】 本题答案不唯一.

若令
$$\begin{cases} x_1 = y_1 - y_3, \\ x_2 = y_2, \\ x_3 = y_1 + y_3, \end{cases}$$

则可得 $\boldsymbol{C} = \begin{bmatrix} 1 & 0 & -1 \\ 0 & 1 & 0 \\ 1 & 0 & 1 \end{bmatrix}$，只要正确，也是满分.

选　择　题

266　【答案】 A

【分析】 用倍加性质化简行列式，把第1列的-1倍分别加至其他各列，然后把第2列的$-2,-3$倍分别加到第3列和第4列，有

$$D=\begin{vmatrix} a^2 & 2a+1 & 4a+4 & 6a+9 \\ b^2 & 2b+1 & 4b+4 & 6b+9 \\ c^2 & 2c+1 & 4c+4 & 6c+9 \\ d^2 & 2d+1 & 4d+4 & 6d+9 \end{vmatrix}=\begin{vmatrix} a^2 & 2a+1 & 2 & 6 \\ b^2 & 2b+1 & 2 & 6 \\ c^2 & 2c+1 & 2 & 6 \\ d^2 & 2d+1 & 2 & 6 \end{vmatrix}=0.$$

267　【答案】 D

【分析】 由拉普拉斯展开式得，

$$\begin{vmatrix} \boldsymbol{A} & -2\boldsymbol{A} \\ \boldsymbol{B} & \boldsymbol{O} \end{vmatrix}=(-1)^{3\times 3}\ |-2\boldsymbol{A}|\cdot|\boldsymbol{B}|$$
$$=-(-2)^3\ |\boldsymbol{A}|\cdot|\boldsymbol{B}|=-16.$$

268　【答案】 B

【分析】 设λ是$\boldsymbol{A}$的任一特征值，$\boldsymbol{\alpha}$是相应的特征向量，即

$$\boldsymbol{A\alpha}=\lambda\boldsymbol{\alpha},\boldsymbol{\alpha}\neq\boldsymbol{0},$$

那么由

$$\boldsymbol{A}^2+2\boldsymbol{A}=\boldsymbol{O},$$

有

$$(\lambda^2+2\lambda)\boldsymbol{\alpha}=\boldsymbol{0},\boldsymbol{\alpha}\neq\boldsymbol{0},$$

故$\lambda^2+2\lambda=0$，λ为0或-2.

于是$\boldsymbol{A}+3\boldsymbol{E}$的特征值为3或1.

现$|\boldsymbol{A}+3\boldsymbol{E}|=3$，那么$\boldsymbol{A}$的特征值只能是$0,-2,-2$.

则$2\boldsymbol{A}+\boldsymbol{E}$的特征值：$1,-3,-3$.

269　【答案】 D

【分析】 (A) 注意，$(\boldsymbol{A}+\boldsymbol{E})(\boldsymbol{A}-\boldsymbol{E})$与$(\boldsymbol{A}-\boldsymbol{E})(\boldsymbol{A}+\boldsymbol{E})$均为$\boldsymbol{A}^2-\boldsymbol{E}$，故(A)正确.

(B) 由$(\boldsymbol{A}+\boldsymbol{E})(\boldsymbol{A}-2\boldsymbol{E})+2\boldsymbol{E}=\boldsymbol{A}^2-\boldsymbol{A}=\boldsymbol{O}$，即$(\boldsymbol{A}+\boldsymbol{E})\cdot\frac{1}{2}(2\boldsymbol{E}-\boldsymbol{A})=\boldsymbol{E}$，故(B)正确.

或$\boldsymbol{A}$的特征值只能是0或1.于是$\boldsymbol{A}+\boldsymbol{E}$的特征值只能是1或2.

(C)$\boldsymbol{A}^{\mathrm{T}}\boldsymbol{B}$与$\boldsymbol{B}^{\mathrm{T}}\boldsymbol{A}$均是$1\times 1$矩阵，其转置就是自身，于是$\boldsymbol{A}^{\mathrm{T}}\boldsymbol{B}=(\boldsymbol{A}^{\mathrm{T}}\boldsymbol{B})^{\mathrm{T}}=\boldsymbol{B}^{\mathrm{T}}(\boldsymbol{A}^{\mathrm{T}})^{\mathrm{T}}=\boldsymbol{B}^{\mathrm{T}}\boldsymbol{A}$，即(C)正确.

关于(D)，由$\boldsymbol{AB}=\boldsymbol{O}$不能保证必有$\boldsymbol{BA}=\boldsymbol{O}$.

例如$\begin{bmatrix} 1 & 1 \\ 1 & 1 \end{bmatrix}\begin{bmatrix} 1 & 1 \\ -1 & -1 \end{bmatrix}=\boldsymbol{O}$，但$\begin{bmatrix} 1 & 1 \\ -1 & -1 \end{bmatrix}\begin{bmatrix} 1 & 1 \\ 1 & 1 \end{bmatrix}=\begin{bmatrix} 2 & 2 \\ -2 & -2 \end{bmatrix}$.

270　【答案】 C

【分析】 **方法一**　$(\boldsymbol{E}+\boldsymbol{BA}^{-1})^{-1}=(\boldsymbol{AA}^{-1}+\boldsymbol{BA}^{-1})^{-1}=[(\boldsymbol{A}+\boldsymbol{B})\boldsymbol{A}^{-1}]^{-1}$
$=(\boldsymbol{A}^{-1})^{-1}(\boldsymbol{A}+\boldsymbol{B})^{-1}=\boldsymbol{A}(\boldsymbol{A}+\boldsymbol{B})$.

注意，因为$(\boldsymbol{A}+\boldsymbol{B})^2=\boldsymbol{E}$，即$(\boldsymbol{A}+\boldsymbol{B})(\boldsymbol{A}+\boldsymbol{B})=\boldsymbol{E}$，按可逆定义知$(\boldsymbol{A}+\boldsymbol{B})^{-1}=\boldsymbol{A}+\boldsymbol{B}$.

方法二 逐个验算，对于(C)，因$(\boldsymbol{E}+\boldsymbol{B}\boldsymbol{A}^{-1})\boldsymbol{A}(\boldsymbol{A}+\boldsymbol{B})=(\boldsymbol{A}+\boldsymbol{B})(\boldsymbol{A}+\boldsymbol{B})\overset{*}{=\!=}\boldsymbol{E}$（$*$ 是已知条件），故$(\boldsymbol{E}+\boldsymbol{B}\boldsymbol{A}^{-1})^{-1}=\boldsymbol{A}(\boldsymbol{A}+\boldsymbol{B})$，应选(C).

【评注】 转置有性质$(\boldsymbol{A}+\boldsymbol{B})^{\mathrm{T}}=\boldsymbol{A}^{\mathrm{T}}+\boldsymbol{B}^{\mathrm{T}}$，而可逆$(\boldsymbol{A}+\boldsymbol{B})^{-1}$没有这种运算法则，一般情况下$(\boldsymbol{A}+\boldsymbol{B})^{-1}\neq\boldsymbol{A}^{-1}+\boldsymbol{B}^{-1}$，因此对于$(\boldsymbol{A}+\boldsymbol{B})^{-1}$通常要用单位矩阵恒等变形的技巧.

计算型的选择题，一般有两个思路，(1) 如方法一，计算出结果，做出选择；(2) 逐个验算，如方法二.

271 【答案】 B

【分析】 据已知条件 $\boldsymbol{P}_1\boldsymbol{A}=\boldsymbol{B}$，其中 $\boldsymbol{P}_1=\begin{bmatrix}1&0&0\\0&0&1\\0&1&0\end{bmatrix}$；

$\boldsymbol{B}\boldsymbol{P}_2=\boldsymbol{E}$，其中 $\boldsymbol{P}_2=\begin{bmatrix}1&-3&0\\0&1&0\\0&0&1\end{bmatrix}$，于是 $\boldsymbol{P}_1\boldsymbol{A}\boldsymbol{P}_2=\boldsymbol{E}$，故

$$\boldsymbol{A}=\boldsymbol{P}_1^{-1}\boldsymbol{P}_2^{-1}=\begin{bmatrix}1&0&0\\0&0&1\\0&1&0\end{bmatrix}\begin{bmatrix}1&3&0\\0&1&0\\0&0&1\end{bmatrix}=\begin{bmatrix}1&3&0\\0&0&1\\0&1&0\end{bmatrix},$$

那么 $\boldsymbol{A}^*=|\boldsymbol{A}|\boldsymbol{A}^{-1}=\begin{bmatrix}-1&0&3\\0&0&-1\\0&-1&0\end{bmatrix}$.

272 【答案】 D

【分析】 观察 $\boldsymbol{P},\boldsymbol{Q}$ 的下标，$\boldsymbol{P}$ 经三次列变换，得到 $\boldsymbol{Q}$.

$$\boldsymbol{Q}=\boldsymbol{P}\begin{bmatrix}1&0&0\\1&1&0\\0&0&1\end{bmatrix}\begin{bmatrix}1&&\\&-1&\\&&1\end{bmatrix}\begin{bmatrix}1&0&0\\0&1&0\\0&0&2\end{bmatrix}=\boldsymbol{P}\begin{bmatrix}1&0&0\\1&-1&0\\0&0&2\end{bmatrix},$$

$$\boldsymbol{Q}^{\mathrm{T}}\boldsymbol{A}\boldsymbol{Q}=\begin{bmatrix}1&1&0\\0&-1&0\\0&0&2\end{bmatrix}\boldsymbol{P}^{\mathrm{T}}\boldsymbol{A}\boldsymbol{P}\begin{bmatrix}1&0&0\\1&-1&0\\0&0&2\end{bmatrix}$$

$$=\begin{bmatrix}1&1&0\\0&-1&0\\0&0&2\end{bmatrix}\begin{bmatrix}1&&\\&2&\\&&3\end{bmatrix}\begin{bmatrix}1&0&0\\1&-1&0\\0&0&2\end{bmatrix}=\begin{bmatrix}3&-2&0\\-2&2&0\\0&0&12\end{bmatrix}.$$

273 【答案】 D

【分析】 $\boldsymbol{A}$ 为 4×5 矩阵，那么 $\boldsymbol{A}^{\mathrm{T}}$ 为 5×4 矩阵.

$\boldsymbol{A}^{\mathrm{T}}\boldsymbol{x}=\boldsymbol{0}$ 是有 5 个方程 4 个未知数的齐次方程组，其基础解系为 3 个解向量，即 $n-r(\boldsymbol{A}^{\mathrm{T}})=4-r(\boldsymbol{A}^{\mathrm{T}})=3$，得 $r(\boldsymbol{A}^{\mathrm{T}})=1$，亦即 $r(\boldsymbol{A})=1$.

274 【答案】 C

【分析】 由 $|\boldsymbol{A}|=\begin{vmatrix}2&4&2\\1&a&-2\\2&3&a+2\end{vmatrix}=2(a+1)(a-3)$，

如 $a=1$，则 $|\boldsymbol{A}|\neq 0$. $\boldsymbol{A}$ 是可逆矩阵，由 $\boldsymbol{AB}=\boldsymbol{O}$，有 $\boldsymbol{B}=\boldsymbol{O}$，与 $\boldsymbol{B}\neq\boldsymbol{O}$ 矛盾，于是(A)(B)均不可能.

如 $a=3$ 或 $a=-1$ 时，都有 $r(\boldsymbol{A})=2$. 由 $\boldsymbol{AB}=\boldsymbol{O}$ 有 $r(\boldsymbol{A})+r(\boldsymbol{B})\leqslant 3$，$r(\boldsymbol{B})\leqslant 1$.

又因 $\boldsymbol{B}\neq\boldsymbol{O}$，从而 $r(\boldsymbol{B})=1$，所以应选(C).

275 【答案】 C

【分析】 由伴随矩阵 $\boldsymbol{A}^*$ 秩的公式

$$r(\boldsymbol{A}^*)=\begin{cases}n, & r(\boldsymbol{A})=n,\\ 1, & r(\boldsymbol{A})=n-1,\\ 0, & r(\boldsymbol{A})<n-1\end{cases}$$

知 $r(\boldsymbol{A}^*)=1\Leftrightarrow r(\boldsymbol{A})=2$.

若 $a=b$，易见 $r(\boldsymbol{A})\leqslant 1$，可排除(A)和(B).

当 $a\neq b$ 时，$\boldsymbol{A}$ 中有 2 阶子式 $\begin{vmatrix}a & b\\ b & a\end{vmatrix}\neq 0$，从而 $r(\boldsymbol{A})=2\Leftrightarrow|\boldsymbol{A}|=0$，而

$$|\boldsymbol{A}|=\begin{vmatrix}a & b & b\\ b & a & b\\ b & b & a\end{vmatrix}=(a+2b)(a-b)^2.$$

故选(C).

276 【答案】 B

【分析】 经初等变换矩阵的秩不变.

$$\boldsymbol{A}=\begin{bmatrix}1-a & a & 0 & -a\\ -3 & 6 & 3 & -3\\ 2-a & a-2 & -1 & 1-a\end{bmatrix}\to\begin{bmatrix}1-a & a & 0 & -a\\ 1 & -2 & -1 & 1\\ 1 & -2 & -1 & 1\end{bmatrix}$$

$$\to\begin{bmatrix}1-a & a & 0 & -a\\ 1 & -2 & -1 & 1\\ 0 & 0 & 0 & 0\end{bmatrix},$$

由于二阶子式 $\begin{vmatrix}1-a & 0\\ 1 & -1\end{vmatrix}=a-1$，$\begin{vmatrix}a & 0\\ -2 & -1\end{vmatrix}=-a$，不可能同时为 0.

故 $\forall a$，必有 $r(\boldsymbol{A})=2$.

277 【答案】 C

【分析】 因 $\boldsymbol{PQ}=\boldsymbol{O}$，有 $r(\boldsymbol{P})+r(\boldsymbol{Q})\leqslant 3$. (1)

当 $t=6$ 时，$r(\boldsymbol{Q})=1$，那么由(1)知 $r(\boldsymbol{P})\leqslant 2$.

因此(A)(B)中关于 $r(\boldsymbol{P})$ 的判断都有可能成立，但不是一定成立，所以(A)(B)均不正确.

而当 $t\neq 6$ 时，$r(\boldsymbol{Q})=2$，代入式(1)有 $r(\boldsymbol{P})\leqslant 1$.

又因 $\boldsymbol{P}\neq\boldsymbol{O}$，有 $r(\boldsymbol{P})\geqslant 1$，故必有 $r(\boldsymbol{P})=1$，即(C)正确.

关于(D)，$r(\boldsymbol{P})=2$ 一定不可能发生.

278 【答案】 C

【分析】 n 阶矩阵有 n 个特征值(可以有重根)，现矩阵 $\boldsymbol{A}$ 的特征值中 $\lambda=0$ 是单根，说明 $\boldsymbol{A}$ 的特征值 $\lambda=0$ 只有 1 个线性无关的特征向量，亦即 $(0\boldsymbol{E}-\boldsymbol{A})\boldsymbol{x}=\boldsymbol{0}$ 只有 1 个线性无关的解，那么

$$n-r(0\boldsymbol{E}-\boldsymbol{A})=1,$$

所以 $r(\boldsymbol{A})=n-1$.

279 【答案】 C

【分析】 因为 $\boldsymbol{AB}=\boldsymbol{E}$ 是 m 阶矩阵，所以 $r(\boldsymbol{AB})=m$.

那么 $r(\boldsymbol{A})\geqslant r(\boldsymbol{AB})=m$，又因 $r(\boldsymbol{A})\leqslant m$，故 $r(\boldsymbol{A})=m$.

于是 $\boldsymbol{A}$ 的行秩 $=r(\boldsymbol{A})=m$，所以 $\boldsymbol{A}$ 的行向量组线性无关.

同理，$\boldsymbol{B}$ 的列秩 $=r(\boldsymbol{B})=m$，所以 $\boldsymbol{B}$ 的列向量组线性无关.

【评注】 要会用秩来判断抽象向量组的线性相关性.

280 【答案】 A

【分析】 因向量组 Ⅰ 可由 Ⅱ 线性表示，故

$$r(\text{Ⅰ})\leqslant r(\text{Ⅱ})=r(\boldsymbol{\beta}_1,\boldsymbol{\beta}_2,\cdots,\boldsymbol{\beta}_s)\leqslant s.$$

当 Ⅰ：$\boldsymbol{\alpha}_1,\boldsymbol{\alpha}_2,\cdots,\boldsymbol{\alpha}_r$ 线性无关时，有 $r(\text{Ⅰ})=r$，故必有 $r\leqslant s$，即(A) 正确.

设 $\boldsymbol{\alpha}_1=\begin{pmatrix}1\\0\\0\end{pmatrix},\boldsymbol{\alpha}_2=\begin{pmatrix}2\\0\\0\end{pmatrix},\boldsymbol{\beta}_1=\begin{pmatrix}1\\0\\0\end{pmatrix},\boldsymbol{\beta}_2=\begin{pmatrix}0\\1\\0\end{pmatrix}$,

有 Ⅰ 可由 Ⅱ 线性表示，且 Ⅰ 线性相关，但不满足 $r>s$，即(B) 不正确.

又如 $\boldsymbol{\alpha}_1=\begin{pmatrix}1\\0\\0\end{pmatrix},\boldsymbol{\alpha}_2=\begin{pmatrix}2\\0\\0\end{pmatrix},\boldsymbol{\alpha}_3=\begin{pmatrix}3\\0\\0\end{pmatrix},\boldsymbol{\beta}_1=\begin{pmatrix}1\\0\\0\end{pmatrix},\boldsymbol{\beta}_2=\begin{pmatrix}0\\1\\0\end{pmatrix}$，可看出(C) 不正确.

关于(D) 的反例，请同学们自己构造.

281 【答案】 C

【分析】 因为 $\boldsymbol{\alpha}_1,\boldsymbol{\alpha}_2,\boldsymbol{\alpha}_3,\boldsymbol{\alpha}_4$ 是四个三维向量，所以 $\boldsymbol{\alpha}_1,\boldsymbol{\alpha}_2,\boldsymbol{\alpha}_3,\boldsymbol{\alpha}_4$ 一定线性相关.

若 $\boldsymbol{\alpha}_1,\boldsymbol{\alpha}_2,\boldsymbol{\alpha}_3$ 线性无关，而 $\boldsymbol{\alpha}_1,\boldsymbol{\alpha}_2,\boldsymbol{\alpha}_3,\boldsymbol{\alpha}_4$ 线性相关，那么 $\boldsymbol{\alpha}_4$ 必可由 $\boldsymbol{\alpha}_1,\boldsymbol{\alpha}_2,\boldsymbol{\alpha}_3$ 线性表示. 现(C) 中 $\boldsymbol{\alpha}_4$ 不能由 $\boldsymbol{\alpha}_1,\boldsymbol{\alpha}_2,\boldsymbol{\alpha}_3$ 线性表示，那 $\boldsymbol{\alpha}_1,\boldsymbol{\alpha}_2,\boldsymbol{\alpha}_3$ 肯定线性相关，故(C) 一定成立.

而当 $\boldsymbol{\alpha}_4$ 可由 $\boldsymbol{\alpha}_1,\boldsymbol{\alpha}_2,\boldsymbol{\alpha}_3$ 线性表出时，$\boldsymbol{\alpha}_1,\boldsymbol{\alpha}_2,\boldsymbol{\alpha}_3$ 既可能线性相关，也可能线性无关，故(D) 不正确. 例如 $\boldsymbol{\alpha}_1=(1,0,0)^{\mathrm{T}},\boldsymbol{\alpha}_2=(0,1,0)^{\mathrm{T}},\boldsymbol{\alpha}_3=(2,0,0)^{\mathrm{T}},\boldsymbol{\alpha}_4=(1,1,0)^{\mathrm{T}}$，
有 $\boldsymbol{\alpha}_4=\boldsymbol{\alpha}_1+\boldsymbol{\alpha}_2$，但 $\boldsymbol{\alpha}_1,\boldsymbol{\alpha}_2,\boldsymbol{\alpha}_3$ 线性相关.

关于(A)，若 $\boldsymbol{\alpha}_1=(1,0,0)^{\mathrm{T}},\boldsymbol{\alpha}_2=(2,0,0)^{\mathrm{T}},\boldsymbol{\beta}_1=(0,1,0)^{\mathrm{T}},\boldsymbol{\beta}_2=(0,3,0)^{\mathrm{T}}$，
则有 $\boldsymbol{\alpha}_1,\boldsymbol{\alpha}_2$ 线性相关，$\boldsymbol{\beta}_1,\boldsymbol{\beta}_2$ 线性相关，但 $\boldsymbol{\alpha}_1+\boldsymbol{\beta}_1=(1,1,0)^{\mathrm{T}},\boldsymbol{\alpha}_2+\boldsymbol{\beta}_2=(2,3,0)^{\mathrm{T}}$ 线性无关，故(A) 不正确.

如 $\boldsymbol{\alpha}_4=-\boldsymbol{\alpha}_1$，可知(B) 不正确.

282 【答案】 C

【分析】 若 $\boldsymbol{\alpha}_1,\boldsymbol{\alpha}_2,\boldsymbol{\alpha}_3$ 线性无关，则由于 $\boldsymbol{\alpha}_1,\boldsymbol{\alpha}_2,\boldsymbol{\alpha}_3,\boldsymbol{\beta}$ 是四个三维向量，必线性相关，从而 $\boldsymbol{\beta}$ 可由 $\boldsymbol{\alpha}_1,\boldsymbol{\alpha}_2,\boldsymbol{\alpha}_3$ 线性表示. 故命题 ④ 正确，由此用反证法知命题 ① 也正确. 故应选(C).

若 $\boldsymbol{\alpha}_1=\boldsymbol{\alpha}_2=\boldsymbol{\alpha}_3=\boldsymbol{\beta}=(1,0,0)^{\mathrm{T}}$，则 $\boldsymbol{\alpha}_1,\boldsymbol{\alpha}_2,\boldsymbol{\alpha}_3$ 线性相关，而 $\boldsymbol{\beta}$ 能由 $\boldsymbol{\alpha}_1,\boldsymbol{\alpha}_2,\boldsymbol{\alpha}_3$ 线性表示，故命题 ② 不正确，同时也表明 $\boldsymbol{\beta}$ 能由 $\boldsymbol{\alpha}_1,\boldsymbol{\alpha}_2,\boldsymbol{\alpha}_3$ 线性表示时，$\boldsymbol{\alpha}_1,\boldsymbol{\alpha}_2,\boldsymbol{\alpha}_3$ 可以线性相关，故命题 ③ 不正确.

【评注】 ①④ 互为逆否命题，②③ 互为逆否命题. 一个命题和其逆否命题若对则全对，若错则全错，因此只要判断其一是否正确即可. 通过这几个题目，小结一下对于抽象的向量组如何判断其线性相关性.

283 【答案】 C

【分析】 $\boldsymbol{A}=[\boldsymbol{\alpha}_1,\boldsymbol{\alpha}_2,\boldsymbol{\alpha}_3,\boldsymbol{\alpha}_4]$ 经过行的初等变换变为 $\boldsymbol{B}=[\boldsymbol{\beta}_1,\boldsymbol{\beta}_2,\boldsymbol{\beta}_3,\boldsymbol{\beta}_4]$，则方程组 $\boldsymbol{Ax}=\boldsymbol{0}$ 与 $\boldsymbol{Bx}=\boldsymbol{0}$ 是同解方程组，即

$$x_1\boldsymbol{\alpha}_1+x_2\boldsymbol{\alpha}_2+x_3\boldsymbol{\alpha}_3+x_4\boldsymbol{\alpha}_4=\boldsymbol{0} \tag{1}$$

$$x_1\boldsymbol{\beta}_1+x_2\boldsymbol{\beta}_2+x_3\boldsymbol{\beta}_3+x_4\boldsymbol{\beta}_4=\boldsymbol{0} \tag{2}$$

是同解方程组，由于 $\boldsymbol{\alpha}_1,\boldsymbol{\alpha}_2,\boldsymbol{\alpha}_3,\boldsymbol{\alpha}_4$ 线性相关，方程组(1)有非零解，从而方程组(2)有非零解，故 $\boldsymbol{\beta}_1,\boldsymbol{\beta}_2,\boldsymbol{\beta}_3,\boldsymbol{\beta}_4$ 线性相关且 $\boldsymbol{A}_1=[\boldsymbol{\alpha}_1,\boldsymbol{\alpha}_2,\boldsymbol{\alpha}_3]\to\boldsymbol{B}_1=[\boldsymbol{\beta}_1,\boldsymbol{\beta}_2,\boldsymbol{\beta}_3]$，$\boldsymbol{A}_1\boldsymbol{x}=\boldsymbol{0}$ 和 $\boldsymbol{B}_1\boldsymbol{x}=\boldsymbol{0}$ 也是同解方程组，故同理 $\boldsymbol{\alpha}_1,\boldsymbol{\alpha}_2,\boldsymbol{\alpha}_3$ 线性无关，可得 $\boldsymbol{\beta}_1,\boldsymbol{\beta}_2,\boldsymbol{\beta}_3$ 线性无关，故 $\boldsymbol{\beta}_4$ 可由 $\boldsymbol{\beta}_1,\boldsymbol{\beta}_2,\boldsymbol{\beta}_3$ 线性表出，且表示法唯一. 故应选(C).

【评注】 由于方程组(1)与(2)同解，$\boldsymbol{A}$ 的列向量组与 $\boldsymbol{B}$ 的列向量组对应的向量组有相同的线性关系，这一结果可以推广到一般的矩阵. 若 $m\times n$ 阶矩阵 $\boldsymbol{A}$ 通过行的初等变换变为 $\boldsymbol{B}$，则 $\boldsymbol{A}$ 的列向量组与 $\boldsymbol{B}$ 的列向量组中对应的向量组有相同的线性关系，我们可以用这一结论求向量组的极大线性无关组，及相关的线性表示.

例：设 $\boldsymbol{A}=[\boldsymbol{\alpha}_1,\boldsymbol{\alpha}_2,\boldsymbol{\alpha}_3,\boldsymbol{\alpha}_4]$ 经过行的初等变换变为 $\boldsymbol{B}=[\boldsymbol{\beta}_1,\boldsymbol{\beta}_2,\boldsymbol{\beta}_3,\boldsymbol{\beta}_4]$，且

$$\boldsymbol{B}=\begin{bmatrix}1&0&2&0\\0&1&3&0\\0&0&0&1\\0&0&0&0\end{bmatrix}.$$

由于 $\boldsymbol{\beta}_1,\boldsymbol{\beta}_2,\boldsymbol{\beta}_4$(或 $\boldsymbol{\beta}_1,\boldsymbol{\beta}_3,\boldsymbol{\beta}_4$)是向量组 $\boldsymbol{\beta}_1,\boldsymbol{\beta}_2,\boldsymbol{\beta}_3,\boldsymbol{\beta}_4$ 的极大线性无关组，且由

$$[\boldsymbol{\alpha}_1,\boldsymbol{\alpha}_2\mid\boldsymbol{\alpha}_3]\to\left[\begin{array}{cc:c}1&0&2\\0&1&3\\0&0&0\\0&0&0\end{array}\right]$$

得 $\boldsymbol{\beta}_3=2\boldsymbol{\beta}_1+3\boldsymbol{\beta}_2$，从而，$\boldsymbol{\alpha}_1,\boldsymbol{\alpha}_2,\boldsymbol{\alpha}_4$($\boldsymbol{\alpha}_1,\boldsymbol{\alpha}_3,\boldsymbol{\alpha}_4$)是向量组 $\boldsymbol{\alpha}_1,\boldsymbol{\alpha}_2,\boldsymbol{\alpha}_3,\boldsymbol{\alpha}_4$ 的极大线性无关组，且 $\boldsymbol{\alpha}_3=2\boldsymbol{\alpha}_1+3\boldsymbol{\alpha}_2$.

易证矩阵 $\boldsymbol{A}$ 经过行的初等变换变为 $\boldsymbol{B}$，则 $\boldsymbol{A}$ 的行向量组与 $\boldsymbol{B}$ 的行向量组等价.

类似地，矩阵 $\boldsymbol{A}$ 经过列的初等变换变为 $\boldsymbol{B}$，则 $\boldsymbol{A}$ 的列向量组与 $\boldsymbol{B}$ 的列向量组等价. $\boldsymbol{A}$ 的行向量组与 $\boldsymbol{B}$ 的行向量组中对应的向量组有相同的线性关系.

284 【答案】 D

【分析】 易见 $\begin{vmatrix}1&1&0\\0&2&2\\0&0&3\end{vmatrix}\neq0$，即三维向量 $(1,0,0)^{\mathrm T},(1,2,0)^{\mathrm T},(0,2,3)^{\mathrm T}$ 线性无关.

那么 $\boldsymbol{\alpha}_1,\boldsymbol{\alpha}_2,\boldsymbol{\alpha}_3$ 必线性无关，从而 $r(\boldsymbol{\alpha}_1,\boldsymbol{\alpha}_2,\boldsymbol{\alpha}_3,\boldsymbol{\alpha}_4)=3\Leftrightarrow|\boldsymbol{\alpha}_1,\boldsymbol{\alpha}_2,\boldsymbol{\alpha}_3,\boldsymbol{\alpha}_4|=0$.

而 $$\begin{vmatrix}1&1&0&0\\0&2&2&0\\0&0&3&3\\4&0&0&a\end{vmatrix}=1\times\begin{vmatrix}2&2&0\\0&3&3\\0&0&a\end{vmatrix}+4\times(-1)^{4+1}\times\begin{vmatrix}1&0&0\\2&2&0\\0&3&3\end{vmatrix}=6a-24=0,$$

知必有 $a=4$.

285 【答案】 C

【分析】 将表出关系合并成矩阵形式有

$$[\boldsymbol{\beta}_1,\boldsymbol{\beta}_2,\boldsymbol{\beta}_3,\boldsymbol{\beta}_4,\boldsymbol{\beta}_5]=[\boldsymbol{\alpha}_1,\boldsymbol{\alpha}_2,\boldsymbol{\alpha}_3,\boldsymbol{\alpha}_4]\begin{bmatrix}1&0&0&0&2\\0&1&0&1&1\\1&0&1&1&1\\1&-1&1&0&0\end{bmatrix}\xlongequal{\text{记}}[\boldsymbol{\alpha}_1,\boldsymbol{\alpha}_2,\boldsymbol{\alpha}_3,\boldsymbol{\alpha}_4]\boldsymbol{C}=\boldsymbol{AC}.$$

因四个四维向量 $\boldsymbol{\alpha}_1,\boldsymbol{\alpha}_2,\boldsymbol{\alpha}_3,\boldsymbol{\alpha}_4$ 线性无关，故 $|\boldsymbol{\alpha}_1,\boldsymbol{\alpha}_2,\boldsymbol{\alpha}_3,\boldsymbol{\alpha}_4|\neq 0$. $\boldsymbol{A}=[\boldsymbol{\alpha}_1,\boldsymbol{\alpha}_2,\boldsymbol{\alpha}_3,\boldsymbol{\alpha}_4]$ 是可逆矩阵，故有 $r(\boldsymbol{C})=r(\boldsymbol{AC})=r(\boldsymbol{\beta}_1,\boldsymbol{\beta}_2,\boldsymbol{\beta}_3,\boldsymbol{\beta}_4,\boldsymbol{\beta}_5)$.

$$\boldsymbol{C}=\begin{bmatrix}1&0&0&0&2\\0&1&0&1&1\\1&0&1&1&1\\1&-1&1&0&0\end{bmatrix}\to\begin{bmatrix}1&0&0&0&2\\0&1&0&1&1\\0&0&1&1&-1\\0&-1&1&0&-2\end{bmatrix}\to\begin{bmatrix}1&0&0&0&2\\0&1&0&1&1\\0&0&1&1&-1\\0&0&1&1&-1\end{bmatrix}$$

$$\to\begin{bmatrix}1&0&0&0&2\\0&1&0&1&1\\0&0&1&1&-1\\0&0&0&0&0\end{bmatrix}.$$

故知 $r(\boldsymbol{\beta}_1,\boldsymbol{\beta}_2,\boldsymbol{\beta}_3,\boldsymbol{\beta}_4,\boldsymbol{\beta}_5)=r(\boldsymbol{C})=3$，故应选(C).

286 【答案】 A

【分析】 由 $\boldsymbol{\eta}_1,\boldsymbol{\eta}_2$ 是 $\boldsymbol{Ax}=\boldsymbol{0}$ 的基础解系，知 $n-r(\boldsymbol{A})=2$，有

$$r(\boldsymbol{\alpha}_1,\boldsymbol{\alpha}_2,\boldsymbol{\alpha}_3,\boldsymbol{\alpha}_4)=r(\boldsymbol{A})=2.$$

又 $\boldsymbol{A\eta}_1=\boldsymbol{0},\boldsymbol{A\eta}_2=\boldsymbol{0}$，有

$$\begin{cases}3\boldsymbol{\alpha}_1+\boldsymbol{\alpha}_2-2\boldsymbol{\alpha}_3+2\boldsymbol{\alpha}_4=\boldsymbol{0}, & (1)\\ -\boldsymbol{\alpha}_2+2\boldsymbol{\alpha}_3+\boldsymbol{\alpha}_4=\boldsymbol{0}, & (2)\end{cases}$$

(1)＋(2) 得 $$\boldsymbol{\alpha}_1=-\boldsymbol{\alpha}_4,$$

代入(1) 得 $$\boldsymbol{\alpha}_1+\boldsymbol{\alpha}_2-2\boldsymbol{\alpha}_3=\boldsymbol{0}, \qquad (3)$$

故 ① 正确.

若 $\boldsymbol{\alpha}_1,\boldsymbol{\alpha}_3$ 线性相关，不妨设 $\boldsymbol{\alpha}_1=k\boldsymbol{\alpha}_3$，由(3) 有 $\boldsymbol{\alpha}_2=(2-k)\boldsymbol{\alpha}_3$.

那么 $r(\boldsymbol{\alpha}_1,\boldsymbol{\alpha}_2,\boldsymbol{\alpha}_3,\boldsymbol{\alpha}_4)=r(k\boldsymbol{\alpha}_3,(2-k)\boldsymbol{\alpha}_3,\boldsymbol{\alpha}_3,-k\boldsymbol{\alpha}_3)\neq 2$，矛盾.

从而 $\boldsymbol{\alpha}_1,\boldsymbol{\alpha}_3$ 必线性无关，② 正确. 类似知 ④ 正确.

至于 ③$[\boldsymbol{\alpha}_1,\boldsymbol{\alpha}_1+\boldsymbol{\alpha}_2,\boldsymbol{\alpha}_3-\boldsymbol{\alpha}_4]\to[\boldsymbol{\alpha}_1,\boldsymbol{\alpha}_2,\boldsymbol{\alpha}_3]$.

287 【答案】 D

【分析】 $\boldsymbol{A}$ 为 $m\times n$ 矩阵.

$\boldsymbol{Ax}=\boldsymbol{0}$ 只有零解 $\Leftrightarrow r(\boldsymbol{A})=n$.

$\boldsymbol{Ax}=\boldsymbol{b}$ 有唯一解 $\Leftrightarrow r(\boldsymbol{A})=r(\boldsymbol{A},\boldsymbol{b})=n$.

那么当 $r(\boldsymbol{A})=n$ 时，能否保证 $r(\boldsymbol{A},\boldsymbol{b})=n$?

若 $\boldsymbol{A}$ 是 n 阶矩阵，结论肯定正确，现在 $\boldsymbol{A}$ 是 $m\times n$ 矩阵且 $m\neq n$.

考查下面的例子：

$$\begin{cases}x_1+x_2=0,\\x_1-x_2=0,\\2x_1+2x_2=0,\end{cases}\begin{cases}x_1+x_2=1,\\x_1-x_2=2,\\2x_1+2x_2=3,\end{cases}\begin{cases}x_1+x_2=1,\\x_1-x_2=3,\\2x_1+2x_2=2,\end{cases}$$

显然 $\boldsymbol{Ax}=\boldsymbol{0}$ 只有零解，但 $\boldsymbol{Ax}=\boldsymbol{b}$ 可能无解也可能有唯一解，所以(A) 不正确.

类似地，$\boldsymbol{Ax}=\boldsymbol{0}$ 有非零解 $\Leftrightarrow r(\boldsymbol{A})<n$.

由 $r(\boldsymbol{A})<n \not\Rightarrow r(\boldsymbol{A})=r(\boldsymbol{A},\boldsymbol{b})<n$. 例如

$$\begin{cases}x_1+x_2+x_3=0,\\2x_1+2x_2+2x_3=0,\end{cases}\begin{cases}x_1+x_2+x_3=1,\\2x_1+2x_2+2x_3=3,\end{cases}\begin{cases}x_1+x_2+x_3=1,\\2x_1+2x_2+2x_3=2,\end{cases}$$

当 $\boldsymbol{Ax}=\mathbf{0}$ 有非零解时，$\boldsymbol{Ax}=\boldsymbol{b}$ 可能无解，也可能有无穷多解，所以(B) 不正确.
方程组 $\boldsymbol{Ax}=\boldsymbol{b}$ 有无穷多解 $\Leftrightarrow r(\boldsymbol{A})=r(\boldsymbol{A},\boldsymbol{b})<n$.
故 $r(\boldsymbol{A})<n$，所以 $\boldsymbol{Ax}=\mathbf{0}$ 必有非零解，即(D) 正确.
复习数学要注意学习举反例.

288 【答案】 A

【分析】 $\boldsymbol{A}$ 为 $m\times n$ 矩阵，$r(\boldsymbol{A})=r$.
若 $r=m$，则 $m=r(\boldsymbol{A})\leqslant r(\boldsymbol{A},\boldsymbol{b})\leqslant m$.
于是 $r(\boldsymbol{A})=r(\boldsymbol{A},\boldsymbol{b})$，故方程组 $\boldsymbol{Ax}=\boldsymbol{b}$ 有解，即(A) 正确.
或者，由 $r(\boldsymbol{A})=m$，$\boldsymbol{A}$ 为 $m\times n$ 矩阵，知 $\boldsymbol{A}$ 的行秩为 m，即 $\boldsymbol{A}$ 的行向量组线性无关，那么其延伸组(即 $(\boldsymbol{A},\boldsymbol{b})$ 的行向量) 必线性无关，即 $(\boldsymbol{A},\boldsymbol{b})$ 的行秩为 m，亦得到 $r(\boldsymbol{A})=r(\boldsymbol{A},\boldsymbol{b})$，从而方程组 $\boldsymbol{Ax}=\boldsymbol{b}$ 有解.
关于(B) 和(D) 不正确的原因，请回看上题(1991,4).
至于(C)，$\boldsymbol{A}$ 为 n 阶矩阵，由克拉默法则知 $\boldsymbol{Ax}=\boldsymbol{b}$ 有唯一解 $\Leftrightarrow r(\boldsymbol{A})=n$. 而现在的条件为 $r(\boldsymbol{A})=r$，r 和 n 之间没有任何信息.

289 【答案】 D

【分析】 $\boldsymbol{A}$ 中有个 3 阶子式 $\begin{vmatrix}1&-1&2\\1&1&4\\1&1&1\end{vmatrix}\neq 0$，于是 $r(\boldsymbol{A})=3$.
$\boldsymbol{A}^{\mathrm{T}}$ 为 4×3 矩阵，$r(\boldsymbol{A}^{\mathrm{T}})=r(\boldsymbol{A})=3$，故 $\boldsymbol{A}^{\mathrm{T}}\boldsymbol{x}=\mathbf{0}$ 只有零解.
$\boldsymbol{A}$ 为 3×4 矩阵，$r(\boldsymbol{A})=3<4$，$\boldsymbol{Ax}=\mathbf{0}$ 必有非零解，从而可构造非零矩阵 $\boldsymbol{B}$，使 $\boldsymbol{AB}=\boldsymbol{O}$.
由 $r(\boldsymbol{A}^{\mathrm{T}}\boldsymbol{A})=r(\boldsymbol{AA}^{\mathrm{T}})=r(\boldsymbol{A})=3$，$\boldsymbol{A}^{\mathrm{T}}\boldsymbol{A}$ 是 4 阶矩阵，$\boldsymbol{AA}^{\mathrm{T}}$ 是 3 阶矩阵，故(D) 错误.

290 【答案】 A

【分析】 若 $\boldsymbol{A}^n\boldsymbol{\alpha}=\mathbf{0}$，则 $\boldsymbol{A}^{n+1}\boldsymbol{\alpha}=\boldsymbol{A}(\boldsymbol{A}^n\boldsymbol{\alpha})=\boldsymbol{A}\mathbf{0}=\mathbf{0}$，即若 $\boldsymbol{\alpha}$ 是(Ⅰ)的解，则 $\boldsymbol{\alpha}$ 必是(Ⅱ)的解，可见命题 ① 正确.
下面的问题是选(A) 还是选(B)，即 ② 与 ④ 哪一个命题正确.
如果 $\boldsymbol{A}^{n+1}\boldsymbol{\alpha}=\mathbf{0}$，而 $\boldsymbol{A}^n\boldsymbol{\alpha}\neq\mathbf{0}$，那么对于向量组 $\boldsymbol{\alpha},\boldsymbol{A\alpha},\boldsymbol{A}^2\boldsymbol{\alpha},\cdots,\boldsymbol{A}^n\boldsymbol{\alpha}$，一方面有：
若 $k\boldsymbol{\alpha}+k_1\boldsymbol{A\alpha}+k_2\boldsymbol{A}^2\boldsymbol{\alpha}+\cdots+k_n\boldsymbol{A}^n\boldsymbol{\alpha}=\mathbf{0}$，用 $\boldsymbol{A}^n$ 左乘该式的两边，并把 $\boldsymbol{A}^{n+1}\boldsymbol{\alpha}=\mathbf{0},\boldsymbol{A}^{n+2}\boldsymbol{\alpha}=\mathbf{0},\cdots$ 代入，得

$$k\boldsymbol{A}^n\boldsymbol{\alpha}=\mathbf{0}.$$

由于 $\boldsymbol{A}^n\boldsymbol{\alpha}\neq\mathbf{0}$，而知必有 $k=0$. 类似地用 $\boldsymbol{A}^{n-1}$ 左乘可得 $k_1=0,\cdots$.
因此，$\boldsymbol{\alpha},\boldsymbol{A\alpha},\boldsymbol{A}^2\boldsymbol{\alpha},\cdots,\boldsymbol{A}^n\boldsymbol{\alpha}$ 线性无关. 但另一方面，这是 $n+1$ 个 n 维向量，它们必然线性相关，两者矛盾. 故 $\boldsymbol{A}^{n+1}\boldsymbol{\alpha}=\mathbf{0}$ 时，必有 $\boldsymbol{A}^n\boldsymbol{\alpha}=\mathbf{0}$，即(Ⅱ)的解必是(Ⅰ)的解. 因此命题 ② 正确.
故命题 ①② 正确，即 $\boldsymbol{A}^n\boldsymbol{x}=\mathbf{0}$ 和 $\boldsymbol{A}^{n+1}\boldsymbol{x}=\mathbf{0}$ 是同解方程，故应选(A).

291 【答案】 D

【分析】 **方法一** 由已知条件知 $\boldsymbol{Ax}=\mathbf{0}$ 的基础解系由四个线性无关的解向量所构成. 现在(B) 中仅三个解向量，个数不合要求，故(B) 不是基础解系.
(A) 和(C) 中，都有四个解向量，但因为

$$(\boldsymbol{\eta}_1-\boldsymbol{\eta}_2)+(\boldsymbol{\eta}_2+\boldsymbol{\eta}_3)-(\boldsymbol{\eta}_3-\boldsymbol{\eta}_4)-(\boldsymbol{\eta}_4+\boldsymbol{\eta}_1)=\mathbf{0},$$
$$(\boldsymbol{\eta}_1+\boldsymbol{\eta}_2)-(\boldsymbol{\eta}_2+\boldsymbol{\eta}_3)+(\boldsymbol{\eta}_3+\boldsymbol{\eta}_4)-(\boldsymbol{\eta}_4+\boldsymbol{\eta}_1)=\mathbf{0},$$

说明(A)(C) 中的解向量组均线性相关，因而(A)(C) 也均不是基础解系.

用排除法可知(D) 入选.

方法二　对于(D)，因

$$[\boldsymbol{\eta}_1+\boldsymbol{\eta}_2,\boldsymbol{\eta}_2-\boldsymbol{\eta}_3,\boldsymbol{\eta}_3+\boldsymbol{\eta}_4,\boldsymbol{\eta}_4+\boldsymbol{\eta}_1]=[\boldsymbol{\eta}_1,\boldsymbol{\eta}_2,\boldsymbol{\eta}_3,\boldsymbol{\eta}_4]\begin{bmatrix}1&0&0&1\\1&1&0&0\\0&-1&1&0\\0&0&1&1\end{bmatrix}.$$

因为

$$\begin{vmatrix}1&0&0&1\\1&1&0&0\\0&-1&1&0\\0&0&1&1\end{vmatrix}=2\neq0,$$

所以 $\boldsymbol{\eta}_1+\boldsymbol{\eta}_2,\boldsymbol{\eta}_2-\boldsymbol{\eta}_3,\boldsymbol{\eta}_3+\boldsymbol{\eta}_4,\boldsymbol{\eta}_4+\boldsymbol{\eta}_1$ 线性无关，又因 $\boldsymbol{\eta}_1+\boldsymbol{\eta}_2,\boldsymbol{\eta}_2-\boldsymbol{\eta}_3,\boldsymbol{\eta}_3+\boldsymbol{\eta}_4,\boldsymbol{\eta}_4+\boldsymbol{\eta}_1$ 均是 $\boldsymbol{Ax}=\boldsymbol{0}$ 的解，且解向量个数为 4，所以(D) 是基础解系.

292　【答案】 C

【分析】　方程组有通解 $k\boldsymbol{\xi}+\boldsymbol{\eta}$ 知

$$\begin{aligned}\boldsymbol{\alpha}_5&=[\boldsymbol{\alpha}_1,\boldsymbol{\alpha}_2,\boldsymbol{\alpha}_3,\boldsymbol{\alpha}_4][k\boldsymbol{\xi}+\boldsymbol{\eta}]\\&=[\boldsymbol{\alpha}_1,\boldsymbol{\alpha}_2,\boldsymbol{\alpha}_3,\boldsymbol{\alpha}_4]\begin{bmatrix}k+2\\-k+1\\2k\\1\end{bmatrix}=(k+2)\boldsymbol{\alpha}_1+(1-k)\boldsymbol{\alpha}_2+2k\boldsymbol{\alpha}_3+\boldsymbol{\alpha}_4,\end{aligned}$$

即 $\boldsymbol{\alpha}_5-(k+2)\boldsymbol{\alpha}_1-(1-k)\boldsymbol{\alpha}_2-2k\boldsymbol{\alpha}_3-\boldsymbol{\alpha}_4=\boldsymbol{0}$，其中 k 是任意常数，即 $\boldsymbol{\alpha}_1,\boldsymbol{\alpha}_2,\boldsymbol{\alpha}_3,\boldsymbol{\alpha}_4,\boldsymbol{\alpha}_5$ 线性相关，上式线性组合为零中不能没有 $\boldsymbol{\alpha}_4$，而选项(C) 中没有 $\boldsymbol{\alpha}_4$，故(C) 不正确. 故应选(C).

当 $k=0$ 时(A) 成立.

$k=1$ 时(B) 成立.

$k=-2$ 时(D) 成立.

故(A)(B)(D) 均是正确的.

293　【答案】 C

【分析】　观察下标知矩阵 $\boldsymbol{A}$ 经两次列变换得到矩阵 $\boldsymbol{BA}$. 即

$$\boldsymbol{BA}=\begin{bmatrix}a_{11}&a_{12}&a_{13}\\a_{21}&a_{22}&a_{23}\\a_{31}&a_{32}&a_{33}\end{bmatrix}\begin{bmatrix}1&0&0\\0&0&1\\0&1&0\end{bmatrix}\begin{bmatrix}1&0&0\\0&4&0\\0&0&1\end{bmatrix}=\boldsymbol{A}\begin{bmatrix}1&0&0\\0&0&1\\0&4&0\end{bmatrix},$$

又矩阵 $\boldsymbol{A}$ 可逆，有 $\boldsymbol{A}^{-1}\boldsymbol{BA}=\begin{bmatrix}1&0&0\\0&0&1\\0&4&0\end{bmatrix}$，即 $\boldsymbol{B}\sim\begin{bmatrix}1&0&0\\0&0&1\\0&4&0\end{bmatrix}$.

294　【答案】 A

【分析】　若 λ 是矩阵 $\boldsymbol{A}$ 的特征值，则 λ^3 是矩阵 $\boldsymbol{A}^3=\boldsymbol{O}$ 的特征值. 由于零矩阵的特征值均为零，所以 $\lambda^3=0$，从而 $\lambda=0$，故矩阵 $\boldsymbol{A}$ 的特征值均为零. 由于 $\boldsymbol{A}$ 为实对称矩阵，从而相似于对角矩阵 $\boldsymbol{\Lambda}=\begin{bmatrix}\lambda_1&&\\&\lambda_2&\\&&\lambda_3\end{bmatrix}=\boldsymbol{O}$，所以 $r(\boldsymbol{A})=0$.

295 【答案】 A

【分析】 AA^T 是 n 阶矩阵，又

$$r(AA^T)=r(A^T)=r(A)=n,$$

所以 AA^T 必可逆，故(A) 正确.

A^TA 是 m 阶矩阵，若 $m>n$，则 $|A^TA|=0$，(B) 错误.

AA^T 与 A^TA 都是对称矩阵，必与对角矩阵相似，由于特征值不一定全为 1，故(C)(D) 均不正确.

296 【答案】 C

【分析】 因为矩阵 A 的特征值是 $0,1,-1$，因此矩阵 $A-E$ 的特征值是 $-1,0,-2$. 由于 $\lambda=0$ 是矩阵 $A-E$ 的特征值，所以 $A-E$ 不可逆. 选项(A) 正确.

因为矩阵 $A+E$ 的特征值是 $1,2,0$，矩阵 $A+E$ 有三个不同的特征值，所以 $A+E$ 可以相似对角化. 选项(B) 正确(或由 $A\sim\Lambda\Rightarrow A+E\sim\Lambda+E=\Lambda_1$，从而知 $A+E$ 可相似对角化).

因为矩阵 A 有三个不同的特征值，知

$$A\sim\Lambda=\begin{bmatrix}0&&\\&1&\\&&-1\end{bmatrix}.$$

因此，$r(A)=r(\Lambda)=2$，从而齐次方程组 $Ax=\mathbf{0}$ 的基础解系由 $n-r(A)=3-2=1$ 个解向量构成，即选项(D) 正确.

(C) 的错误在于，若 A 是实对称矩阵，则不同特征值的特征向量相互正交，本题矩阵是一般 n 阶矩阵，不同特征值的特征向量仅仅线性无关并不一定正交，故(C) 不正确. 应搞清楚这两个定理的差异.

【评注】 本题涉及的知识点有：A 与 $A+kE$ 特征值之间的关系；由 $|A|=\prod\lambda_i$ 引申的矩阵 A 可逆的充分必要条件是：0 不是矩阵 A 的特征值；相似对角化的充分条件；实对称矩阵特征值、特征向量的性质等.

297 【答案】 D

【分析】 (A) 是下三角矩阵，主对角线元素就是矩阵的特征值，因而矩阵有三个不同的特征值，所以矩阵必可以相似对角化.

(B) 是实对称矩阵，实对称矩阵必可以相似对角化.

(C) 是秩为 1 的矩阵，由 $|\lambda E-A|=\lambda^3+4\lambda^2$，知矩阵的特征值是 $-4,0,0$. 对于二重根 $\lambda=0$，由秩

$$r(0E-A)=r(A)=1$$

知齐次方程组 $(0E-A)x=\mathbf{0}$ 的基础解系有 $3-1=2$ 个线性无关的解向量，即 $\lambda=0$ 有两个线性无关的特征向量，从而矩阵必可以相似对角化.

(D) 是上三角矩阵，主对角线上的元素 $2,-1,2$ 就是矩阵的特征值，对于二重特征值 $\lambda=2$，由秩

$$r(2E-A)=r\begin{bmatrix}0&-1&-2\\0&3&-3\\0&0&0\end{bmatrix}=2$$

知齐次方程组 $(2E-A)x=\mathbf{0}$ 只有 $3-2=1$ 个线性无关的解，亦即 $\lambda=2$ 只有一个线性无关的特征向量，故矩阵必不能相似对角化. 所以应当选(D).

【评注】 (A)与(B)是矩阵相似对角化的充分条件．当特征值有重根时，有些矩阵能相似对角化，有些矩阵不能相似对角化，这时关键是检查秩，以便查清矩阵是否有 n 个线性无关的特征向量．

298 【答案】 B

【分析】 $\boldsymbol{A}\sim\boldsymbol{C}$，即存在可逆阵 $\boldsymbol{P}$，使 $\boldsymbol{P}^{-1}\boldsymbol{AP}=\boldsymbol{C}$．$\boldsymbol{B}\sim\boldsymbol{D}$，即存在可逆阵 $\boldsymbol{Q}$，使 $\boldsymbol{Q}^{-1}\boldsymbol{BQ}=\boldsymbol{D}$，故存在可逆阵 $\begin{bmatrix}\boldsymbol{P}&\boldsymbol{O}\\\boldsymbol{O}&\boldsymbol{Q}\end{bmatrix}$，使得

$$\begin{bmatrix}\boldsymbol{P}&\boldsymbol{O}\\\boldsymbol{O}&\boldsymbol{Q}\end{bmatrix}^{-1}\begin{bmatrix}\boldsymbol{A}&\boldsymbol{O}\\\boldsymbol{O}&\boldsymbol{B}\end{bmatrix}\begin{bmatrix}\boldsymbol{P}&\boldsymbol{O}\\\boldsymbol{O}&\boldsymbol{Q}\end{bmatrix}=\begin{bmatrix}\boldsymbol{P}^{-1}&\boldsymbol{O}\\\boldsymbol{O}&\boldsymbol{Q}^{-1}\end{bmatrix}\begin{bmatrix}\boldsymbol{A}&\boldsymbol{O}\\\boldsymbol{O}&\boldsymbol{B}\end{bmatrix}\begin{bmatrix}\boldsymbol{P}&\boldsymbol{O}\\\boldsymbol{O}&\boldsymbol{Q}\end{bmatrix}=\begin{bmatrix}\boldsymbol{P}^{-1}\boldsymbol{AP}&\boldsymbol{O}\\\boldsymbol{O}&\boldsymbol{Q}^{-1}\boldsymbol{BQ}\end{bmatrix}=\begin{bmatrix}\boldsymbol{C}&\boldsymbol{O}\\\boldsymbol{O}&\boldsymbol{D}\end{bmatrix},$$

得 $\begin{bmatrix}\boldsymbol{A}&\boldsymbol{O}\\\boldsymbol{O}&\boldsymbol{B}\end{bmatrix}\sim\begin{bmatrix}\boldsymbol{C}&\boldsymbol{O}\\\boldsymbol{O}&\boldsymbol{D}\end{bmatrix}$，应选(B)．

(A)(C)(D)显然不成立．

若 $\boldsymbol{A}=\begin{bmatrix}1&0\\0&2\end{bmatrix}$ 和 $\boldsymbol{C}=\begin{bmatrix}2&0\\0&1\end{bmatrix}$，$\boldsymbol{B}=\begin{bmatrix}1&1\\0&0\end{bmatrix}$ 和 $\boldsymbol{D}=\begin{bmatrix}1&0\\0&0\end{bmatrix}$，有 $\boldsymbol{A}\sim\boldsymbol{C}$ 和 $\boldsymbol{B}\sim\boldsymbol{D}$，

但 $\boldsymbol{A}+\boldsymbol{B}=\begin{bmatrix}2&1\\0&2\end{bmatrix}$ 和 $\boldsymbol{C}+\boldsymbol{D}=\begin{bmatrix}3&0\\0&1\end{bmatrix}$ 不相似．

$\boldsymbol{AB}=\begin{bmatrix}1&1\\0&0\end{bmatrix}$ 和 $\boldsymbol{CD}=\begin{bmatrix}2&0\\0&0\end{bmatrix}$ 不相似．

关于(D)，请说出 $\begin{bmatrix}0&0&1&0\\0&0&0&2\\1&1&0&0\\0&0&0&0\end{bmatrix}$ 和 $\begin{bmatrix}0&0&2&0\\0&0&0&1\\1&0&0&0\\0&0&0&0\end{bmatrix}$ 不相似的理由．

299 【答案】 D

【分析】 $\boldsymbol{\alpha\alpha}^{\mathrm{T}}$ 是秩为1的矩阵，由于 $\boldsymbol{\alpha}^{\mathrm{T}}\boldsymbol{\alpha}=1$，故 $\boldsymbol{\alpha\alpha}^{\mathrm{T}}$ 的特征值是1，0，0，所以矩阵 $\boldsymbol{A}$ 的特征值为5，2，2．

又因 $\boldsymbol{A}$ 是实对称矩阵，必可相似对角化，故应选(D)．

你能否写出此时的可逆矩阵 $\boldsymbol{P}$，使得 $\boldsymbol{P}^{-1}\boldsymbol{AP}=\begin{bmatrix}2&&\\&2&\\&&5\end{bmatrix}$ 吗？

300 【答案】 C

【分析】 (A) $q=0$ 是正定的必要条件．

(B)是正定的充分条件，正定不要求特征值全为1．

(D)矩阵 $\boldsymbol{C}$ 缺少条件可逆，即若 $\boldsymbol{C}$ 可逆且 $\boldsymbol{A}=\boldsymbol{C}^{\mathrm{T}}\boldsymbol{C}$，则 $\boldsymbol{A}$ 与 $\boldsymbol{E}$ 合同．

301 【答案】 C

【分析】
$$\boldsymbol{x}^{\mathrm{T}}\boldsymbol{Ax}=2x_1^2+(x_2+x_3)^2 \text{ 与 } \boldsymbol{y}^{\mathrm{T}}\boldsymbol{By}=y_1^2+3y_2^2,$$
有相同的正、负惯性指数，$\boldsymbol{A}$ 与 $\boldsymbol{B}$ 一定合同．

又
$$|\lambda\boldsymbol{E}-\boldsymbol{A}|=\begin{vmatrix}\lambda-2&0&0\\0&\lambda-1&-1\\0&-1&\lambda-1\end{vmatrix}=\lambda(\lambda-2)^2,$$

A 的特征值是 2,2,0,B 的特征值是 1,3,0,从而 A 和 B 不相似.

302 【答案】 C

【分析】 A 和 B 合同 $\Leftrightarrow$ 二次型 $x^{T}Ax$ 和 $x^{T}Bx$ 有相同的正、负惯性指数.

由 A,B 相似,知 A 和 B 有相同的特征值 $\Rightarrow$ 二次型 $x^{T}Ax$ 和 $x^{T}Bx$ 有相同的标准形 $\Rightarrow A$ 和 B 合同.(A) 正确.

由 A,B 合同 $\Rightarrow A$ 和 B 有相同的正、负惯性指数 $\Rightarrow A$ 和 B 的特征值有相同的正、负号,而 B 和 $9B$ 的特征值是 9 倍的关系,从而 A 和 $9B$ 的特征值有相同的正、负号,故 A 和 $9B$ 有相同的正、负惯性指数,(B) 正确.

因为 A 和 $A+kE$ 的正、负惯性指数不一定相同,从而 $A+kE$ 和 $B+kE$ 的正、负惯性指数可以不同. 例如

$$A=\begin{bmatrix}1 & \\ & 2\end{bmatrix},B=\begin{bmatrix}3 & \\ & 4\end{bmatrix};A-E=\begin{bmatrix}0 & \\ & 1\end{bmatrix},B-E=\begin{bmatrix}2 & \\ & 3\end{bmatrix},$$故(C) 不正确.

若 A 和 B 合同,则存在可逆矩阵 C 使 $C^{T}AC=B$. 因为 C 可逆,所以

$$r(B)=r(C^{T}AC)=r(AC)=r(A),$$

即(D) 正确.

303 【答案】 D

【分析】 将初等行、列变换,用左、右乘初等阵表出,由题设得

$$AE_{ij}=B,E_{ij}B=C,$$

故

$$C=E_{ij}B=E_{ij}AE_{ij}.$$

因 $E_{ij}=E_{ij}^{T}=E_{ij}^{-1}$,故

$$C=E_{ij}AE_{ij}=E_{ij}^{-1}AE_{ij}=E_{ij}^{T}AE_{ij},$$

即 $C\cong A,C\sim A$,且 $C\simeq A$,故应选(D).

304 【答案】 B

【分析】 按定义,若存在可逆矩阵 C 使 $C^{T}AC=B$,则称 A 与 B 合同.

因为矩阵 C 可逆,故有

$$r(A)=r(C^{T}AC)=r(B),$$

即(B) 正确.

注意,若 $A=\begin{bmatrix}1 & 0\\0 & 1\end{bmatrix},B=\begin{bmatrix}1 & 0\\0 & 4\end{bmatrix},C=\begin{bmatrix}1 & 0\\0 & 2\end{bmatrix}$,则有 $C^{T}AC=B$,即 A 与 B 合同. 此时 A 的特征值是 1,1,B 的特征值是 1,4;$(3,2)^{T}$ 是 A 的特征向量,但不是 B 的特征向量;$|A|=1$,$|B|=4$ 亦不相同. 说明(A)(C)(D) 均不正确.

【评注】 实对称矩阵 A 与 B 合同的必要条件是 $r(A)=r(B)$,注意 $r(A)=r(B)$ 时,A 与 B 不一定合同,这些地方不要混淆. A 与 B 合同的充分条件是有相同的特征值.

305 【答案】 B

【分析】 二次型 $x^{T}Ax$ 经正交变换 $x=Qy$ 化为新的二次型 $y^{T}By$,由于

$$x^{T}Ax=(Qy)^{T}A(Qy)=y^{T}(Q^{T}AQ)y,$$

则有 $Q^{T}AQ=B$,即原二次型矩阵 A 和新二次型矩阵 B 合同,又因 Q 是正交矩阵,$Q^{T}=Q^{-1}$,故

$$Q^{T}AQ=Q^{-1}AQ=B,$$

故 $\boldsymbol{A}$ 和 $\boldsymbol{B}$ 又相似.

因此在正交变换下，二次型矩阵 $\boldsymbol{A}$ 与 $\boldsymbol{B}$ 不仅合同而且相似.

因为两个实对称矩阵相似的充分必要条件是有相同的特征值，现在

$$|\lambda\boldsymbol{E}-\boldsymbol{A}|=\begin{vmatrix}\lambda-1 & -3 & 0\\ -3 & \lambda-1 & 0\\ 0 & 0 & \lambda-2\end{vmatrix}=(\lambda-2)(\lambda-4)(\lambda+2),$$

知矩阵 $\boldsymbol{A}$ 的特征值是 $2,4,-2$，和对角阵 $\boldsymbol{B}$ 的特征值相同，所以应当选(B).

【评注】 如果你选择的是(A)，看看是不是用了配方法？用配方法得到的矩阵仅仅合同并不相似，这一点要理解清楚.(D) 是二次型 f 的规范形的矩阵，除非二次型矩阵的特征值恰好是(D) 的对角元素 $1,1,-1$，本题不是，故仍然是只合同不相似.

本题中，与矩阵 $\boldsymbol{A}$ 合同的矩阵是(A)(B)(D)，与 $\boldsymbol{A}$ 既相似又合同的是(B).

解　答　题

306 【解】 对 $\boldsymbol{A}^*\boldsymbol{B}\boldsymbol{A}=2\boldsymbol{B}\boldsymbol{A}-9\boldsymbol{E}$ 左乘 $\boldsymbol{A}$，得

$$\boldsymbol{A}\boldsymbol{A}^*\boldsymbol{B}\boldsymbol{A}=2\boldsymbol{A}\boldsymbol{B}\boldsymbol{A}-9\boldsymbol{A}.$$

由 $\boldsymbol{A}\boldsymbol{A}^*=|\boldsymbol{A}|\boldsymbol{E}$，现 $|\boldsymbol{A}|=\begin{vmatrix}1 & 1 & 0\\ 0 & 1 & 0\\ 0 & 0 & -1\end{vmatrix}=-1$，整理得

$$2\boldsymbol{A}\boldsymbol{B}\boldsymbol{A}+\boldsymbol{B}\boldsymbol{A}=9\boldsymbol{A}.$$

右乘 $\boldsymbol{A}^{-1}$，得

$$2\boldsymbol{A}\boldsymbol{B}+\boldsymbol{B}=9\boldsymbol{E}.$$

故 $\boldsymbol{B}=9(2\boldsymbol{A}+\boldsymbol{E})^{-1}=9\begin{bmatrix}3 & 2 & 0\\ 0 & 3 & 0\\ 0 & 0 & -1\end{bmatrix}^{-1}=\begin{bmatrix}3 & -2 & 0\\ 0 & 3 & 0\\ 0 & 0 & -9\end{bmatrix}.$

307 【解】 (1) 由 $\boldsymbol{A}\boldsymbol{B}=\boldsymbol{A}+\boldsymbol{B}$ 有 $\boldsymbol{A}\boldsymbol{B}-\boldsymbol{B}-\boldsymbol{A}+\boldsymbol{E}=\boldsymbol{E}$，即

$$(\boldsymbol{A}-\boldsymbol{E})\boldsymbol{B}-(\boldsymbol{A}-\boldsymbol{E})=\boldsymbol{E},$$

从而 $(\boldsymbol{A}-\boldsymbol{E})(\boldsymbol{B}-\boldsymbol{E})=\boldsymbol{E}$. 故矩阵 $\boldsymbol{A}-\boldsymbol{E}$ 可逆.

(2) 因 $\boldsymbol{A}-\boldsymbol{E}$ 可逆且 $(\boldsymbol{A}-\boldsymbol{E})^{-1}=\boldsymbol{B}-\boldsymbol{E}$，

有 $(\boldsymbol{A}-\boldsymbol{E})(\boldsymbol{B}-\boldsymbol{E})=(\boldsymbol{B}-\boldsymbol{E})(\boldsymbol{A}-\boldsymbol{E})$，即有 $\boldsymbol{A}\boldsymbol{B}=\boldsymbol{B}\boldsymbol{A}$，

于是 $r(\boldsymbol{A}\boldsymbol{B}-\boldsymbol{B}\boldsymbol{A}+2\boldsymbol{E})=r(2\boldsymbol{E})=n$.

(3) 由(1) 知 $(\boldsymbol{B}-\boldsymbol{E})^{-1}=\boldsymbol{A}-\boldsymbol{E}$，那么

$$\boldsymbol{A}=\boldsymbol{E}+(\boldsymbol{B}-\boldsymbol{E})^{-1}=\begin{bmatrix}1 & & \\ & 1 & \\ & & 1\end{bmatrix}+\begin{bmatrix}0 & 1 & 0\\ 0 & 2 & 1\\ 1 & 0 & 0\end{bmatrix}^{-1}=\begin{bmatrix}1 & 0 & 1\\ 1 & 1 & 0\\ -2 & 1 & 1\end{bmatrix}.$$

308 【解】 矩阵 $\boldsymbol{A},\boldsymbol{B}$ 等价 $\Leftrightarrow r(\boldsymbol{A})=r(\boldsymbol{B})$.

因 $|\boldsymbol{A}|=0$ 且 $r(\boldsymbol{A})=2$，故 $|\boldsymbol{B}|=0$，即 $a=0$. 且 $a=0$ 时 $r(\boldsymbol{B})=2$.

$$\boldsymbol{A}=\begin{bmatrix}1 & 1 & 0\\ 0 & 1 & -1\\ 1 & 0 & 1\end{bmatrix}\xrightarrow[\boldsymbol{P}_1]{\text{行}}\begin{bmatrix}1 & 1 & 0\\ 0 & 1 & -1\\ 0 & -1 & 1\end{bmatrix}\xrightarrow[\boldsymbol{P}_2]{\text{行}}\begin{bmatrix}1 & 1 & 0\\ 0 & 1 & -1\\ 0 & 0 & 0\end{bmatrix}\xrightarrow[\boldsymbol{Q}_1]{\text{列}}\begin{bmatrix}1 & 0 & 0\\ 0 & 1 & -1\\ 0 & 0 & 0\end{bmatrix}\xrightarrow[\boldsymbol{Q}_2]{\text{列}}\begin{bmatrix}1 & 0 & 0\\ 0 & 1 & 0\\ 0 & 0 & 0\end{bmatrix},$$

其中 $\boldsymbol{P}_1=\begin{bmatrix}1 & 0 & 0\\ 0 & 1 & 0\\ -1 & 0 & 1\end{bmatrix}$，$\boldsymbol{P}_2=\begin{bmatrix}1 & 0 & 0\\ 0 & 1 & 0\\ 0 & 1 & 1\end{bmatrix}$，$\boldsymbol{Q}_1=\begin{bmatrix}1 & -1 & 0\\ 0 & 1 & 0\\ 0 & 0 & 1\end{bmatrix}$，$\boldsymbol{Q}_2=\begin{bmatrix}1 & 0 & 0\\ 0 & 1 & 1\\ 0 & 0 & 1\end{bmatrix}$.

$$\boldsymbol{B}=\begin{bmatrix}1&-2&0\\0&0&3\\0&0&1\end{bmatrix}\xrightarrow[\boldsymbol{Q}_3]{列}\begin{bmatrix}1&0&0\\0&0&3\\0&0&1\end{bmatrix}\xrightarrow[\boldsymbol{P}_3]{行}\begin{bmatrix}1&0&0\\0&0&0\\0&0&1\end{bmatrix}\xrightarrow[\boldsymbol{P}_4]{行}\begin{bmatrix}1&0&0\\0&0&1\\0&0&0\end{bmatrix}\xrightarrow[\boldsymbol{Q}_4]{列}\begin{bmatrix}1&0&0\\0&1&0\\0&0&0\end{bmatrix},$$

于是 $\boldsymbol{P}_2\boldsymbol{P}_1\boldsymbol{A}\boldsymbol{Q}_1\boldsymbol{Q}_2=\boldsymbol{P}_4\boldsymbol{P}_3\boldsymbol{B}\boldsymbol{Q}_3\boldsymbol{Q}_4$，$\boldsymbol{P}_3^{-1}\boldsymbol{P}_4^{-1}\boldsymbol{P}_2\boldsymbol{P}_1\boldsymbol{A}\boldsymbol{Q}_1\boldsymbol{Q}_2\boldsymbol{Q}_4^{-1}\boldsymbol{Q}_3^{-1}=\boldsymbol{B}$.

$$故\ \boldsymbol{P}=\boldsymbol{P}_3^{-1}\boldsymbol{P}_4^{-1}\boldsymbol{P}_2\boldsymbol{P}_1=\begin{bmatrix}1&0&0\\0&1&-3\\0&0&1\end{bmatrix}^{-1}\begin{bmatrix}1&0&0\\0&0&1\\0&1&0\end{bmatrix}^{-1}\begin{bmatrix}1&0&0\\0&1&0\\0&1&1\end{bmatrix}\begin{bmatrix}1&0&0\\0&1&0\\-1&0&1\end{bmatrix}$$

$$=\begin{bmatrix}1&0&0\\-1&4&1\\0&1&0\end{bmatrix},$$

$$\boldsymbol{Q}=\boldsymbol{Q}_1\boldsymbol{Q}_2\boldsymbol{Q}_4^{-1}\boldsymbol{Q}_3^{-1}=\begin{bmatrix}1&-3&-1\\0&1&1\\0&1&0\end{bmatrix}.$$

注意，矩阵 $\boldsymbol{P},\boldsymbol{Q}$ 不唯一.

309 【解】 (1) 由

$$|\boldsymbol{\alpha}_1,\boldsymbol{\alpha}_2,\boldsymbol{\alpha}_3,\boldsymbol{\alpha}_4|=\begin{vmatrix}1&2&0&3\\4&7&1&10\\0&1&-1&b\\2&3&a&4\end{vmatrix}=\begin{vmatrix}1&0&0&0\\4&-1&1&-2\\0&1&-1&b\\2&-1&a&-2\end{vmatrix}=(a-1)(b-2),$$

故 $a=1$ 或 $b=2$ 时向量组 $\boldsymbol{\alpha}_1,\boldsymbol{\alpha}_2,\boldsymbol{\alpha}_3,\boldsymbol{\alpha}_4$ 线性相关.

(2) 当 $b=2$ 时

$$[\boldsymbol{\alpha}_1,\boldsymbol{\alpha}_2,\boldsymbol{\alpha}_3\mid\boldsymbol{\alpha}_4]=\left[\begin{array}{ccc:c}1&2&0&3\\4&7&1&10\\0&1&-1&2\\2&3&a&4\end{array}\right]\to\left[\begin{array}{ccc:c}1&0&2&-1\\&1&-1&2\\&&a-1&0\\&&&0\end{array}\right].$$

$\forall a,\boldsymbol{\alpha}_4$ 均可由 $\boldsymbol{\alpha}_1,\boldsymbol{\alpha}_2,\boldsymbol{\alpha}_3$ 线性表示，

如 $a\neq1,b=2$ 有 $\boldsymbol{\alpha}_4=-\boldsymbol{\alpha}_1+2\boldsymbol{\alpha}_2$；

如 $a=1,b=2$ 有 $\boldsymbol{\alpha}_4=(-1-2t)\boldsymbol{\alpha}_1+(2+t)\boldsymbol{\alpha}_2+t\boldsymbol{\alpha}_3$，$t$ 为任意常数；

当 $a=1$ 时

$$[\boldsymbol{\alpha}_1,\boldsymbol{\alpha}_2,\boldsymbol{\alpha}_3\mid\boldsymbol{\alpha}_4]=\left[\begin{array}{ccc:c}1&2&0&3\\4&7&1&10\\0&1&-1&b\\2&3&1&4\end{array}\right]\to\left[\begin{array}{ccc:c}1&2&0&3\\&1&-1&b\\&&&b-2\\&&&0\end{array}\right].$$

如 $b\neq2,\boldsymbol{\alpha}_4$ 不能由 $\boldsymbol{\alpha}_1,\boldsymbol{\alpha}_2,\boldsymbol{\alpha}_3$ 线性表示.

若 $a=1,b=2,\boldsymbol{\alpha}_4$ 可由 $\boldsymbol{\alpha}_1,\boldsymbol{\alpha}_2,\boldsymbol{\alpha}_3$ 线性表示，表示法同上.

(3) 当 $a=1$ 且 $b=2$ 时，$r(\boldsymbol{\alpha}_1,\boldsymbol{\alpha}_2,\boldsymbol{\alpha}_3,\boldsymbol{\alpha}_4)=2$，极大线性无关组为 $\boldsymbol{\alpha}_1,\boldsymbol{\alpha}_2$；

当 $a=1$ 且 $b\neq2$ 时，$r(\boldsymbol{\alpha}_1,\boldsymbol{\alpha}_2,\boldsymbol{\alpha}_3,\boldsymbol{\alpha}_4)=3$，极大线性无关组为 $\boldsymbol{\alpha}_1,\boldsymbol{\alpha}_2,\boldsymbol{\alpha}_4$；

当 $a\neq1$ 且 $b=2$ 时，$r(\boldsymbol{\alpha}_1,\boldsymbol{\alpha}_2,\boldsymbol{\alpha}_3,\boldsymbol{\alpha}_4)=3$，极大线性无关组为 $\boldsymbol{\alpha}_1,\boldsymbol{\alpha}_2,\boldsymbol{\alpha}_3$.

310 【解】 (1) 由题设知 $r(\boldsymbol{A})=r(\boldsymbol{B})$，对矩阵 $\boldsymbol{A},\boldsymbol{B}$ 分别作初等行变换.

$$\boldsymbol{A}=\begin{bmatrix}1&0&2\\1&-1&0\\0&1&2\end{bmatrix}\to\begin{bmatrix}1&0&2\\0&-1&-2\\0&1&2\end{bmatrix}\to\begin{bmatrix}1&0&2\\0&1&2\\0&0&0\end{bmatrix},$$

$$\boldsymbol{B}=\begin{bmatrix}-1&2&2\\2&-1&2\\-2&2&a\end{bmatrix}\to\begin{bmatrix}1&-2&-2\\0&3&6\\0&-2&a-4\end{bmatrix}\to\begin{bmatrix}1&-2&-2\\0&1&2\\0&0&a\end{bmatrix},$$

所以 $a=0$.

(2) 由于 $\boldsymbol{PA}=\boldsymbol{B}\Leftrightarrow\boldsymbol{A}^{\mathrm{T}}\boldsymbol{P}^{\mathrm{T}}=\boldsymbol{B}^{\mathrm{T}}$，问题转化为求满足 $\boldsymbol{A}^{\mathrm{T}}\boldsymbol{P}^{\mathrm{T}}=\boldsymbol{B}^{\mathrm{T}}$ 的所有可逆矩阵 $\boldsymbol{P}$.

考虑矩阵方程 $\boldsymbol{A}^{\mathrm{T}}\boldsymbol{X}=\boldsymbol{B}^{\mathrm{T}}$，记 $\boldsymbol{X}=[\boldsymbol{x}_1,\boldsymbol{x}_2,\boldsymbol{x}_3]$，$\boldsymbol{B}^{\mathrm{T}}=[\boldsymbol{\beta}_1,\boldsymbol{\beta}_2,\boldsymbol{\beta}_3]$，则有

$$\boldsymbol{A}^{\mathrm{T}}[\boldsymbol{x}_1,\boldsymbol{x}_2,\boldsymbol{x}_3]=[\boldsymbol{A}^{\mathrm{T}}\boldsymbol{x}_1,\boldsymbol{A}^{\mathrm{T}}\boldsymbol{x}_2,\boldsymbol{A}^{\mathrm{T}}\boldsymbol{x}_3]=[\boldsymbol{\beta}_1,\boldsymbol{\beta}_2,\boldsymbol{\beta}_3],$$

所以求解 $\boldsymbol{A}^{\mathrm{T}}\boldsymbol{X}=\boldsymbol{B}^{\mathrm{T}}$ 可以转化为求解三个方程组 $\boldsymbol{A}^{\mathrm{T}}\boldsymbol{x}_i=\boldsymbol{\beta}_i(i=1,2,3)$. 对矩阵 $[\boldsymbol{A}^{\mathrm{T}}\,\vdots\,\boldsymbol{B}^{\mathrm{T}}]$ 作初等行变换：

$$[\boldsymbol{A}^{\mathrm{T}}\,\vdots\,\boldsymbol{B}^{\mathrm{T}}]=\left[\begin{array}{ccc:ccc}1&1&0&-1&2&-2\\0&-1&1&2&-1&2\\2&0&2&2&2&0\end{array}\right]\to\left[\begin{array}{ccc:ccc}1&1&0&-1&2&-2\\0&-1&1&2&-1&2\\0&0&0&0&0&0\end{array}\right]$$

$$\to\left[\begin{array}{ccc:ccc}1&0&1&1&1&0\\0&1&-1&-2&1&-2\\0&0&0&0&0&0\end{array}\right].$$

所以 $\boldsymbol{A}^{\mathrm{T}}\boldsymbol{x}=\boldsymbol{0}$ 的基础解系为 $\boldsymbol{\xi}=\begin{bmatrix}-1\\1\\1\end{bmatrix}$，

方程组 $\boldsymbol{A}^{\mathrm{T}}\boldsymbol{x}_1=\boldsymbol{\beta}_1$ 的通解为 $\boldsymbol{\eta}_1=k_1\begin{bmatrix}-1\\1\\1\end{bmatrix}+\begin{bmatrix}1\\-2\\0\end{bmatrix}=\begin{bmatrix}1-k_1\\-2+k_1\\k_1\end{bmatrix}$，$k_1$ 为任意常数，

方程组 $\boldsymbol{A}^{\mathrm{T}}\boldsymbol{x}_2=\boldsymbol{\beta}_2$ 的通解为 $\boldsymbol{\eta}_2=k_2\begin{bmatrix}-1\\1\\1\end{bmatrix}+\begin{bmatrix}1\\1\\0\end{bmatrix}=\begin{bmatrix}1-k_2\\1+k_2\\k_2\end{bmatrix}$，$k_2$ 为任意常数，

方程组 $\boldsymbol{A}^{\mathrm{T}}\boldsymbol{x}_3=\boldsymbol{\beta}_3$ 的通解为 $\boldsymbol{\eta}_3=k_3\begin{bmatrix}-1\\1\\1\end{bmatrix}+\begin{bmatrix}0\\-2\\0\end{bmatrix}=\begin{bmatrix}-k_3\\-2+k_3\\k_3\end{bmatrix}$，$k_3$ 为任意常数.

满足 $\boldsymbol{A}^{\mathrm{T}}\boldsymbol{X}=\boldsymbol{B}^{\mathrm{T}}$ 的 $\boldsymbol{X}=\begin{bmatrix}1-k_1&1-k_2&-k_3\\-2+k_1&1+k_2&-2+k_3\\k_1&k_2&k_3\end{bmatrix}$，

当 $|\boldsymbol{X}|=\begin{vmatrix}1-k_1&1-k_2&-k_3\\-2+k_1&1+k_2&-2+k_3\\k_1&k_2&k_3\end{vmatrix}=3k_3+2(k_2-k_1)\neq0$ 时，$\boldsymbol{X}$ 可逆.

故所求可逆矩阵 $\boldsymbol{P}=\boldsymbol{X}^{\mathrm{T}}=\begin{bmatrix}1-k_1&-2+k_1&k_1\\1-k_2&1+k_2&k_2\\-k_3&-2+k_3&k_3\end{bmatrix}$，其中 k_1,k_2,k_3 为满足 $3k_3+2(k_2-k_1)\neq0$ 的任意常数.

311 【解】 由 $[\boldsymbol{\alpha}_1,\boldsymbol{\alpha}_2,\boldsymbol{\alpha}_3]=\begin{bmatrix}1&3&9\\2&0&6\\-3&-8&-25\end{bmatrix}\to\begin{bmatrix}1&3&9\\0&1&2\\0&0&0\end{bmatrix}$，知 $r(\text{Ⅰ})=2$.

因 $\forall a$，$\boldsymbol{\beta}_1,\boldsymbol{\beta}_2$ 坐标不成比例知 $\boldsymbol{\beta}_1,\boldsymbol{\beta}_2$ 一定线性无关. 那么

$$r(\text{Ⅱ})=2\Leftrightarrow|\boldsymbol{\beta}_1,\boldsymbol{\beta}_2,\boldsymbol{\beta}_3|=0,$$

即 $\begin{vmatrix} 0 & a & b \\ 1 & 2 & 1 \\ -1 & -3 & 0 \end{vmatrix} = \begin{vmatrix} 0 & a & b \\ 0 & -1 & 1 \\ -1 & -3 & 0 \end{vmatrix} = -b-a=0$，得 $a=-b$.

由 $\boldsymbol{\beta}_2$ 可由(Ⅰ)线性表示 $\Leftrightarrow \boldsymbol{\beta}_2$ 可由 $\boldsymbol{\alpha}_1,\boldsymbol{\alpha}_2$ 线性表示(因 $r(\text{Ⅰ})=2$，$\boldsymbol{\alpha}_1,\boldsymbol{\alpha}_2$ 为极大无关组)，

$$\left[\begin{array}{cc:c} 1 & 3 & a \\ 2 & 0 & 2 \\ -3 & -8 & -3 \end{array}\right] \to \left[\begin{array}{cc:c} 1 & 3 & a \\ 0 & 1 & 3a-3 \\ 0 & 0 & 8a-8 \end{array}\right],$$

故 $a=1,b=-1$.

由 $r(\text{Ⅰ})=r(\text{Ⅱ})=2$

$$\boldsymbol{\alpha}_1=\begin{bmatrix}1\\2\\-3\end{bmatrix},\boldsymbol{\alpha}_2=\begin{bmatrix}3\\0\\-8\end{bmatrix} \text{与 } \boldsymbol{\beta}_1=\begin{bmatrix}0\\1\\-1\end{bmatrix},\boldsymbol{\beta}_2=\begin{bmatrix}1\\2\\-3\end{bmatrix}$$

分别是(Ⅰ)和(Ⅱ)的极大线性无关组. 易见 $\boldsymbol{\beta}_1$ 不能由 $\boldsymbol{\alpha}_1,\boldsymbol{\alpha}_2$ 线性表示，故向量组(Ⅰ)和(Ⅱ)不等价.

312 【解】 $\boldsymbol{Ax}=\boldsymbol{b}$ 有无穷多解 $\Leftrightarrow r(\boldsymbol{A})=r(\overline{\boldsymbol{A}})<n$，

$$\overline{\boldsymbol{A}}=\left[\begin{array}{ccc:c} 1 & -2 & -3 & 1 \\ 1 & 2 & 2a-1 & 1 \\ a & 2 & a & 1 \end{array}\right] \to \left[\begin{array}{ccc:c} 1 & -2 & -3 & 1 \\ 0 & 2 & a+1 & 0 \\ 0 & 2+2a & 4a & 1-a \end{array}\right] \to \left[\begin{array}{ccc:c} 1 & -2 & -3 & 1 \\ 0 & 2 & a+1 & 0 \\ 0 & 0 & (a-1)^2 & a-1 \end{array}\right].$$

当 $a=1$ 时，$r(\boldsymbol{A})=r(\overline{\boldsymbol{A}})=2<3$，方程组有无穷多解.

$a=1$ 代入

$$\overline{\boldsymbol{A}} \to \left[\begin{array}{ccc:c} 1 & 0 & -1 & 1 \\ 0 & 1 & 1 & 0 \\ 0 & 0 & 0 & 0 \end{array}\right],$$

方程组通解为：$(1,0,0)^{\mathrm{T}}+k(1,-1,1)^{\mathrm{T}}$，$k$ 为任意常数.

313 【解】 方程组系数矩阵的行列式为

$$|\boldsymbol{A}|=\begin{vmatrix} 1 & 1 & 1 \\ 1 & 2 & a \\ 1 & 4 & a^2 \end{vmatrix}=(a-1)(a-2).$$

由 $|\boldsymbol{A}|=0$，得 $a=1$ 或 $a=2$.

当 $a=1$ 时，

$$[\boldsymbol{A} \vdots \boldsymbol{\beta}]=\left[\begin{array}{ccc:c} 1 & 1 & 1 & 1 \\ 1 & 2 & 1 & 3 \\ 1 & 4 & 1 & 7 \end{array}\right] \to \left[\begin{array}{ccc:c} 1 & 1 & 1 & 1 \\ 0 & 1 & 0 & 2 \\ 0 & 3 & 0 & 6 \end{array}\right] \to \left[\begin{array}{ccc:c} 1 & 1 & 1 & 1 \\ 0 & 1 & 0 & 2 \\ 0 & 0 & 0 & 0 \end{array}\right] \to \left[\begin{array}{ccc:c} 1 & 0 & 1 & -1 \\ 0 & 1 & 0 & 2 \\ 0 & 0 & 0 & 0 \end{array}\right],$$

因为 $r(\boldsymbol{A} \vdots \boldsymbol{\beta})=r(\boldsymbol{A})=2<3$，故方程组 $\boldsymbol{Ax}=\boldsymbol{\beta}$ 有无穷多解，同解方程组为

$$\begin{cases} x_1=-x_3-1, \\ x_2=2, \end{cases}$$

通解为 $\begin{pmatrix}x_1\\x_2\\x_3\end{pmatrix}=c\begin{pmatrix}-1\\0\\1\end{pmatrix}+\begin{pmatrix}-1\\2\\0\end{pmatrix}$，$c$ 为任意常数.

当 $a=2$ 时，

$$[\boldsymbol{A} \vdots \boldsymbol{\beta}]=\left[\begin{array}{ccc:c} 1 & 1 & 1 & 1 \\ 1 & 2 & 2 & 3 \\ 1 & 4 & 4 & 7 \end{array}\right] \to \left[\begin{array}{ccc:c} 1 & 1 & 1 & 1 \\ 0 & 1 & 1 & 2 \\ 0 & 3 & 3 & 6 \end{array}\right] \to \left[\begin{array}{ccc:c} 1 & 1 & 1 & 1 \\ 0 & 1 & 1 & 2 \\ 0 & 0 & 0 & 0 \end{array}\right] \to \left[\begin{array}{ccc:c} 1 & 0 & 0 & -1 \\ 0 & 1 & 1 & 2 \\ 0 & 0 & 0 & 0 \end{array}\right],$$

因为 $r(\boldsymbol{A} \vdots \boldsymbol{\beta})=r(\boldsymbol{A})=2<3$，故方程组 $\boldsymbol{Ax}=\boldsymbol{\beta}$ 有无穷多解，同解方程组为

$$\begin{cases} x_1=-1, \\ x_2=-x_3+2, \end{cases}$$

通解为 $\begin{pmatrix} x_1 \\ x_2 \\ x_3 \end{pmatrix}=c\begin{pmatrix} 0 \\ -1 \\ 1 \end{pmatrix}+\begin{pmatrix} -1 \\ 2 \\ 0 \end{pmatrix}$，$c$ 为任意常数.

314 【解】 (1) 设 $\boldsymbol{A\beta}=\lambda\boldsymbol{\beta}$，即

$$\begin{bmatrix} 1 & a & -1 \\ 1 & 1 & -1 \\ 0 & 4 & b \end{bmatrix}\begin{bmatrix} 1 \\ 1 \\ 2 \end{bmatrix}=\lambda\begin{bmatrix} 1 \\ 1 \\ 2 \end{bmatrix},$$

有
$$\begin{cases} 1+a-2=\lambda, \\ 1+1-2=\lambda, \\ 0+4+2b=2\lambda, \end{cases}$$

解出 $\lambda=0, a=1, b=-2$.

(2) 由 $\boldsymbol{A}^2=\begin{bmatrix} 1 & 1 & -1 \\ 1 & 1 & -1 \\ 0 & 4 & -2 \end{bmatrix}\begin{bmatrix} 1 & 1 & -1 \\ 1 & 1 & -1 \\ 0 & 4 & -2 \end{bmatrix}=\begin{bmatrix} 2 & -2 & 0 \\ 2 & -2 & 0 \\ 4 & -4 & 0 \end{bmatrix}$,

$$[\boldsymbol{A}^2 \mid \boldsymbol{\beta}]=\left[\begin{array}{ccc:c} 2 & -2 & 0 & 1 \\ 2 & -2 & 0 & 1 \\ 4 & -4 & 0 & 2 \end{array}\right]\to\left[\begin{array}{ccc:c} 1 & -1 & 0 & \frac{1}{2} \\ 0 & 0 & 0 & 0 \\ 0 & 0 & 0 & 0 \end{array}\right],$$

$$n-r(\boldsymbol{A}^2)=3-1=2,$$

解出方程组通解：$\left(\frac{1}{2},0,0\right)^{\mathrm{T}}+k_1(1,1,0)^{\mathrm{T}}+k_2(0,0,1)^{\mathrm{T}}$，$k_1,k_2$ 为任意常数.

315 【解】 如果存在经过 A,B,C 的曲线 $y=k_1x+k_2x^2+k_3x^3$，则应有

$$\begin{cases} k_1+k_2+k_3=1, \\ 2k_1+4k_2+8k_3=2, \\ ak_1+a^2k_2+a^3k_3=1, \end{cases}$$

对增广矩阵作初等行变换，有

$$[\boldsymbol{A} \mid \boldsymbol{b}]=\left[\begin{array}{ccc:c} 1 & 1 & 1 & 1 \\ 2 & 4 & 8 & 2 \\ a & a^2 & a^3 & 1 \end{array}\right]\to\left[\begin{array}{ccc:c} 1 & 1 & 1 & 1 \\ 0 & 1 & 3 & 0 \\ 0 & a^2-a & a^3-a & 1-a \end{array}\right]\to\left[\begin{array}{ccc:c} 1 & 0 & -2 & 1 \\ 0 & 1 & 3 & 0 \\ 0 & 0 & a(a-1)(a-2) & 1-a \end{array}\right].$$

(1) 当 $a\neq0, a\neq1, a\neq2$ 时，方程组有唯一解，

$$k_1=1-\frac{2}{a(a-2)}, k_2=\frac{3}{a(a-2)}, k_3=\frac{-1}{a(a-2)},$$

则曲线方程为

$$y=\frac{a^2-2a-2}{a(a-2)}x+\frac{3}{a(a-2)}x^2-\frac{1}{a(a-2)}x^3.$$

(2) 当 $a=1$ 时，点 A,C 是重点，此时

$$[\boldsymbol{A} \mid \boldsymbol{b}]\to\left[\begin{array}{ccc:c} 1 & 0 & -2 & 1 \\ 0 & 1 & 3 & 0 \\ 0 & 0 & 0 & 0 \end{array}\right],$$

方程组有无穷多解
$$\begin{bmatrix}k_1\\k_2\\k_3\end{bmatrix}=\begin{bmatrix}1\\0\\0\end{bmatrix}+t\begin{bmatrix}2\\-3\\1\end{bmatrix}.$$
那么经过 $A(C)$,B 三点的曲线为
$$y=(1+2t)x-3tx^2+tx^3,t\text{ 为任意常数}.$$
(3) 当 $a=0$ 或 $a=2$ 时
$$r(\boldsymbol{A})=2,r(\boldsymbol{A},\boldsymbol{b})=3,$$
方程组无解,此时不存在满足题中要求的曲线.

316 【解】 (1) 对增广矩阵作初等行变换,有
$$\overline{\boldsymbol{A}}=\left[\begin{array}{cccc:c}1&-2&3&4&5\\2&-4&5&6&7\\4&a&9&10&11\end{array}\right]\to\left[\begin{array}{cccc:c}1&-2&3&4&5\\0&a+8&0&0&0\\0&0&1&2&3\end{array}\right],$$
$\forall a$,恒有 $r(\boldsymbol{A})=r(\overline{\boldsymbol{A}})$,方程组总有解.

当 $a=-8$ 时,$r(\boldsymbol{A})=r(\overline{\boldsymbol{A}})=2$,
$$\overline{\boldsymbol{A}}\to\left[\begin{array}{cccc:c}1&-2&0&-2&-4\\&&1&2&3\\&&&0&0\end{array}\right]$$
得通解:$(-4,0,3,0)^{\mathrm{T}}+k_1(2,1,0,0)^{\mathrm{T}}+k_2(2,0,-2,1)^{\mathrm{T}}$,$k_1,k_2$ 为任意常数.

当 $a\neq-8$ 时,$r(\boldsymbol{A})=r(\overline{\boldsymbol{A}})=3$,
$$\overline{\boldsymbol{A}}\to\left[\begin{array}{cccc:c}1&0&0&-2&-4\\&1&0&0&0\\&&1&2&3\end{array}\right]$$
得通解:$(-4,0,3,0)^{\mathrm{T}}+k(2,0,-2,1)^{\mathrm{T}}$,$k$ 为任意常数.

(2) 当 $a=-8$ 时,如 $x_1=x_2$,有
$$-4+2k_1+2k_2=0+k_1+0,\text{即 }k_1=4-2k_2.$$
令 $k_2=t,k_1=4-2t$,代入整理得
$$\boldsymbol{x}=(4,4,3,0)^{\mathrm{T}}+t(-2,-2,-2,1)^{\mathrm{T}},t\text{ 为任意常数}.$$
当 $a\neq-8$ 时,如 $x_1=x_2$,有
$$-4+2k=0+0,\text{即 }k=2.$$
有唯一解:$(0,0,-1,2)^{\mathrm{T}}$.

317 【证明】 必要性:如 $\boldsymbol{A}^2=\boldsymbol{A}$,则 $\boldsymbol{A}(\boldsymbol{A}-\boldsymbol{E})=\boldsymbol{O}$,

于是 $r(\boldsymbol{A})+r(\boldsymbol{A}-\boldsymbol{E})\leqslant n$. (1)

又 $r(\boldsymbol{A})+r(\boldsymbol{A}-\boldsymbol{E})=r(\boldsymbol{A})+r(\boldsymbol{E}-\boldsymbol{A})$
$$\geqslant r[\boldsymbol{A}+(\boldsymbol{E}-\boldsymbol{A})]$$
$$=r(\boldsymbol{E}),$$
即 $r(\boldsymbol{A})+r(\boldsymbol{A}-\boldsymbol{E})\geqslant n$. (2)

比较(1)(2) 得 $r(\boldsymbol{A})+r(\boldsymbol{A}-\boldsymbol{E})=n$.

充分性:设 $r(\boldsymbol{A})=r$,则 $r(\boldsymbol{A}-\boldsymbol{E})=n-r$.

于是 $\boldsymbol{Ax}=\boldsymbol{0}$ 有 $n-r$ 个线性无关的解,设为 $\boldsymbol{\alpha}_{r+1},\boldsymbol{\alpha}_{r+2},\cdots,\boldsymbol{\alpha}_n$.

$(\boldsymbol{E}-\boldsymbol{A})\boldsymbol{x}=\boldsymbol{0}$ 有 $n-(n-r)$ 个线性无关的解,设为 $\boldsymbol{\alpha}_1,\boldsymbol{\alpha}_2,\cdots,\boldsymbol{\alpha}_r$.

即矩阵 $\boldsymbol{A}$,

对特征值 $\lambda=1$ 有 r 个线性无关的特征向量.

对特征值 $\lambda=0$ 有 $n-r$ 个线性无关的特征向量.

令 $P=[\alpha_1,\alpha_2,\cdots,\alpha_n]$，则 P 可逆，且 $P^{-1}AP=\Lambda=\begin{bmatrix}E_r & \\ & O\end{bmatrix}$. 而 $P^{-1}A^2P=\Lambda^2=\Lambda$，那么 $P^{-1}A^2P=P^{-1}AP$. 故必有 $A^2=A$.

318 【解】(1) 由已知条件，有

$$A[\alpha_1,\alpha_2,\alpha_3]=[3\alpha_1+4\alpha_3,2\alpha_1-\alpha_2+2\alpha_3,-2\alpha_1-3\alpha_3]$$
$$=[\alpha_1,\alpha_2,\alpha_3]\begin{bmatrix}3 & 2 & -2\\0 & -1 & 0\\4 & 2 & -3\end{bmatrix}.$$

记 $P=[\alpha_1,\alpha_2,\alpha_3]$，由 $\alpha_1,\alpha_2,\alpha_3$ 线性无关，知 P 为可逆矩阵.

记 $B=\begin{bmatrix}3 & 2 & -2\\0 & -1 & 0\\4 & 2 & -3\end{bmatrix}$，则有 $AP=PB$，即 $P^{-1}AP=B$，矩阵 A 和 B 相似.

又 $|\lambda E-B|=\begin{vmatrix}\lambda-3 & -2 & 2\\0 & \lambda+1 & 0\\-4 & -2 & \lambda+3\end{vmatrix}=(\lambda+1)\begin{vmatrix}\lambda-3 & 2\\-4 & \lambda+3\end{vmatrix}=(\lambda-1)(\lambda+1)^2$，

所以矩阵 B 的特征值为 $1,-1,-1$. 那么矩阵 A 的特征值亦为 $1,-1,-1$.

(2) 当 $\lambda=-1$ 时，

$$-E-B=\begin{bmatrix}-4 & -2 & 2\\0 & 0 & 0\\-4 & -2 & 2\end{bmatrix},$$

有 $r(-E-B)=1$，$n-r(-E-B)=3-1=2$，即矩阵 B 对特征值 $\lambda=-1$ 有两个线性无关的特征向量. 从而 $B\sim\Lambda$，因 $A\sim B$，故 A 可相似对角化.

(3) 因 $A\sim\begin{bmatrix}1 & & \\ & -1 & \\ & & -1\end{bmatrix}$，有 $A+E\sim\begin{bmatrix}2 & & \\ & 0 & \\ & & 0\end{bmatrix}$，因 A 可逆，于是

$$r(A^2+A)=r[A(A+E)]=r(A+E)=1.$$

319 【解】A 的特征多项式

$$|\lambda E-A|=\begin{vmatrix}\lambda-2 & -a & -1\\0 & \lambda+1 & 0\\-3 & -2 & \lambda\end{vmatrix}=(\lambda+1)\begin{vmatrix}\lambda-2 & -1\\-3 & \lambda\end{vmatrix}=(\lambda+1)^2(\lambda-3).$$

因 A 有 3 个线性无关的特征向量，于是 $\lambda=-1$ 必有 2 个线性无关的特征向量，从而秩 $r(-E-A)=1$，求出 $a=2$.

对 $\lambda=3$，由 $(3E-A)x=0$ 得特征向量 $\alpha_1=(1,0,1)^T$.

对 $\lambda=-1$，由 $(-E-A)x=0$ 得特征向量 $\alpha_2=(1,0,-3)^T$，$\alpha_3=(0,1,-2)^T$.

令 $P=[\alpha_1,\alpha_2,\alpha_3]=\begin{bmatrix}1 & 1 & 0\\0 & 0 & 1\\1 & -3 & -2\end{bmatrix}$，有 $P^{-1}AP=\Lambda=\begin{bmatrix}3 & & \\ & -1 & \\ & & -1\end{bmatrix}$.

于是 $P^{-1}A^nP=\Lambda^n$.

$$A^n=P\Lambda^nP^{-1}$$
$$=\begin{bmatrix}1 & 1 & 0\\0 & 0 & 1\\1 & -3 & -2\end{bmatrix}\begin{bmatrix}3^n & & \\ & (-1)^n & \\ & & (-1)^n\end{bmatrix}\frac{1}{4}\begin{bmatrix}3 & 2 & 1\\1 & -2 & -1\\0 & 4 & 0\end{bmatrix}$$

$$=\frac{1}{4}\begin{bmatrix}3^{n+1}+(-1)^n & 2\cdot 3^n+2\cdot(-1)^{n+1} & 3^n+(-1)^{n+1}\\ 0 & 4\cdot(-1)^n & 0\\ 3^{n+1}-3(-1)^n & 2\cdot 3^n-2\cdot(-1)^n & 3^n+3(-1)^n\end{bmatrix}.$$

320 【证明】（用定义法）

设 $$k_1(\boldsymbol{\beta}+\boldsymbol{\alpha}_1)+k_2(\boldsymbol{\beta}+\boldsymbol{\alpha}_2)+\cdots+k_t(\boldsymbol{\beta}+\boldsymbol{\alpha}_t)=\mathbf{0}, \tag{1}$$

即 $$(k_1+k_2+\cdots+k_t)\boldsymbol{\beta}+k_1\boldsymbol{\alpha}_1+k_2\boldsymbol{\alpha}_2+\cdots+k_t\boldsymbol{\alpha}_t=\mathbf{0}, \tag{2}$$

因 $\boldsymbol{\alpha}_1,\boldsymbol{\alpha}_2,\cdots,\boldsymbol{\alpha}_t$ 是 $\boldsymbol{Ax}=\mathbf{0}$ 的解，有 $\boldsymbol{A\alpha}_i=\mathbf{0}(i=1,2,\cdots,t)$，又 $\boldsymbol{\beta}$ 不是 $\boldsymbol{Ax}=\mathbf{0}$ 的解，有 $\boldsymbol{A\beta}\neq\mathbf{0}$. 用 $\boldsymbol{A}$ 左乘式(2)，并把 $\boldsymbol{A\alpha}_i=\mathbf{0}$ 代入，得

$$(k_1+k_2+\cdots+k_t)\boldsymbol{A\beta}=\mathbf{0}. \tag{3}$$

由 $\boldsymbol{A\beta}\neq\mathbf{0}$ 知

$$k_1+k_2+\cdots+k_t=0. \tag{4}$$

把式(4)代入式(2)，有

$$k_1\boldsymbol{\alpha}_1+k_2\boldsymbol{\alpha}_2+\cdots+k_t\boldsymbol{\alpha}_t=\mathbf{0}. \tag{5}$$

因 $\boldsymbol{\alpha}_1,\boldsymbol{\alpha}_2,\cdots,\boldsymbol{\alpha}_t$ 是 $\boldsymbol{Ax}=\mathbf{0}$ 的基础解系，知 $\boldsymbol{\alpha}_1,\boldsymbol{\alpha}_2,\cdots,\boldsymbol{\alpha}_t$ 必线性无关.

由式(5)，按线性无关定义，知必有

$$k_1=0,k_2=0,\cdots,k_t=0,$$

从而 $\boldsymbol{\beta}+\boldsymbol{\alpha}_1,\boldsymbol{\beta}+\boldsymbol{\alpha}_2,\cdots,\boldsymbol{\beta}+\boldsymbol{\alpha}_t$ 线性无关.

321 【解】(1) 矩阵 $\boldsymbol{A}$ 的特征多项式为

$$|\lambda\boldsymbol{E}-\boldsymbol{A}|=\begin{vmatrix}\lambda-3 & -1 & -2\\ 0 & \lambda-2 & 0\\ 1-t & 1 & \lambda-t\end{vmatrix}=(\lambda-2)[\lambda^2-(3+t)\lambda+t+2],$$

由题设矩阵 $\boldsymbol{A}$ 有二重特征值，所以 $\lambda^2-(3+t)\lambda+t+2$ 有因式 $(\lambda-2)$，或 $\lambda^2-(3+t)\lambda+t+2$ 为完全平方项.

若 $\lambda^2-(3+t)\lambda+t+2$ 有因式 $(\lambda-2)$，则 2 为 $\lambda^2-(3+t)\lambda+t+2=0$ 的根.

即 $2^2-2(3+t)+t+2=0$，得 $t=0$. 此时

$$|\lambda\boldsymbol{E}-\boldsymbol{A}|=\begin{vmatrix}\lambda-3 & -1 & -2\\ 0 & \lambda-2 & 0\\ 1 & 1 & \lambda\end{vmatrix}=(\lambda-2)(\lambda^2-3\lambda+2)=(\lambda-2)^2(\lambda-1).$$

故矩阵 $\boldsymbol{A}$ 的特征值为 2,2,1.

若 $\lambda^2-(3+t)\lambda+t+2$ 为完全平方项，则 $(3+t)^2-4(t+2)=0$，即 $(t+1)^2=0$，得 $t=-1$. 此时

$$|\lambda\boldsymbol{E}-\boldsymbol{A}|=\begin{vmatrix}\lambda-3 & -1 & -2\\ 0 & \lambda-2 & 0\\ 2 & 1 & \lambda+1\end{vmatrix}=(\lambda-2)(\lambda-1)^2.$$

故矩阵 $\boldsymbol{A}$ 的特征值为 2,1,1.

综上，$t=0$ 或 $t=-1$.

(2) 当 $t=0$ 时，对于二重特征值 2，由于 $r(2\boldsymbol{E}-\boldsymbol{A})=r\begin{bmatrix}-1 & -1 & -2\\ 0 & 0 & 0\\ 1 & 1 & 2\end{bmatrix}=1$，所以属于二重特征值 2 的线性无关的特征向量有 2 个，此时矩阵 $\boldsymbol{A}$ 能相似于对角矩阵.

解方程组 $(2\boldsymbol{E}-\boldsymbol{A})\boldsymbol{x}=\mathbf{0}$，求得属于特征值 2 的线性无关的特征向量为

$$\boldsymbol{\alpha}_1=\begin{pmatrix}-1\\1\\0\end{pmatrix},\boldsymbol{\alpha}_2=\begin{pmatrix}-2\\0\\1\end{pmatrix},$$

解方程组$(E-A)x=0$，求得属于特征值1的特征向量$\alpha_3=\begin{pmatrix}-1\\0\\1\end{pmatrix}$.

令$P=[\alpha_1,\alpha_2,\alpha_3]=\begin{bmatrix}-1&-2&-1\\1&0&0\\0&1&1\end{bmatrix}$，则$P^{-1}AP=\begin{bmatrix}2&&\\&2&\\&&1\end{bmatrix}$.

当$t=-1$时，由于$r(E-A)=r\begin{bmatrix}-2&-1&-2\\0&-1&0\\2&1&2\end{bmatrix}=2$，所以属于二重特征值1的线性无关的特征向量只有1个，此时矩阵A不能相似于对角矩阵.

【评注】 本题需要确定参数t，根据已知条件矩阵有二重特征值，分析重根的情况，可求出参数t的两个值，这里容易错误地只求出一个t值. 之后要根据t取不同的值讨论矩阵能否相似对角化.

322 【解】 由题设得

$$A[\alpha_1,\alpha_2,\alpha_3]=[A\alpha_1,A\alpha_2,A\alpha_3]=[\alpha_1,2\alpha_1+t\alpha_2,\alpha_1+2\alpha_3]=[\alpha_1,\alpha_2,\alpha_3]\begin{bmatrix}1&2&1\\0&t&0\\0&0&2\end{bmatrix}.$$

由于$\alpha_1,\alpha_2,\alpha_3$线性无关，所以$P=[\alpha_1,\alpha_2,\alpha_3]$可逆，且$P^{-1}AP=\begin{bmatrix}1&2&1\\0&t&0\\0&0&2\end{bmatrix}$，即矩阵$A$与矩阵$B=\begin{bmatrix}1&2&1\\0&t&0\\0&0&2\end{bmatrix}$相似.

解$|\lambda E-B|=\begin{vmatrix}\lambda-1&-2&-1\\0&\lambda-t&0\\0&0&\lambda-2\end{vmatrix}=(\lambda-1)(\lambda-t)(\lambda-2)=0$，得矩阵$B$的特征值为$1,2,t$.

当$t\neq1,2$时，矩阵B有3个互不相同的特征值，从而B可以相似于对角矩阵.

当$t=1$时，矩阵$B=\begin{bmatrix}1&2&1\\0&1&0\\0&0&2\end{bmatrix}$的特征值为$1,1,2$.

对于二重特征值1，由于$r(E-B)=r\begin{bmatrix}0&-2&-1\\0&0&0\\0&0&-1\end{bmatrix}=2$，于是方程组$(E-B)x=0$的基础解系由一个非零向量构成，故矩阵$B$属于二重特征值1的线性无关的特征向量只有一个，所以矩阵B不能相似于对角矩阵.

当$t=2$时，矩阵$B=\begin{bmatrix}1&2&1\\0&2&0\\0&0&2\end{bmatrix}$的特征值为$1,2,2$.

对于二重特征值2，由于$r(2E-B)=r\begin{bmatrix}1&-2&-1\\0&0&0\\0&0&0\end{bmatrix}=1$，于是方程组$(2E-B)x=0$的基础解系由两个无关向量构成，故矩阵$B$属于二重特征值2的线性无关的特征向量有两个，所以矩阵B能相似于对角矩阵.

综上，当 $t\neq 1$ 时，矩阵 $\boldsymbol{A}$ 能相似于对角矩阵，当 $t=1$ 时，矩阵 $\boldsymbol{A}$ 不能相似于对角矩阵.

【评注】 这是一道综合题，考核点为矩阵运算与相似对角化. 本题要讨论全面，注意特征值互不相同时，矩阵一定能相似于对角矩阵，当特征多项式有重根时，我们只要关注重根的情况就可以了，每一个特征值的重数与属于它线性无关特征向量的个数相等时，矩阵能相似于对角矩阵，否则不能相似于对角矩阵.

323 **【解】** (1) 设 $\boldsymbol{A\alpha}=\lambda\boldsymbol{\alpha}$，即

$$\begin{bmatrix}1&-1&1\\2&a&-2\\-3&b&5\end{bmatrix}\begin{bmatrix}1\\-2\\3\end{bmatrix}=\lambda\begin{bmatrix}1\\-2\\3\end{bmatrix},$$

有

$$\begin{cases}1+2+3=\lambda,\\2-2a-6=-2\lambda,\\-3-2b+15=3\lambda,\end{cases}$$

解出 $\lambda=6,a=4,b=-3$.

(2) 由特征多项式

$$|\lambda\boldsymbol{E}-\boldsymbol{A}|=\begin{vmatrix}\lambda-1&1&-1\\-2&\lambda-4&2\\3&3&\lambda-5\end{vmatrix}=(\lambda-2)^2(\lambda-6),$$

得矩阵 $\boldsymbol{A}$ 的特征值为 $\lambda_1=\lambda_2=2,\lambda_3=6$.

对 $\lambda=2$，由 $(2\boldsymbol{E}-\boldsymbol{A})\boldsymbol{x}=\boldsymbol{0}$，

$$2\boldsymbol{E}-\boldsymbol{A}=\begin{bmatrix}1&1&-1\\-2&-2&2\\3&3&-3\end{bmatrix}\to\begin{bmatrix}1&1&-1\\0&0&0\\0&0&0\end{bmatrix},$$

得基础解系 $\boldsymbol{\alpha}_1=(-1,1,0)^{\mathrm{T}},\boldsymbol{\alpha}_2=(1,0,1)^{\mathrm{T}}$.

由于 $\lambda=2$ 有 2 个线性无关的特征向量，故 $\boldsymbol{A}\sim\boldsymbol{\Lambda}$.

令 $\boldsymbol{P}=[\boldsymbol{\alpha}_1,\boldsymbol{\alpha}_2,\boldsymbol{\alpha}]=\begin{bmatrix}-1&1&1\\1&0&-2\\0&1&3\end{bmatrix}$，则有 $\boldsymbol{P}^{-1}\boldsymbol{AP}=\begin{bmatrix}2&&\\&2&\\&&6\end{bmatrix}$.

324 **【解】** (1) 因为实对称矩阵的不同特征值对应的特征向量相互正交，

所以 $\boldsymbol{\alpha}_1^{\mathrm{T}}\boldsymbol{\alpha}_2=-1-a-1=0$，得 $a=-2$.

设 $\lambda=0$ 的特征向量为 $\boldsymbol{\alpha}=(x_1,x_2,x_3)^{\mathrm{T}}$，则有

$$\begin{cases}\boldsymbol{\alpha}_1^{\mathrm{T}}\boldsymbol{\alpha}=-x_1-x_2+x_3=0,\\\boldsymbol{\alpha}_2^{\mathrm{T}}\boldsymbol{\alpha}=x_1-2x_2-x_3=0,\end{cases}$$

得基础解系为 $(1,0,1)^{\mathrm{T}}$.

因此，矩阵 $\boldsymbol{A}$ 属于特征值 $\lambda=0$ 的特征向量为

$$k(1,0,1)^{\mathrm{T}},k\neq 0.$$

(2) 由 $\boldsymbol{A\alpha}_1=\boldsymbol{\alpha}_1,\boldsymbol{A\alpha}_2=-2\boldsymbol{\alpha}_2,\boldsymbol{A\alpha}=0\boldsymbol{\alpha}$，有

$$\boldsymbol{A}[\boldsymbol{\alpha}_1,\boldsymbol{\alpha}_2,\boldsymbol{\alpha}]=[\boldsymbol{\alpha}_1,-2\boldsymbol{\alpha}_2,\boldsymbol{0}],$$

故

$$\begin{aligned}\boldsymbol{A}&=[\boldsymbol{\alpha}_1,-2\boldsymbol{\alpha}_2,\boldsymbol{0}][\boldsymbol{\alpha}_1,\boldsymbol{\alpha}_2,\boldsymbol{\alpha}]^{-1}\\&=\begin{bmatrix}-1&-2&0\\-1&4&0\\1&2&0\end{bmatrix}\begin{bmatrix}-1&1&1\\-1&-2&0\\1&-1&1\end{bmatrix}^{-1}=\begin{bmatrix}0&1&0\\1&-1&-1\\0&-1&0\end{bmatrix}.\end{aligned}$$

于是 $\boldsymbol{x}^{\mathrm{T}}\boldsymbol{Ax}=-x_2^2+2x_1x_2-2x_2x_3$.

(3)$\boldsymbol{A}$ 的特征值：1，−2，0，

$\boldsymbol{A}+k\boldsymbol{E}$ 的特征值：$k+1,k-2,k$，

规范形是 $y_1^2+y_2^2-y_3^2$，$p=2,q=1$.

$$\begin{cases}k+1>0,\\k>0,\\k-2<0,\end{cases}\quad \text{所以 } k\in(0,2).$$

325 【解】 二次型矩阵

$$\boldsymbol{A}=\begin{bmatrix}0&1&-1\\1&2&a\\-1&a&0\end{bmatrix}.$$

(1) 因二次型的秩为 2，即 $r(\boldsymbol{A})=2$，$\boldsymbol{A}$ 中有 $\begin{vmatrix}0&1\\1&2\end{vmatrix}\neq 0$，故 $r(\boldsymbol{A})=2\Leftrightarrow|\boldsymbol{A}|=0$.

由 $|\boldsymbol{A}|=-2a-2=0$，所以 $a=-1$.

(2) $|\lambda\boldsymbol{E}-\boldsymbol{A}|=\begin{vmatrix}\lambda&-1&1\\-1&\lambda-2&1\\1&1&\lambda\end{vmatrix}=\lambda(\lambda-3)(\lambda+1)$，

矩阵 $\boldsymbol{A}$ 的特征值：3，0，−1.

由 $(3\boldsymbol{E}-\boldsymbol{A})\boldsymbol{x}=\boldsymbol{0}$ 得单位特征向量 $\boldsymbol{\gamma}_1=\dfrac{1}{\sqrt{6}}(-1,-2,1)^{\mathrm{T}}$.

由 $(0\boldsymbol{E}-\boldsymbol{A})\boldsymbol{x}=\boldsymbol{0}$ 得单位特征向量 $\boldsymbol{\gamma}_2=\dfrac{1}{\sqrt{3}}(-1,1,1)^{\mathrm{T}}$.

由 $(-\boldsymbol{E}-\boldsymbol{A})\boldsymbol{x}=\boldsymbol{0}$ 得单位特征向量 $\boldsymbol{\gamma}_3=\dfrac{1}{\sqrt{2}}(1,0,1)^{\mathrm{T}}$.

令 $\boldsymbol{Q}=[\boldsymbol{\gamma}_1,\boldsymbol{\gamma}_2,\boldsymbol{\gamma}_3]=\begin{bmatrix}-\dfrac{1}{\sqrt{6}}&-\dfrac{1}{\sqrt{3}}&\dfrac{1}{\sqrt{2}}\\-\dfrac{2}{\sqrt{6}}&\dfrac{1}{\sqrt{3}}&0\\\dfrac{1}{\sqrt{6}}&\dfrac{1}{\sqrt{3}}&\dfrac{1}{\sqrt{2}}\end{bmatrix}$，经 $\boldsymbol{x}=\boldsymbol{Q}\boldsymbol{y}$ 有 $\boldsymbol{x}^{\mathrm{T}}\boldsymbol{A}\boldsymbol{x}=\boldsymbol{y}^{\mathrm{T}}\boldsymbol{\Lambda}\boldsymbol{y}=3y_1^2-y_3^2$.

(3)$\boldsymbol{A}+k\boldsymbol{E}$ 的特征值为 $k+3,k,k-1$.

当 $k>1$ 时，$\boldsymbol{A}+k\boldsymbol{E}$ 的特征值全大于 0，矩阵是正定矩阵.

326 【解】 (1) 由 $\boldsymbol{A}^2-2\boldsymbol{A}=3\boldsymbol{E}$，有 $\boldsymbol{A}\cdot\dfrac{1}{3}(\boldsymbol{A}-2\boldsymbol{E})=\boldsymbol{E}$.

所以 $\boldsymbol{A}$ 可逆且 $\boldsymbol{A}^{-1}=\dfrac{1}{3}(\boldsymbol{A}-2\boldsymbol{E})$.

(2) 设 λ 是 $\boldsymbol{A}$ 的特征值，$\boldsymbol{\alpha}$ 是对应的特征向量，即 $\boldsymbol{A}\boldsymbol{\alpha}=\lambda\boldsymbol{\alpha}$，$\boldsymbol{\alpha}\neq\boldsymbol{0}$.

由 $\boldsymbol{A}^2-2\boldsymbol{A}-3\boldsymbol{E}=\boldsymbol{O}$ 有 $\lambda^2-2\lambda-3=0$，则 $\boldsymbol{A}$ 的特征值为 3 或 −1，那么 $\boldsymbol{A}+2\boldsymbol{E}$ 的特征值是 5 或 1.

由 $|\boldsymbol{A}+2\boldsymbol{E}|=25$，从而 $\boldsymbol{A}$ 的特征值只能是 3，3，−1，于是

$$|\boldsymbol{A}-\boldsymbol{E}|=2\cdot 2\cdot(-2)=-8.$$

(3) 因 $(\boldsymbol{A}^{\mathrm{T}}\boldsymbol{A})^{\mathrm{T}}=\boldsymbol{A}^{\mathrm{T}}(\boldsymbol{A}^{\mathrm{T}})^{\mathrm{T}}=\boldsymbol{A}^{\mathrm{T}}\boldsymbol{A}$，即 $\boldsymbol{A}^{\mathrm{T}}\boldsymbol{A}$ 是对称矩阵.

由 $\boldsymbol{A}$ 可逆，对 $\boldsymbol{A}^{\mathrm{T}}\boldsymbol{A}=\boldsymbol{A}^{\mathrm{T}}\boldsymbol{E}\boldsymbol{A}$ 知 $\boldsymbol{A}^{\mathrm{T}}\boldsymbol{A}$ 与 $\boldsymbol{E}$ 合同，从而 $\boldsymbol{A}^{\mathrm{T}}\boldsymbol{A}$ 是正定矩阵.

327 【解】 二次型的矩阵 $\boldsymbol{A}=\begin{bmatrix}1&2&-1\\2&a+3&1\\-1&1&a\end{bmatrix}$，由题设知二次型的正负惯性指数均为1，所以 $r(\boldsymbol{A})=2$.

矩阵 $\boldsymbol{A}$ 中有二阶非零子式 $\begin{vmatrix}1&-1\\2&1\end{vmatrix}$，又 $|\boldsymbol{A}|=\begin{vmatrix}1&2&-1\\2&a+3&1\\-1&1&a\end{vmatrix}=(a-4)(a+2)$，故 $a=4$ 或 $a=-2$.

当 $a=4$ 时，

$$\begin{aligned}f(x_1,x_2,x_3)&=x_1^2+7x_2^2+4x_3^2+4x_1x_2+2x_2x_3-2x_1x_3\\&=x_1^2+2x_1(2x_2-x_3)+(2x_2-x_3)^2-(2x_2-x_3)^2+2x_2x_3+7x_2^2+4x_3^2\\&=(x_1+2x_2-x_3)^2+3x_2^2+3x_3^2+6x_2x_3\\&=(x_1+2x_2-x_3)^2+3(x_2+x_3)^2,\end{aligned}$$

此时，二次型的正惯性指数为2，不符合题意.

当 $a=-2$ 时，

$$\begin{aligned}f(x_1,x_2,x_3)&=x_1^2+x_2^2-2x_3^2+4x_1x_2+2x_2x_3-2x_1x_3\\&=x_1^2+2x_1(2x_2-x_3)+(2x_2-x_3)^2-(2x_2-x_3)^2+2x_2x_3+x_2^2-2x_3^2\\&=(x_1+2x_2-x_3)^2-3x_2^2-3x_3^2+6x_2x_3\\&=(x_1+2x_2-x_3)^2-3(x_2-x_3)^2.\end{aligned}$$

令 $\begin{cases}z_1=x_1+2x_2-x_3,\\z_2=\sqrt{3}(x_2-x_3),\\z_3=x_3,\end{cases}$ 即 $\begin{bmatrix}x_1\\x_2\\x_3\end{bmatrix}=\begin{bmatrix}1&\frac{-2}{\sqrt{3}}&-1\\0&\frac{1}{\sqrt{3}}&1\\0&0&1\end{bmatrix}\begin{bmatrix}z_1\\z_2\\z_3\end{bmatrix}$，有 $f=z_1^2-z_2^2$.

因此所求的 $a=-2$，可逆线性变换为 $\begin{bmatrix}x_1\\x_2\\x_3\end{bmatrix}=\begin{bmatrix}1&\frac{-2}{\sqrt{3}}&-1\\0&\frac{1}{\sqrt{3}}&1\\0&0&1\end{bmatrix}\begin{bmatrix}z_1\\z_2\\z_3\end{bmatrix}$.

328 【解】 二次型 $f(x_1,x_2,x_3)$ 与 $g(y_1,y_2,y_3)$ 的矩阵分别为

$$\boldsymbol{A}=\begin{bmatrix}1&1&1\\1&2&0\\1&0&2\end{bmatrix},\boldsymbol{B}=\begin{bmatrix}1&-1&0\\-1&1&0\\0&0&t\end{bmatrix}.$$

由于二次型 $f(x_1,x_2,x_3)=\boldsymbol{x}^{\mathrm{T}}\boldsymbol{A}\boldsymbol{x}$ 经正交变换 $\boldsymbol{x}=\boldsymbol{Q}\boldsymbol{y}$，化为二次型 $g(y_1,y_2,y_3)=\boldsymbol{y}^{\mathrm{T}}\boldsymbol{B}\boldsymbol{y}$，所以 $\boldsymbol{B}=\boldsymbol{Q}^{\mathrm{T}}\boldsymbol{A}\boldsymbol{Q}=\boldsymbol{Q}^{-1}\boldsymbol{A}\boldsymbol{Q}$，即矩阵 $\boldsymbol{A}$ 与 $\boldsymbol{B}$ 相似，从而 $\mathrm{tr}\boldsymbol{A}=\mathrm{tr}\boldsymbol{B}$，于是有 $1+2+2=1+1+t$，从而 $t=3$. 由于

$$|\lambda\boldsymbol{E}-\boldsymbol{A}|=\begin{vmatrix}\lambda-1&-1&-1\\-1&\lambda-2&0\\-1&0&\lambda-2\end{vmatrix}=\lambda(\lambda-2)(\lambda-3),$$

故矩阵 $\boldsymbol{A}$ 的特征值为 $\lambda_1=0,\lambda_2=2,\lambda_3=3$，

对于特征值 $\lambda_1=0$，由方程组 $(0\boldsymbol{E}-\boldsymbol{A})\boldsymbol{x}=\boldsymbol{0}$ 求得矩阵 $\boldsymbol{A}$ 属于特征值0的特征向量为 $\boldsymbol{\alpha}_1=\begin{pmatrix}-2\\1\\1\end{pmatrix}$，单位化得 $\boldsymbol{\beta}_1=\frac{1}{\sqrt{6}}\begin{pmatrix}-2\\1\\1\end{pmatrix}$.

对于特征值$\lambda_2=2$,由方程组$(2\boldsymbol{E}-\boldsymbol{A})\boldsymbol{x}=\boldsymbol{0}$求得矩阵$\boldsymbol{A}$属于特征值2的特征向量为$\boldsymbol{\alpha}_2=\begin{pmatrix}0\\-1\\1\end{pmatrix}$,单位化得$\boldsymbol{\beta}_2=\frac{1}{\sqrt{2}}\begin{pmatrix}0\\-1\\1\end{pmatrix}$.

对于特征值$\lambda_3=3$,由方程组$(3\boldsymbol{E}-\boldsymbol{A})\boldsymbol{x}=\boldsymbol{0}$求得矩阵$\boldsymbol{A}$属于特征值3的特征向量为$\boldsymbol{\alpha}_3=\begin{pmatrix}1\\1\\1\end{pmatrix}$,单位化得$\boldsymbol{\beta}_3=\frac{1}{\sqrt{3}}\begin{pmatrix}1\\1\\1\end{pmatrix}$.

令$\boldsymbol{Q}_1=[\boldsymbol{\beta}_1,\boldsymbol{\beta}_2,\boldsymbol{\beta}_3]=\begin{bmatrix}\frac{-2}{\sqrt{6}}&0&\frac{1}{\sqrt{3}}\\\frac{1}{\sqrt{6}}&\frac{-1}{\sqrt{2}}&\frac{1}{\sqrt{3}}\\\frac{1}{\sqrt{6}}&\frac{1}{\sqrt{2}}&\frac{1}{\sqrt{3}}\end{bmatrix}$,则$\boldsymbol{Q}_1$为正交矩阵,且

$$\boldsymbol{Q}_1^{-1}\boldsymbol{A}\boldsymbol{Q}_1=\boldsymbol{Q}_1^{\mathrm{T}}\boldsymbol{A}\boldsymbol{Q}_1=\begin{bmatrix}0&0&0\\0&2&0\\0&0&3\end{bmatrix}.$$

由于矩阵$\boldsymbol{A}$与$\boldsymbol{B}$相似,所以矩阵$\boldsymbol{B}$的特征值也为$\lambda_1=0,\lambda_2=2,\lambda_3=3$.

对于特征值$\lambda_1=0$,由方程组$(0\boldsymbol{E}-\boldsymbol{B})\boldsymbol{x}=\boldsymbol{0}$求得矩阵$\boldsymbol{B}$属于特征值0的特征向量为$\boldsymbol{\gamma}_1=\begin{pmatrix}1\\1\\0\end{pmatrix}$,单位化得$\boldsymbol{\eta}_1=\frac{1}{\sqrt{2}}\begin{pmatrix}1\\1\\0\end{pmatrix}$.

对于特征值$\lambda_2=2$,由方程组$(2\boldsymbol{E}-\boldsymbol{B})\boldsymbol{x}=\boldsymbol{0}$求得矩阵$\boldsymbol{B}$属于特征值2的特征向量为$\boldsymbol{\gamma}_2=\begin{pmatrix}-1\\1\\0\end{pmatrix}$,单位化得$\boldsymbol{\eta}_2=\frac{1}{\sqrt{2}}\begin{pmatrix}-1\\1\\0\end{pmatrix}$.

对于特征值$\lambda_3=3$,由方程组$(3\boldsymbol{E}-\boldsymbol{B})\boldsymbol{x}=\boldsymbol{0}$求得矩阵$\boldsymbol{B}$属于特征值3的特征向量为$\boldsymbol{\gamma}_3=\begin{pmatrix}0\\0\\1\end{pmatrix}$.

令$\boldsymbol{Q}_2=[\boldsymbol{\eta}_1,\boldsymbol{\eta}_2,\boldsymbol{\gamma}_3]=\begin{bmatrix}\frac{1}{\sqrt{2}}&\frac{-1}{\sqrt{2}}&0\\\frac{1}{\sqrt{2}}&\frac{1}{\sqrt{2}}&0\\0&0&1\end{bmatrix}$,则$\boldsymbol{Q}_2$为正交矩阵,且$\boldsymbol{Q}_2^{-1}\boldsymbol{B}\boldsymbol{Q}_2=\boldsymbol{Q}_2^{\mathrm{T}}\boldsymbol{B}\boldsymbol{Q}_2=\begin{bmatrix}0&0&0\\0&2&0\\0&0&3\end{bmatrix}$.

由于$\boldsymbol{Q}_1^{-1}\boldsymbol{A}\boldsymbol{Q}_1=\boldsymbol{Q}_2^{-1}\boldsymbol{B}\boldsymbol{Q}_2=\begin{bmatrix}0&0&0\\0&2&0\\0&0&3\end{bmatrix}$,所以$\boldsymbol{Q}_2\boldsymbol{Q}_1^{-1}\boldsymbol{A}\boldsymbol{Q}_1\boldsymbol{Q}_2^{-1}=\boldsymbol{B}$,令

$$\boldsymbol{Q}=\boldsymbol{Q}_1\boldsymbol{Q}_2^{-1}=\begin{bmatrix}\frac{-2}{\sqrt{6}}&0&\frac{1}{\sqrt{3}}\\\frac{1}{\sqrt{6}}&\frac{-1}{\sqrt{2}}&\frac{1}{\sqrt{3}}\\\frac{1}{\sqrt{6}}&\frac{1}{\sqrt{2}}&\frac{1}{\sqrt{3}}\end{bmatrix}\begin{bmatrix}\frac{1}{\sqrt{2}}&\frac{1}{\sqrt{2}}&0\\\frac{-1}{\sqrt{2}}&\frac{1}{\sqrt{2}}&0\\0&0&1\end{bmatrix}=\frac{1}{2\sqrt{3}}\begin{bmatrix}-2&-2&2\\1+\sqrt{3}&1-\sqrt{3}&2\\1-\sqrt{3}&1+\sqrt{3}&2\end{bmatrix}.$$

则$\boldsymbol{Q}$为正交矩阵,且$\boldsymbol{Q}^{-1}\boldsymbol{A}\boldsymbol{Q}=\boldsymbol{Q}^{\mathrm{T}}\boldsymbol{A}\boldsymbol{Q}=\boldsymbol{B}$.从而在正交变换$\boldsymbol{x}=\boldsymbol{Q}\boldsymbol{y}$下,二次型$f(x_1,x_2,x_3)=\boldsymbol{x}^{\mathrm{T}}\boldsymbol{A}\boldsymbol{x}$化为二次型$g(y_1,y_2,y_3)=\boldsymbol{y}^{\mathrm{T}}\boldsymbol{B}\boldsymbol{y}$.

【评注】 本题要求考生掌握，经正交变换后两个二次型对应的矩阵既合同又相似，从而确定 t 的值. 已知二次型，求正交变换，将其化为标准形是常规问题，本题中的二次型 $f(x_1,x_2,x_3)$ 与 $g(y_1,y_2,y_3)$ 均不是标准形，所以看起来不是常规问题，但我们可以借助标准形将二者联系起来，从而将问题转化为常规问题，本题的计算量偏大.

329 **【解】** 求可逆线性变换将已知二次型化为规范形是常规问题，本题可以借助规范形为桥梁，分别求出将 $f(x_1,x_2,x_3)$ 与 $g(y_1,y_2,y_3)$ 化为规范形的可逆线性变换，进一步求出 $f(x_1,x_2,x_3)$ 化为 $g(y_1,y_2,y_3)$ 的可逆线性变换 $\boldsymbol{x}=\boldsymbol{P}\boldsymbol{y}$.

$$\begin{aligned}f(x_1,x_2,x_3)&=x_1^2+5x_2^2+5x_3^2+2x_1x_2-4x_1x_3\\&=x_1^2+2x_1(x_2-2x_3)+(x_2-2x_3)^2-(x_2-2x_3)^2+5x_2^2+5x_3^2\\&=(x_1+x_2-2x_3)^2+4x_2^2+x_3^2+4x_2x_3\\&=(x_1+x_2-2x_3)^2+(2x_2+x_3)^2.\end{aligned}$$

令 $\begin{cases}z_1=x_1+x_2-2x_3,\\z_2=2x_2+x_3,\\z_3=x_3,\end{cases}$ 即 $\begin{bmatrix}x_1\\x_2\\x_3\end{bmatrix}=\begin{bmatrix}1&-\frac{1}{2}&\frac{5}{2}\\0&\frac{1}{2}&-\frac{1}{2}\\0&0&1\end{bmatrix}\begin{bmatrix}z_1\\z_2\\z_3\end{bmatrix}$，则有 $f=z_1^2+z_2^2$.

$$\begin{aligned}g(y_1,y_2,y_3)&=y_1^2+5y_2^2+4y_3^2+2y_1y_2-8y_2y_3\\&=y_1^2+2y_1y_2+y_2^2+4y_2^2+4y_3^2-8y_2y_3\\&=(y_1+y_2)^2+(2y_2-2y_3)^2.\end{aligned}$$

令 $\begin{cases}z_1=y_1+y_2,\\z_2=2y_2-2y_3,\\z_3=y_3,\end{cases}$ 即 $\begin{bmatrix}z_1\\z_2\\z_3\end{bmatrix}=\begin{bmatrix}1&1&0\\0&2&-2\\0&0&1\end{bmatrix}\begin{bmatrix}y_1\\y_2\\y_3\end{bmatrix}$，

即 $\begin{bmatrix}y_1\\y_2\\y_3\end{bmatrix}=\begin{bmatrix}1&-\frac{1}{2}&-1\\0&\frac{1}{2}&1\\0&0&1\end{bmatrix}\begin{bmatrix}z_1\\z_2\\z_3\end{bmatrix}$，则有 $g=z_1^2+z_2^2$.

令
$$\boldsymbol{P}=\begin{bmatrix}1&-\frac{1}{2}&\frac{5}{2}\\0&\frac{1}{2}&-\frac{1}{2}\\0&0&1\end{bmatrix}\begin{bmatrix}1&1&0\\0&2&-2\\0&0&1\end{bmatrix}=\begin{bmatrix}1&0&\frac{7}{2}\\0&1&-\frac{3}{2}\\0&0&1\end{bmatrix},$$

作变换 $\boldsymbol{x}=\boldsymbol{P}\boldsymbol{y}$，二次型 $f(x_1,x_2,x_3)=x_1^2+5x_2^2+5x_3^2+2x_1x_2-4x_1x_3$ 化为二次型
$$g(y_1,y_2,y_3)=y_1^2+5y_2^2+4y_3^2+2y_1y_2-8y_2y_3.$$

330 **【解】** 由题设知，二次型 $f(x_1,x_2,x_3)$ 与 $g(y_1,y_2,y_3)$ 的规范形相同，即正负惯性指数相同. 由于

$$\begin{aligned}f(x_1,x_2,x_3)&=x_1^2+2x_2^2+2x_3^2+2x_1x_2+2x_1x_3\\&=x_1^2+2x_1(x_2+x_3)+(x_2+x_3)^2-(x_2+x_3)^2+2x_2^2+2x_3^2\\&=(x_1+x_2+x_3)^2+x_2^2+x_3^2-2x_2x_3\\&=(x_1+x_2+x_3)^2+(x_2-x_3)^2,\end{aligned}$$

所以二次型 $f(x_1,x_2,x_3)$ 的正惯性指数为 2，负惯性指数为 0. 由于
$$g(y_1,y_2,y_3)=y_1^2+y_2^2+ty_3^2-2y_1y_2$$

$$=(y_1-y_2)^2+ty_3^2,$$

要使二次型 $g(y_1,y_2,y_3)$ 的正惯性指数为 2，负惯性指数为 0，则有 $t>0$.

进一步，作可逆线性变换 $\begin{cases} z_1=x_1+x_2+x_3, \\ z_2=x_2-x_3, \\ z_3=x_3, \end{cases}$ 即 $\begin{pmatrix} z_1 \\ z_2 \\ z_3 \end{pmatrix}=\begin{bmatrix} 1 & 1 & 1 \\ 0 & 1 & -1 \\ 0 & 0 & 1 \end{bmatrix}\begin{pmatrix} x_1 \\ x_2 \\ x_3 \end{pmatrix}$，二次型 $f(x_1,x_2,x_3)$ 化为规范形 $z_1^2+z_2^2$.

作可逆线性变换 $\begin{cases} z_1=y_1-y_2, \\ z_2=\sqrt{t}y_3, \\ z_3=y_2, \end{cases}$ 即 $\begin{pmatrix} z_1 \\ z_2 \\ z_3 \end{pmatrix}=\begin{bmatrix} 1 & -1 & 0 \\ 0 & 0 & \sqrt{t} \\ 0 & 1 & 0 \end{bmatrix}\begin{pmatrix} y_1 \\ y_2 \\ y_3 \end{pmatrix}$，二次型 $g(y_1,y_2,y_3)$ 化为规范形 $z_1^2+z_2^2$.

由于 $\begin{pmatrix} x_1 \\ x_2 \\ x_3 \end{pmatrix}=\begin{bmatrix} 1 & 1 & 1 \\ 0 & 1 & -1 \\ 0 & 0 & 1 \end{bmatrix}^{-1}\begin{pmatrix} z_1 \\ z_2 \\ z_3 \end{pmatrix}=\begin{bmatrix} 1 & 1 & 1 \\ 0 & 1 & -1 \\ 0 & 0 & 1 \end{bmatrix}^{-1}\begin{bmatrix} 1 & -1 & 0 \\ 0 & 0 & \sqrt{t} \\ 0 & 1 & 0 \end{bmatrix}\begin{pmatrix} y_1 \\ y_2 \\ y_3 \end{pmatrix}=\begin{bmatrix} 1 & -3 & -\sqrt{t} \\ 0 & 1 & \sqrt{t} \\ 0 & 1 & 0 \end{bmatrix}\begin{pmatrix} y_1 \\ y_2 \\ y_3 \end{pmatrix}$.

令 $\boldsymbol{P}=\begin{bmatrix} 1 & -3 & -\sqrt{t} \\ 0 & 1 & \sqrt{t} \\ 0 & 1 & 0 \end{bmatrix}$，经过可逆线性变换 $\boldsymbol{x}=\boldsymbol{P}\boldsymbol{y}$，二次型 $f(x_1,x_2,x_3)$ 化为 $g(y_1,y_2,y_3)$.

【评注】 本题有参数，如何确定其取值范围？题设条件是二次型 f 经可逆线性变换化为二次型 g，这时两个二次型所对应的矩阵是合同的，但不一定相似，上面给出的解法是用配方法确定二次型的正负惯性指数，得出参数 t 的取值范围. 在这里再给出另外一种确定参数 t 取值范围的方法. 注意二次型的正负惯性指数即其矩阵的正负惯性指数，等于矩阵的正负特征值的个数.

二次型 $f(x_1,x_2,x_3)$ 与 $g(y_1,y_2,y_3)$ 的矩阵分别为

$$\boldsymbol{A}=\begin{bmatrix} 1 & 1 & 1 \\ 1 & 2 & 0 \\ 1 & 0 & 2 \end{bmatrix},\boldsymbol{B}=\begin{bmatrix} 1 & -1 & 0 \\ -1 & 1 & 0 \\ 0 & 0 & t \end{bmatrix}.$$

解 $|\lambda\boldsymbol{E}-\boldsymbol{A}|=\lambda(\lambda-2)(\lambda-3)=0$，得矩阵 $\boldsymbol{A}$ 的特征值为 0,2,3，从而 $\boldsymbol{A}$ 的正惯性指数为 2，负惯性指数为 0.

解 $|\lambda\boldsymbol{E}-\boldsymbol{B}|=\begin{vmatrix} \lambda-1 & 1 & 0 \\ 1 & \lambda-1 & 0 \\ 0 & 0 & \lambda-t \end{vmatrix}=\lambda(\lambda-2)(\lambda-t)=0$，得矩阵 $\boldsymbol{B}$ 的特征值为 0,2,t，要使矩阵 $\boldsymbol{B}$ 的正惯性指数为 2，负惯性指数为 0，则有 $t>0$.

金榜时代图书·书目

考研数学系列

书名	作者	预计上市时间
数学公式的奥秘	刘喜波等	2021年3月
考研数学复习全书·基础篇(数学一、二、三通用)	李永乐等	2022年8月
数学基础过关660题(数学一/数学二/数学三)	李永乐等	2022年8月
数学历年真题全精解析·基础篇(数学一/数学二/数学三)	李永乐等	2022年8月
数学复习全书·提高篇(数学一/数学二/数学三)	李永乐等	2023年1月
数学历年真题全精解析·提高篇(数学一/数学二/数学三)	李永乐等	2023年1月
数学强化通关330题(数学一/数学二/数学三)	李永乐等	2023年5月
高等数学辅导讲义	刘喜波	2023年2月
高等数学辅导讲义	武忠祥	2023年2月
线性代数辅导讲义	李永乐	2023年2月
概率论与数理统计辅导讲义	王式安	2023年2月
考研数学经典易错题	吴紫云	2023年6月
高等数学基础篇	武忠祥	2022年9月
数学真题真练8套卷	李永乐等	2022年10月
真题同源压轴150	姜晓千	2023年10月
数学核心知识点乱序高效记忆手册	宋浩	2022年12月
数学决胜冲刺6套卷(数学一/数学二/数学三)	李永乐等	2023年10月
数学临阵磨枪(数学一/数学二/数学三)	李永乐等	2023年10月
考研数学最后3套卷·名校冲刺版(数学一/数学二/数学三)	武忠祥 刘喜波 宋浩等	2023年11月
考研数学最后3套卷·过线急救版(数学一/数学二/数学三)	武忠祥 刘喜波 宋浩等	2023年11月
经济类联考数学复习全书	李永乐等	2023年4月
经济类联考数学通关无忧985题	李永乐等	2023年5月
农学门类联考数学复习全书	李永乐等	2023年4月
考研数学真题真刷(数学一/数学二/数学三)	金榜时代考研数学命题研究组	2023年2月
高等数学考研高分领跑计划(十七堂课)	武忠祥	2023年7月
线性代数考研高分领跑计划(九堂课)	申亚男	2023年8月
概率论与数理统计考研高分领跑计划(七堂课)	硕哥	2023年8月
高等数学解题密码·选填题	武忠祥	2023年9月
高等数学解题密码·解答题	武忠祥	2023年9月

大学数学系列

书名	作者	预计上市时间
大学数学线性代数辅导	李永乐	2018年12月
大学数学高等数学辅导	宋浩 刘喜波等	2023年8月

大学数学概率论与数理统计辅导	刘喜波	2023 年 8 月
线性代数期末高效复习笔记	宋浩	2023 年 6 月
高等数学期末高效复习笔记	宋浩	2023 年 6 月
概率论期末高效复习笔记	宋浩	2023 年 6 月
统计学期末高效复习笔记	宋浩	2023 年 6 月

考研政治系列

书名	作者	预计上市时间
考研政治闪学：图谱＋笔记	金榜时代考研政治教研中心	2023 年 5 月
考研政治高分字帖	金榜时代考研政治教研中心	2023 年 5 月
考研政治高分模板	金榜时代考研政治教研中心	2023 年 10 月
考研政治秒背掌中宝	金榜时代考研政治教研中心	2023 年 10 月
考研政治密押十页纸	金榜时代考研政治教研中心	2023 年 11 月

考研英语系列

书名	作者	预计上市时间
考研英语核心词汇源来如此	金榜时代考研英语教研中心	已上市
考研英语语法和长难句快速突破 18 讲	金榜时代考研英语教研中心	已上市
英语语法二十五页	靳行凡	已上市
考研英语翻译四步法	别凡英语团队	已上市
考研英语阅读新思维	靳行凡	已上市
考研英语(一)真题真刷	金榜时代考研英语教研中心	2023 年 2 月
考研英语(二)真题真刷	金榜时代考研英语教研中心	2023 年 2 月
考研英语(一)真题真刷详解版(三)	金榜时代考研英语教研中心	2023 年 3 月
大雁带你记单词	金榜晓艳英语研究组	已上市
大雁教你语法长难句	金榜晓艳英语研究组	已上市
大雁精讲 58 篇基础阅读	金榜晓艳英语研究组	2023 年 3 月
大雁带你刷真题・英语一	金榜晓艳英语研究组	2023 年 6 月
大雁带你刷真题・英语二	金榜晓艳英语研究组	2023 年 6 月
大雁带你写高分作文	金榜晓艳英语研究组	2023 年 5 月

英语考试系列

书名	作者	预计上市时间
大雁趣讲专升本单词	金榜晓艳英语研究组	2023 年 1 月
大雁趣讲专升本语法	金榜晓艳英语研究组	2023 年 8 月
大雁带你刷四级真题	金榜晓艳英语研究组	2023 年 2 月
大雁带你刷六级真题	金榜晓艳英语研究组	2023 年 2 月
大雁带你记六级单词	金榜晓艳英语研究组	2023 年 2 月

以上图书书名及预计上市时间仅供参考，以实际出版物为准，均属金榜时代(北京)教育科技有限公司！